"十四五"国家重点出版物出版规划项目

国家出版基金项目
NATIONAL PUBLICATION FOUNDATION

碳中和多能融合发展丛书

刘中民　主编

晶硅异质结太阳电池原理与制造技术

王文静　赵　雷　周春兰　等　编著

科 学 出 版 社
龙 门 书 局
北 京

内 容 简 介

本书介绍晶硅异质结太阳电池的原理和制造过程，详细剖析提升电池性能需要解决的关键科学技术问题与实现途径，并对其发展前景进行展望。全书共分9章，主要内容包括：晶硅异质结太阳电池原理与性能、制备工艺步骤、产业化装备与制造技术、材料及器件性能检测方法和发展前景等。

本书可供太阳电池特别是晶硅异质结太阳电池相关领域的研究人员、工程技术人员和管理人员参考使用，也可供高等院校电子科学与技术、材料科学与工程、电气工程、新能源等相关专业的高年级本科生和研究生学习使用。

图书在版编目(CIP)数据

晶硅异质结太阳电池原理与制造技术 / 王文静等编著. -- 北京：龙门书局, 2024.12. --（碳中和多能融合发展丛书 / 刘中民主编）. -- ISBN 978-7-5088-6499-0

Ⅰ. TM914.4

中国国家版本馆 CIP 数据核字第 2024YC5774 号

责任编辑：吴凡洁　高　微 / 责任校对：杨聪敏
责任印制：师艳茹 / 封面设计：有道文化

科学出版社
龙门书局 出版
北京东黄城根北街 16 号
邮政编码：100717
http://www.sciencep.com
北京中科印刷有限公司印刷
科学出版社发行　各地新华书店经销
*
2024 年 12 月第 一 版　开本：787×1092　1/16
2024 年 12 月第一次印刷　印张：15
字数：352 000
定价：168.00 元
（如有印装质量问题，我社负责调换）

丛书序

2020 年 9 月 22 日，习近平主席在第七十五届联合国大会一般性辩论上发表重要讲话，提出"中国将提高国家自主贡献力度，采取更加有力的政策和措施，二氧化碳排放力争于 2030 年前达到峰值，努力争取 2060 年前实现碳中和"。"双碳"目标既是中国秉持人类命运共同体理念的体现，也符合全球可持续发展的时代潮流，更是我国推动高质量发展、建设美丽中国的内在需求，事关国家发展的全局和长远。

要实现"双碳"目标，能源无疑是主战场。党的二十大报告提出，立足我国能源资源禀赋，坚持先立后破，有计划分步骤实施碳达峰行动。我国现有的煤炭、石油、天然气、可再生能源及核能五大能源类型，在发展过程中形成了相对完善且独立的能源分系统，但系统间的不协调问题也逐渐显现，难以跨系统优化耦合，导致整体效率并不高。此外，新型能源体系的构建是传统化石能源与新型清洁能源此消彼长、互补融合的过程，是一项动态的复杂系统工程，而多能融合关键核心技术的突破是解决上述问题的必然路径。因此，在"双碳"目标愿景下，实现我国能源的融合发展意义重大。

中国科学院作为国家战略科技力量主力军，深入贯彻落实党中央、国务院关于碳达峰碳中和的重大决策部署，强化顶层设计，充分发挥多学科建制化优势，启动了"中国科学院科技支撑碳达峰碳中和战略行动计划"（以下简称行动计划）。行动计划以解决关键核心科技问题为抓手，在化石能源和可再生能源关键技术、先进核能系统、全球气候变化、污染防控与综合治理等方面取得了一批原创性重大成果。同时，中国科学院前瞻性地布局实施"变革性洁净能源关键技术与示范"战略性先导科技专项（以下简称专项），部署了合成气下游及耦合转化利用、甲醇下游及耦合转化利用、高效清洁燃烧、可再生能源多能互补示范、大规模高效储能、核能非电综合利用、可再生能源制氢/甲醇，以及我国能源战略研究等八个方面研究内容。专项提出的"化石能源清洁高效开发利用"、"可再生能源规模应用"、"低碳与零碳工业流程再造"、"低碳化、智能化多能融合"四主线"多能融合"科技路径，有望为实现"双碳"目标和推动能源革命提供科学、可行的技术路径。

"碳中和多能融合发展"丛书面向国家重大需求，响应中国科学院"双碳"战略行动计划号召，集中体现了国内，尤其是中国科学院在"双碳"背景下在能源领域取得的关键性技术和成果，主要涵盖化石能源、可再生能源、大规模储能、能源战略研究等方向。丛书不但充分展示了各领域的最新成果，而且整理和分析了各成果的国内国际发展情况、产业化情况、未来发展趋势等，具有很高的学习和参考价值。希望这套丛书可以为能源领域相关的学者、从业者提供指导和帮助，进一步推动我国"双碳"目标的实现。

中国科学院院士

2024 年 5 月

能源是现代社会存在和发展的基石。人类社会发展对能源的需求越来越大，常规能源面临日益严重的供给短缺问题，这对全球经济可持续发展构成严重威胁。化石能源的大量开发也是造成人类生存环境恶化的主要原因之一，化石能源燃烧排放的二氧化碳和含硫氧化物直接导致地球温室效应和酸雨。在能源利用和环境保护上，人类面临双重挑战，在有限资源和环保要求的双重制约下如何发展经济已成为全球热点问题。全球正面临新一轮的能源革命和科技革命。国际能源署在《2021年世界能源展望》中提出全球要在2050年实现"净零排放"和"温升控制在1.5℃以内"。为此，从依赖煤和石油转变为大力发展可再生能源已成为全球能源转型和应对气候变化的重大战略。

作为可再生能源的一种重要利用形式，太阳能光伏发电在这场能源革命和能源转型中扮演着重要作用。太阳能具有无污染、总量大、分布广的优点。太阳辐射到地球的能量高达17.3万TW，每秒钟照射到地球上的能量相当于500万t标准煤。我国陆地表面每年接受的太阳能相当于18000亿t标准煤。太阳能光伏发电通过太阳电池将接收的太阳光中的部分能量直接转换为电能，既可以规模化利用，又可以分布式或者便携式利用，供能范围广泛，几乎可以安装在任何有太阳光照的地方。太阳能光伏发电运行时不产生废渣、废水、二氧化碳和其他污染物，不会造成温室效应，也没有噪声，不会影响生态平衡，从而也有利于改善气候和环境。正因如此，尽管可再生能源的种类很多，分别具有各自的优点和发展空间，但太阳能光伏发电在未来的能源供给中将占据主导地位。

太阳能光伏发电的器件基础是太阳电池，其工作原理利用的是材料的光生伏打效应，即在光照下材料内部产生光生电压的现象，简称为光伏效应。1839年，法国实验物理学家Becquerel在液体材料中发现了光伏效应。1877年，Adams和Day研究了硒(Se)的光伏效应，并制作了第一片硒太阳电池。1918年，波兰科学家Czochralski发展了生长单晶硅的提拉法，称为Cz法。1954年，贝尔(Bell)实验室的Chapin、Fuller和Pearson制备出转换效率达到4.5%的单晶硅太阳电池。之后，单晶硅太阳电池的效率不断提升，并用作航天器的空间电源。1980年后，太阳电池在地面的应用逐渐增多。1981年，名为Solar Challenger的光伏动力飞机飞行成功。1983年，名为Solar Trek的光伏动力汽车穿越澳大利亚。1985年，澳大利亚新南威尔士大学(UNSW)研制的单晶硅太阳电池转换效率达到20%。自1990年起，太阳能光伏发电的应用规模持续快速增长，至2022年3月，全球累计装机总量已超过了1TW。我国对推动全球光伏发电产业的发展做出了最大贡献，在此过程中，光伏产业也逐步成长为我国为数不多的在全球范围内实现领先的代表性战略新兴产业。

目前，广泛研究的太阳电池类型较多，主要包括：元素半导体太阳电池(单晶硅太阳电池、多晶硅太阳电池、硅薄膜太阳电池)、无机化合物半导体太阳电池(铜铟镓硒薄膜太阳电池、碲化镉薄膜太阳电池、Ⅲ-Ⅴ族化合物太阳电池)、染料敏化太阳电池、有机聚合物太阳电池、钙钛矿结构材料太阳电池及量子点类材料太阳电池等。随着科研投入的不断增加，科技水平的不断进步，各类太阳电池性能都得到了显著改善，但从成本、效率、大面积均匀性、长期稳定性等方面综合考量，晶硅太阳电池占有明显优势，全世界范围内，晶硅太阳电池一直是光伏市场的主导，长期占世界市场份额的90%以上。正因如此，随着全球对可再生能源的旺盛需求，晶硅太阳电池产业已成为世界上发展速度最快的产业之一。自2007年起，我国晶硅太阳电池的产量就一直位居世界第一，从2013年起，我国的年光伏装机量也达到了世界第一。根据《2024 国际光伏技术路线图》(ITRPV 2024)，截至2023年底，全球光伏装机总量已超过1.5TW。根据中国光伏行业协会《中国光伏产业发展路线图(2023—2024年)》，截至2023年底，我国装机光伏总量已经超过600GW。产业规模扩大与技术进步共同推动光伏发电成本下降。目前，我国整体光伏系统初始投资成本基本已能降到3元/Wp左右。成本下降使光伏产业对国家扶持政策的依赖越来越小。2021年，我国对光伏发电新建项目的补贴正式退出，光伏产业进入了市场化时代，为自身成长赢得了更加充分的发展空间。完全不靠政策扶持的光伏市场规模不可估量，光伏企业在国际市场中的竞争也愈发激烈。

提效降本仍将是太阳能光伏发电的主题。如果太阳电池的转换效率提高，整个光伏发电系统工程在逆变器、系统架构、工程建筑、运行维护、占地面积、财务等方面的支出就能成比例下降，从而带来光伏发电总成本降低。由此，光伏市场对高效晶硅太阳电池的需求越来越大。围绕如何使晶硅太阳电池的转换效率尽可能接近 Shockley-Queisser(S-Q)理论极限，重点解决两个核心问题：提高电学性能和增强光学吸收。为提高电学性能，需要减少太阳电池结构中的光生载流子复合，在提高晶硅衬底电学质量的基础上，需要做好衬底的表面/界面钝化。为增强光学吸收，需要保证照射到电池表面的光尽可能多地被晶硅衬底吸收，除做好表面陷光结构外，需要尽量减少迎光面电极的遮光面积，并降低光学非活性层的寄生光吸收。晶硅太阳电池的技术进步过程就是据此对电池结构进行不断改进的过程。

半导体 pn 结是晶硅太阳电池光电转换的结构基础。晶硅太阳电池依据结构不同可以分为扩散同质结结构和镀膜异质结结构。

扩散同质结结构电池经历了从铝背场(Al-BSF: Al-back surface field)电池到钝化发射极与背接触(passivated emitter, rear contact, PERC)电池、钝化发射极与背局域扩散(passivated emitter, rear locally diffused, PERL)电池、钝化发射极与全背表面扩散(passivated emitter, rear totally diffused, PERT)电池的结构演化。Al-BSF 太阳电池是最初获得广泛推广的晶硅太阳电池，制备工艺较为简单，曾长期占光伏市场的主导地位，因而被称为常规电池，但电池背面的全铝电极会引起严重的电池背表面载流子复合，导致该电池产业化效率只达到 19%～20%。PERC 电池在背面先用氧化物（AlO$_x$、SiO$_x$ 等）薄层进行钝化，然后通过激光消融技术只在局部接触的位置形成铝电极接触，背电极接触面积减小和背面钝化有效减少了载流子复合，提高了电池开路电压。随着产业化技术的逐渐成熟，PERC 电池目前已成为业界主流，平均效率达到 23% 以上。在 PERC 电池基础上，进一步在接触点下面形成重掺杂 p$^+$ 接触区，就形成 PERL 电池；在钝化层下面增加一层浅的 p 型扩散层，就形成 PERT 电池。PERL 和 PERT 电池可使电池效率进一步提高，但制备工艺变得复杂，至今没有形成规模化推广。

与上述演化路线不同，掺杂层的制备还可以采用在晶硅衬底表面镀膜实现，这便是镀膜异质结结构电池。常用的镀膜沉积工艺包括化学气相沉积（chemical vapor deposition，CVD）和物理气相沉积（physical vapor deposition，PVD）。镀膜异质结结构电池可实现优异的载流子选择性钝化接触，代表性电池结构主要包括晶硅异质结（silicon heterojunction，SHJ）电池、隧穿氧化物钝化接触（tunneling oxide passivated contact，TOPCon）电池以及一些基于高低功函数的新型无主动掺杂异质结电池。

SHJ 太阳电池研究历史较早，是基于本征非晶硅和掺杂硅薄膜低温沉积制备的一种电池结构，电池转换效率高并且制备工艺步骤简单，三洋（SANYO）[2008 年被松下（Panasonic）收购] 很早就实现了其带本征薄层的异质结（HIT）太阳电池产品在日本的商业化，产业化转换效率达到 23% 以上，但因其设备投资大、对设备条件和制备技术要求高，在世界其他地方长期只停留在研发阶段。然而，最近两三年以来，随着我国光伏产业升级换代的需求越来越迫切，国内 SHJ 电池技术、设备开发和原材料供应等均取得突飞猛进，产业化平均效率已达到 25% 以上。TOPCon 太阳电池研究历史较短，是德国弗劳恩霍夫太阳能研究所（FhG-ISE）设计提出的一种基于超薄 SiO$_x$ 层和掺杂多晶硅（poly-Si）层实现载流子钝化选择性接触的电池结构。TOPCon 电池可兼容 PERC 电池的高温制备工艺，并同样可实现 25% 以上的转换效率，因此成为很多 PERC 电池制造企业升级换代的重要选择。无主动掺杂的异质结电池直接采用高功函数材料选择性取出空穴、低功函数材料选择性取出电子，因不使用毒性大、成本高的掺杂物质，危险系数高的特种气体等优点而受到技术研究的重视，但至目前，其转换效率和稳定性均有待提高，还未能进入实际的生产制造阶段。

总体上，光伏产业发展由晶硅太阳电池主导，主流晶硅太阳电池产品已从铝背场（Al-BSF）结构电池过渡到了 PERC 结构电池，但 PERC 结构电池的效率极限仍然较低，晶硅太阳电池产业化技术路线还需升级。SHJ 电池和 TOPCon 电池都已进入了规模化量产阶段，为此，迫切需要对这两种电池进行详细了解。

SHJ 太阳电池已经过了近 30 年的研究，人们对其理解已较为深入。《2024 国际光伏技术路线图》（ITRPV 2024）预测，SHJ 太阳电池在市场中的占有率会逐年提升，在 2030 年前后，将会达到全球市场的 20%。基于国内外研究所取得的系列成果，对 SHJ 太阳电池所涉及的物理机理、结构原理、制备流程、性能影响因素及其作用规律、发展前景等进行归纳总结，将有助于推动 SHJ 太阳电池的产业化进程。

　　本书由中国科学院电工研究所的研究团队撰写完成，作者还包括王光红、莫丽玢。虽几经修改，但由于电池技术进步较快，加上作者水平有限，难免存在不足之处，恳请读者批评指正。

王文静　赵　雷　周春兰

2024 年 6 月

目录

第 1 章

绪　　论

人类社会的发展离不开能源。煤炭、石油和天然气依然是人类赖以生存的三大能源。根据英国石油公司 2023 年版《世界能源统计评论》，2022 年，在世界一次能源消费构成中，石油、煤炭、天然气三大化石能源的比例占到 82%，其仍是人类社会能源消费的主体。而煤炭仍是人类社会最大的电力来源，煤电提供了 2022 年世界电力的 35.4%。全球人口、经济增长和电气化需求的上升将会导致能源消费特别是电力需求的持续增加。

然而，化石能源资源在全球范围内的分布极不均衡，可开采和利用总量也受到多方面因素限制。地缘政治因素常使化石能源供应紧张，价格上涨，引发能源危机。化石能源大量开发也是造成人类生存环境恶化的主要原因之一，化石能源燃烧排放的二氧化碳和含硫氧化物直接导致地球温室效应和酸雨，全球气候灾害和极端事件不断涌现，气候变化已成为人类面临的全球性挑战。

联合国政府间气候变化专门委员会(IPCC)在《气候变化 2021：自然科学基础》中评估指出，目前全球地表平均温度较工业化前高出约 1.1℃，未来 20 年，全球升温预计将达到或超过 1.5℃。气候变化的现实压力要求全球进行能源结构调整，尽快减少高碳能源(即常规化石能源)的开发与消费，逐步转向低碳能源和清洁能源。国际能源署在《2021 年世界能源展望》中提出全球要在 2050 年实现"净零排放"和"温升控制在 1.5℃以内"。人类社会面临又一次的能源革命和科技革命，能源转型正成为全球共识，从依赖煤和石油转变为大力发展可再生能源已成为全球能源转型和应对气候变化的重大战略。

作为可再生能源的一种重要利用形式，太阳能光伏发电在这场能源革命和能源转型中将发挥重要作用。太阳能是取之不尽、用之不竭的清洁能源。我国陆地表面每年接受的太阳能相当于 18000 亿 t 标准煤。光伏发电是通过太阳电池将太阳光能量转换为电能量的物理过程，转换过程无声音、无排放、运行可靠、使用安全、发电规律性强。随着人们在光伏领域加大研究力度，各类太阳电池技术都取得了显著进步。特别是晶硅太阳电池，伴随科技水平提高，生产成本大大下降，光伏产业成为世界上发展速度最快的产业之一，其在国际可再生能源供给中的地位变得越来越重要。为促进光伏发电度电成本的进一步下降，各类高效晶硅太阳电池，特别是晶硅异质结(SHJ)太阳电池已被光伏界公认为光伏产业技术提升的重要方向。

本章从光生伏打效应出发，概括介绍太阳电池的基本工作原理和结构，特别是晶硅太阳电池的结构演化过程。

1.1　光伏发电与太阳电池

太阳电池在光照射下在正负极之间产生直流电。但由于单位面积内太阳辐照的能量密度相对较低,有限尺寸的太阳电池能够产生的电功率有限,为满足大功率负载的需要,太阳电池一般不是单片使用,而是由一定数量的太阳电池连接成组件(太阳电池板或光伏板),再将数量众多的组件连接成组件阵列,一系列的组件阵列最终构成一定规模的光伏电站。光伏电站是一个构成复杂的系统工程。一套完整的光伏发电系统还需解决如下问题:首先,光伏发电产生的是直流电,而通常用电的均是交流负载,为此需要在发电系统中增加逆变器,将直流电转换为交流电。其次,太阳电池组件阵列安装需要考量其与太阳之间的相对位置,以确保利用太阳光发出的电量最大化,为此太阳电池组件一般依据特定的方式安装在固定式或具有太阳跟踪功能的光伏支架上。再次,如果光伏阵列较多,还需在逆变器之前加装汇流箱,有的还要有直流配电柜,负载较多时,还需在逆变器后面加装交流配电柜。最后,由于光伏发电与负载用电的时空不匹配,为避免电力浪费,系统中需要增加储能单元。另外,光伏发电除了自发自用外,越来越多的系统通过并网向大电网供电,为避免光伏接入对电网稳定性等的影响,还需要进一步监控光伏电站的发电状态并按需对其进行调节调度。

在整个光伏发电系统中,太阳电池是光电转换的核心。太阳电池利用光伏效应将照射在其上的太阳光的能量转换为电能。合适的半导体材料具有良好的光伏转换性能,但从应用的角度来看,还需要考虑利用其制作太阳电池时实际的生产成本和所得太阳电池对应用场合的适用性。随着人们对光伏发电的重视和研究的深入,目前已有的太阳电池因其所采用的材料体系不同而分成很多类型,如图 1.1 所示,主要有元素半导体材料太阳电池、化合物半导体材料太阳电池以及一些新概念太阳电池。元素半导体材料太阳电池以晶硅太阳电池和硅薄膜太阳电池为主,晶硅太阳电池又包括单晶硅太阳电池和多晶硅太阳电池。各类薄膜太阳电池包括Ⅲ-Ⅴ族化合物薄膜太阳电池、铜铟镓硒薄膜太阳电池、碲化镉薄膜太阳电池、染料敏化太阳电池、有机材料太阳电池、钙钛矿结构材料太阳电池等。各类太阳电池尽管材料体系不同,但除了新概念太阳电池外,基本原理都是采用具有特定带隙的材料吸收太阳光的能量,然后通过基于 pn 结的电池结构将太阳光激发的光生载流子(包括电子和空穴)分离取出,对外供电。

晶硅太阳电池研究时间长、技术最成熟,一直是且以后相当长的时间也会是光伏发电所用太阳电池的主导。单晶硅太阳电池和多晶硅太阳电池结构上并没有显著不同,都是采用具有一定厚度的硅片制成的,因此,相比于各类薄膜太阳电池,晶硅太阳电池也被称为体材料太阳电池,其所消耗的硅材料较多。单晶硅片由直拉法制备的单晶硅棒切割而成,多晶硅片由铸造法制备的多晶硅锭切割而成,由此带来二者性能和成本上的差异。晶硅太阳电池的基本特征是在一种掺杂类型的晶体硅片表面上通过沉积或扩散另一种掺杂类型的材料层形成 pn 结,太阳光被硅片吸收后产生的光生载流子通过扩散输运到pn 结界面后分离取出。晶硅太阳电池的性能特别是开路电压显著取决于光生少数载流子的寿命。电池中存在的复合的可能越大,载流子寿命越低。而复合包括体内复合和表面

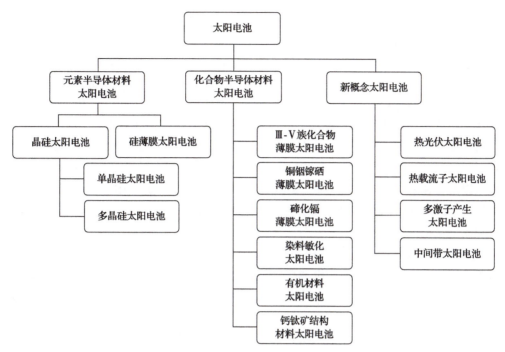

图 1.1　现有太阳电池分类

复合。随着硅料提纯、长晶和切片技术的进步，目前硅片的体内复合已降低到一个相对较低的水平，表面复合成为制约太阳电池开路电压进而影响太阳电池转换效率的主要因素。晶硅太阳电池的技术进步正是沿着如何减小硅片的表面复合而展开的。晶硅太阳电池结构目前已从常规铝背场(Al-back surface field, Al-BSF)结构过渡到了更高效率的钝化发射极与背接触(passivated emitter, rear contact, PERC)，产业化主流 PERC 晶硅太阳电池的转换效率已达到了 23%以上，可进一步提升效率的结构包括钝化发射极与全背表面扩散(passivated emitter, rear totally diffused, PERT)、钝化发射极与背局域扩散(passivated emitter, rear locally diffused, PERL)、晶硅异质结(silicon heterojunction, SHJ)、插指状背接触(interdigitated back contact, IBC)、异质结背接触(heterojunction back contact, HBC)等[1-5]。

　　硅薄膜太阳电池是产业化较早的一种薄膜太阳电池，所指的硅薄膜主要包括非晶硅(a-Si：H)薄膜、纳米晶硅(nc-Si：H)薄膜和微晶硅(μc-Si：H)薄膜。这些硅薄膜材料的主要区别在于材料内部结晶相的尺寸与分布不同。硅薄膜材料通常采用化学气相沉积(chemical vapor deposition, CVD)工艺制备，不同的制备条件可以调节材料中的晶相含量及晶粒的尺寸和分布，由此调节材料的带隙等性能。同晶体硅片质量不同，所述的硅薄膜内部缺陷较多，原子排布不规则，通常采用硅氢键钝化，从而在一定程度上减少这些内部缺陷。与晶硅太阳电池相比，硅薄膜太阳电池的用硅量大大减少，但由于其内部缺陷过多，电池基本结构只能采用 pin 光电二极管的形式，这与晶硅太阳电池采用的 pn 结结构不同，光生载流子的输运必须靠漂移电流而不是扩散电流才能实现。基于所采用的衬底材料不同，硅薄膜太阳电池又可分成"上衬底"结构和"下衬底"结构。"上衬底"结构电池采用透光玻璃板作为电池沉积制备的衬底，使用时反过来将衬底置于电池的迎光面。"下衬底"结构电池采用不透光的材料作衬底，通常为柔性的塑料或者金属箔片，使用时衬底处于电池的背光面。"下衬底"电池的柔性特征拓宽了薄膜类太阳电池的使用范围。目前，硅薄膜太阳电池依据所采用的硅薄膜材料类型分为三类：非晶硅电池、微晶硅(纳米硅)电池以及硅锗合金电池。非晶硅电池发展最早，但存在明显的光致衰退效应，微晶硅电池通过提高结晶相的比例改善电池稳定性。硅锗合金的使用使材料带隙变窄，从而提高对长波光的吸收能力。努力提高转换效率仍然是硅薄膜太阳电池的研发重点，目前最有效的方法是开发完善多结叠层结构。几种常见的硅薄膜多结太阳电池结构包括 a-Si/a-Si 上衬底双结电池、a-Si/nc-Si 上衬底双结电池、a-Si/a-SiGe/a-SiGe 下衬底三结电池以及 a-Si/nc-Si/nc-Si 下衬底三结电池。然而，尽管经过了国内外诸多研究机构的不懈努力，硅薄膜太阳电池的转换效率也只达到了 12%～14%[6-9]。转换效率过低制约了硅薄膜太阳电池的进一步发展。

铜铟镓锡(CIGS)薄膜太阳电池和碲化镉(CdTe)薄膜太阳电池是另外两种已产业化的薄膜太阳电池。同硅薄膜太阳电池相比，CIGS 和 CdTe 为晶粒较大的多晶薄膜，二者更加稳定，电池转换效率也更高。CIGS 材料对可见光有非常高的吸收系数，通过组分调节还可以方便地控制材料的带隙，从而优化对太阳光谱的响应范围。CdTe 材料具有与太阳光谱匹配很好的光学带隙，并且价格便宜。同硅薄膜太阳电池相似，二者也都可以制作成柔性太阳电池。CIGS 太阳电池采用 CIGS/CdS 构成 pn 结，CdTe 太阳电池采用 CdTe/CdS 构成 pn 结。CIGS 多晶薄膜的制备方法主要包括溅射后硒化法、共蒸发法以及若干低成本的非真空沉积方法。而 CdTe 多晶薄膜的制备方法更加多样，有溅射法、蒸发法、近空间升华法、气相输运沉积法、电镀法、喷涂法等。两种电池中的 CdS 一般均采用化学水浴法制备。目前，二者在 $1cm^2$ 面积上的最高转换效率分别达到了 23%和 21%以上[10, 11]。

Ⅲ-Ⅴ族化合物薄膜太阳电池是以 Ge 或者 GaAs 为衬底在其上外延生长的单晶薄膜太阳电池，目前常用的材料是 GaInP 和 GaInAs 体系。Ⅲ-Ⅴ族化合物的最大优势在于高的光电转换性能和成分调控光学带隙的能力，由此可以开发出高效率的多结叠层太阳电池。制备这类电池的最实用的方法是金属有机化学气相沉积(metal organic chemical vapor deposition, MOCVD)，但薄膜生长速率慢、产量小，生产成本高昂。Ⅲ-Ⅴ族化合物太阳电池的另一个好处是可以工作在非常高的聚光条件下，因而有可能通过采用聚光方式实现一定程度的成本下降。Ⅲ-Ⅴ族化合物薄膜太阳电池是目前所有太阳电池类型中转换效率最高的一类电池，单结 GaAs 太阳电池的转换效率超过 29%，多结叠层电池效率接近40%，在聚光条件下的转换效率更是超过了 47%[11]。但是，Ⅲ-Ⅴ族化合物太阳电池和聚光方式的高成本，限制了其在地面上的推广应用。

染料敏化太阳电池(dye sensitized solar cell, DSSC)和有机材料太阳电池(organic photovoltaics, OPV)作为低成本太阳电池的代表而被研究，二者都可以在非常低的温度乃至室温下制作，生产成本低。染料敏化太阳电池的基本结构是采用染料作光吸收层并利用 TiO_2 层和电解质层实现载流子的传输，而有机材料太阳电池则利用施主/受主产生光吸收并使光生激子在界面上分离。两种电池的共同点是光吸收材料的吸收能力较弱，载流子分离的概率也低，因此，优化选择乃至合成新的光吸收材料，即新型染料或者新型施主/受主一直以来都是两种电池的重点研发方向，对太阳电池器件结构进行优化和界面修饰以及开发叠层电池同样是提升电池转换效率的途径。目前，小面积染料敏化太阳电池的转换效率只在 13%左右，有机薄膜太阳电池转换效率超过了 19%，在 1cm^2 面积上获得的最好转换效率在 15%左右[11]。进一步提升转换效率仍是研发关键，此外，两种电池在寿命和稳定性方面仍存在亟待解决的问题。

钙钛矿结构材料太阳电池是目前研发时间最短但进步最快的一类薄膜太阳电池，其起始于采用钙钛矿材料作为染料敏化剂对染料敏化太阳电池进行改进，但人们很快发现钙钛矿材料与一般的染料不同，于是去除了电池中的电解质，转而采用与有机薄膜相似的电池结构。进一步的研究发现，钙钛矿材料具有更多无机半导体材料的特征，载流子寿命较长，所采用的太阳电池结构也随之向无机 pn 结太阳电池结构演化。电池结构的演化带来钙钛矿结构材料太阳电池转换效率的快速提升。2009 年，钙钛矿染料敏化太阳电池的转换效率只有 3.8%[12]，而目前小面积钙钛矿结构材料太阳电池的转换效率已经达到了 26.7%，在 1cm^2 面积上获得的最高转换效率也达到了 25.2%[11]，1027cm^2 面积的组件转换效率达到了 19.2%[11]。钙钛矿结构材料太阳电池的另一个优势是带隙可调，因而具有开发高效率叠层电池的潜力，目前主要的叠层电池结构包括钙钛矿/晶硅叠层电池、钙钛矿/CIGS 叠层电池以及钙钛矿/钙钛矿叠层电池[13-15]。其中，钙钛矿/晶硅叠层电池因具有使产业化晶硅太阳电池技术提升的巨大潜力而受到业界的普遍关注，212cm^2 大面积电池效率已经达到了 30.1%[11]。但无论是单结电池还是叠层电池，其稳定性和大面积均匀性仍需改善。

基于细致平衡的基本热动力学原理，理想情况下，任意材料体系单 pn 结太阳电池在太阳光照下所能达到的能量转换效率均存在一个最大值，这被称为 Shockley-Queisser (S-Q) 极限，其最早由 William Shockley 和 Hans Queisser 在 1961 年计算提出[16]。为了突破 S-Q 极限，获得更高的转换效率，一些超高效率的新概念太阳电池已经被提出，这包括热光伏太阳电池、热载流子太阳电池、多激子产生太阳电池、中间带太阳电池等[17-20]。但目前，这些太阳电池还基本停留在概念性阶段，只有零星的原理性验证结果，还没有成为光伏界关注的重点。

尽管太阳电池的种类很多，但在地面应用的光伏市场上，晶硅太阳电池以其无可比拟的性价比一直占据市场的主导。晶硅太阳电池的产业化技术还会继续提升，这表现在整个产业链中的各个环节。硅料制备有潜力从改良西门子法向流化床法转变，降低能耗的同时提高产量；硅片制备的砂浆切割工艺已完全被金刚线切割工艺取代，切割过程中的硅料损耗减小，切出的硅片正向厚度更薄、数量更多、产量更大的方向发展；电池片在逐步采用各类高效新结构的同时，金属栅线印制得更细并采用无主栅图形化设计，大大减少用银量；组件开发双面双玻、半片、叠瓦新结构，提升功率输出的同时，性能更稳定，寿命更长；进一步结合工艺装备和工艺原材料的改进，晶硅太阳电池的制造成本将继续下降，其在光伏产业中的竞争力优势在相当长的一段时间内仍将无法被替代。

1.2　光生伏打效应与 pn 结

太阳电池光电转换的基础是光生伏打效应，这种效应是指半导体在受到光照射时产生电动势的现象。要解释这种现象，需要理解从半导体材料晶体结构出发建立的能带理论。

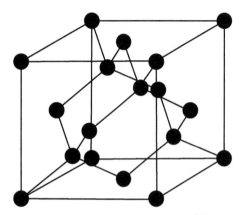

图 1.2　单晶硅材料的晶格结构[21]

以单晶硅为例，硅原子序数 14，是ⅣA族元素，在硅原子核的最外围有 4 个价电子，每个硅原子都与周围的 4 个硅原子构成共价键，结合成正四面体的形式，每两个键之间的夹角为 109.5°，由此排列成如图 1.2 所示的晶格结构[21]，这种结构称为类"金刚石"结构。单晶硅材料即是由上述结构不断重复排列而成的，即晶体结构中的原子排列是具有周期性的。

能带理论的出发点是固体中的电子不再束缚于单个原子核内，而是在整个固体内运动，称为共有化电子。详细的能带理论可以查阅相关文献[22, 23]，这里只做简单的定性介绍。任何一个共有化电子的运动行为受到周期排布的原子核和其他电子的影响。对电子而言，周期性排布的原子核会形成一个周期性势场，而其他所有电子对其产生的影响也可以采用一个平均场进行近似。当势场具有周期性时，描述电子运动的薛定谔方程的本征函数是具有势场周期性的平面波，称为布洛赫波。由于周期性势场的起伏较小，可以采用一个恒定的平均势场 $\overline{V}$ 作为零级近似来求解薛定谔方程，进一步再把周期性势场的起伏作为微扰进行处理。通过零级近似，可以求得电子波函数和能量本征值 E：

$$\Psi_k^0(x) = \frac{1}{\sqrt{L}}\mathrm{e}^{ikx}, \quad E_k^0 = \frac{\hbar^2 k^2}{2m} + \overline{V} \tag{1.1}$$

式中，$L=Na$，为 N 个原胞排布的长度，a 为晶格常数；m 为电子的有效质量；$\hbar$ 为约化普朗克常数；k 为布洛赫波矢；上标 0 表示零级近似；x 为格矢。由周期性边界条件可以得到 k 的取值为 $2\pi/(Na)$ 的整数倍，对应的能量本征值 E 称为能级并且在布里渊区满足平移对称性。在考虑周期性势场的微扰后，在布里渊区边界上，能量本征值取值会产生较大的间隔，这样就依据能量变化形成了一个个与 k 值对应的能级近似连续的区域(称为能带)和在相邻能带之间没有能级存在的区域。在绝对零度下，电子总是从能量最低的能带开始往上填充。由于原子的内层电子紧密束缚在原子核的周围，材料的性能主要由原子外层的价电子决定。被价电子填充的能带称为价带。价带以下的能带被内层电子填充，能带中的所有能级均被电子填满，因而可称为满带。价带以上的能带未被填充，称为空带。在价带和上面的空带之间没有能级的区域，称为禁带，这个禁带的宽度称为能隙或者带隙，一般用 E_g 表示。当 E_g 较小时，价带中的电子会在外部激发条件下获得大于 E_g 的能量而被激发到上面的空带中，从而产生导电性，因而将价带上面的空带称为导带。电子在价带和导带内不同能级之间的跃迁伴随吸收能量或者放出能量的过程，这是众多半导体器件工作的基础。自然界中的固体按导电性可分为金属、半导体和绝缘体，主要区别是三者能带结构中的带隙大小不同。金属的带隙为 0，自身能导电；绝缘体的带隙很宽，一般在 4～7eV 之间，导带中基本没有电子，因而不能导电；半导体的带隙相对较小，在 0.1～4eV 之间，如前所述，在一定条件下价电子可激发到导带中，从而可以在导电和不导电之间转变。

价带中的电子如果获得了大于带隙 E_g 的能量就能被激发到导带，并在价带中留下一个电子的空位，称为空穴，空穴带正电。被激发到导带中的电子和在价带中留下的空穴都可以自由运动，从而呈现出导电行为。电子和空穴统称为载流子，可以自由运动、能导电的载流子被称为自由载流子。价电子激发需要大于 E_g 的能量，提供能量的方式可以是热激发、光激发或者电激发。温度导致的热能会使晶格振动，晶格振动的能量子称为声子，在一般环境温度下，单个声子的能量很小，只在十几毫电子伏特。由于半导体材料的 E_g 较大，价带中的电子只有吸收很多声子的能量才能被激发到导带中，热激发所能得到的导电性有限。而光激发和电激发的过程又需要外加光、电激励条件，相对复杂，需要寻找可改变半导体材料导电性的其他方法。

改变半导体的导电性可以通过掺杂实现。通过在半导体材料中引入掺杂元素，从而在带隙内部引入掺杂能级。如图 1.3 所示，如果这些掺杂能级距离半导体材料的导带底或者价带顶比较近，掺杂能级上的电子或空穴就能通过热激发大量进入导带或者价带中，从而实现半导体的导电性。如果掺杂能级往导带中提供了电子，就称为 n 型掺杂，这样的掺杂剂称为施主(donor)，此时，半导体的导电性主要靠导带中的电子实现，称为 n 型半导体。n 型半导体导带中的电子要远远多于价带中的空穴，通常把浓度高的载流子称为多数载流子，简称多子，浓度低的载流子称为少数载流子，简称少子。如果掺杂能级在价带中提供了空穴，就称为 p 型掺杂，这样的掺杂剂称为受主(acceptor)，此时，半导体的导电性主要靠价带中的空穴实现，称为 p 型半导体，p 型半导体价带中的空穴要远远多于导带中的电子。而没有掺杂基本不导电的半导体一般称为本征半导体。

图 1.3　半导体中的施主和受主掺杂能级示意图

E_C 为导带底能级；E_V 为价带顶能级；E_A 为受主掺杂能级；E_D 为施主掺杂能级

以单晶硅为例,n 型单晶硅掺杂一般是通过向其中引入ⅤA 族的元素实现,如磷(P)、砷(As)等，最常用的是磷。在硅晶格中的某一位置，硅原子被磷原子替代，磷具有 5 个价电子，其中的 4 个用来与相邻的 4 个硅原子成键，由于磷在硅中形成的掺杂能级离导带边非常近，多出的一个价电子很容易热激发到导带中变成可以导电的自由电子，从而使单晶硅呈现出 n 型电子导电性。p 型单晶硅掺杂一般是向其中引入ⅢA 族的元素，如硼(B)、镓(Ga)、铝(Al)等。这些原子有 3 个价电子，只能与外围的 3 个硅原子成键，缺少一个电子或者称为带有一个空穴。其掺杂能级离价带顶较近，热量能将电子从价带激发到掺杂能级上，在价带中留下可导电的空穴，从而使单晶硅呈现出 p 型空穴导电性。

如前所述，电子从价带向导带中的跃迁除了靠热激发外，还可以通过光激发。尽管光激发不是改变半导体材料导电性的优选方式，但却是太阳电池光生伏打效应的基础。电子被光激发的过程就是光子的能量被电子吸收、光能转变为电子能量的过程。半导体中，将电子从价带激发到导带并在价带中留下空穴的光吸收过程称为半导体的本征吸收。理论上，只有能量大于半导体带隙 E_g 的光子才能够发生本征吸收，所以，E_g 的大小决定了半导体材料所能够本征吸收的光谱的范围。吸收光子能量被激发的电子以及留下的空穴处于非平衡态，称为热载流子。由于在导带和价带中可以利用的能级很多，这些高能热载流子会在极短的时间内发生热弛豫，即通过放热使自身能量降低，从所处的高能级位置弛豫到导带底和价带顶。高能电子从导带底进一步回到价带顶所需要的时间较长，这一过程称为复合，在复合发生之前，如果通过外接回路将高能电子从导带底引出，经过负载后回到价带顶与空穴复合，而不是在半导体内部直接发生复合，则高能电子所具有的能量就可以被负载利用，即实现了半导体光生伏打效应对负载的供电，这便是太阳电池的基本工作原理。Shockley 和 Queisser 据此从理论上计算了太阳电池极限效率与半导体带隙之间的关系，这便是 Shockley-Queisser(S-Q)极限。如图 1.4 所示，针对太阳光谱，当半导体带隙 E_g 处于 1.3eV 左右时，可以获得 30%左右的理论极限效率[16]。近年来，Richter 等针对单晶硅太阳电池，考虑太阳光谱和硅材料性质的一些修正，对 S-Q 极限进行重新计算，得到晶硅太阳电池的理论极限效率为 29.43%[24]。

对太阳电池而言，需要解决的问题是如何将处于导带底的高能电子在其复合到价带顶之前取出。考虑载流子是带电荷的粒子，电子带负电，空穴带正电，二者在电场的作用下会向相反的方向移动，因而可以分离取出。所要施加的电场，可以通过 pn 结实现。

所谓 pn 结就是由 p 型半导体和 n 型半导体接触形成的结。如前所述，p 型半导体和 n 型半导体可以通过在本征半导体中进行掺杂实现。在 n 型半导体中电子是多子，在 p 型半导体中空穴是多子。如图 1.5 所示，当 n 型半导体和 p 型半导体接触时，电子和空穴相互吸引，n 型半导体中的电子向 p 型半导体中扩散，留下带正电荷的掺杂离子；p 型半导体中的空穴向 n 型半导体中扩散，留下带负电荷的掺杂离子。这些带电掺杂离子所构成的区域称为空间电荷区，由于里面基本没有载流子，因此也称为耗尽区。在耗尽区内部存在的正负掺杂离子所产生的电场称为内建电场，这个内建电场的方向会阻碍电子和空穴的进一步扩散，最终达到一个平衡态，从而使得耗尽区具有特定的宽度，内部存在定量的内建电场。耗尽区宽度以及内建电场的大小都与两侧的 p 型和 n 型半导体材料的掺杂浓度有关，这样所形成的接触结就称为 pn 结。pn 结中内建电场的存在使其具有单向导电性。半导体材料吸光所产生的光生载流子如果受到内建电场的作用，光生电子就会向 n 区移动，光生空穴就会向 p 区移动，从而实现分离。

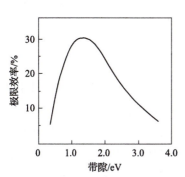

图 1.4 太阳电池理论极限效率(η)与吸收层带隙(E_g)间的关系：S-Q 极限[16]

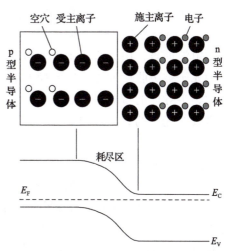

图 1.5 半导体 pn 结能带结构与电场示意图
E_C：导带底；E_V：价带顶；E_F：费米能级

有了基于半导体 pn 结建立的太阳电池基本结构，优化提升其工作性能就需要深入分析其实现光电转换的内部过程[25]，主要是光吸收、光生载流子输运、复合、分离和取出的过程。

半导体吸收层需要尽可能多地吸收辐照在其上的太阳光，这是因为光吸收是太阳电池工作的前提。但光入射到物质表面会发生反射，这是由于入射介质(空气)和出射介质(电池)之间存在较大的突变折射率差。减小太阳电池表面与空气之间突变折射率差的方法通常是在电池表面沉积减反射膜和将电池表面织构化。这是太阳电池光管理研发的重要组成。如前所述，太阳光进入半导体中被吸收的重要过程是半导体的本征吸收，其由半导体的具体能带结构决定，带隙的大小决定了可以被吸收的太阳光的波长或光子能量范围。而吸收的能力可以采用吸收系数这一物理参量进行衡量。吸收系数大小取决于电子跃迁的始态密度、终态密度，以及发生跃迁的概率，这与半导体材料是直接带隙材料还是间接带隙材料有关。电子光激发跃迁的过程既要满足能量守恒，又要满足动量守恒。直接带隙半导体材料的价带顶和导带底所对应的波矢 k 值相同，电子光激发跃迁容易发生。间接带隙半导体材料的价带顶和导带底所对应的波矢 k 值不同，电子光激发跃迁除了电子和光子外，还需要声子的参与以满足动量守恒的要求，由此降低了该过程的发生概率。因此，直接带隙半导体材料的光吸收系数较大，间接带隙半导体材料的光吸收系数较小。半导体内部除了对光电转换有贡献的本征吸收外，还存在杂质吸收、自由载流子吸收、激子吸收、晶格吸收等光吸收过程。这些吸收基本不会产生可以利用的光生载流子，从而造成光学损失，还会引起太阳电池温度升高，造成电池转换性能下降，因而需要尽可能避免。

能量大于半导体带隙的光通过本征吸收产生电子-空穴对后，被激发到导带中的高能级上的电子或在价带中留下的低能级上的空穴(称为热载流子)会在极短的时间内达到一个准平衡状态,并从高能级弛豫到能带边,电子弛豫到导带底,空穴弛豫到价带顶。载流子弛豫所释放出的能量(高能级与能带边之间的能量差)通过晶格振动转变为热量。尽管目前的一个研究方向是热载流子太阳电池,希望避免这种发热产生的能量损失,但就常规太阳电池而言,由载流子弛豫所造成的热损失是无法避免的,也就是说,能量大于带隙的光子被吸收后通过光电转换所能获得的最大能量也只能与带隙对应的能量相当。因此,半导体的带隙是决定太阳电池性能的关键因素,它不但决定了太阳光谱中能够被吸收的光子的数量(波长范围),而且决定了每个光子被吸收后所能获得的最大能量。

弛豫到导带底和价带顶的光生电子与空穴仍不稳定,电子有重新回到价带中的空穴位置的趋势,这个导带电子重新回到价带空穴位置的过程被称为载流子复合。电子从导带底回到价带顶,与空穴复合后如果重新释放出光子,这个复合过程称为带间复合,其由半导体材料的能带结构决定,也称为本征复合。由于带隙的限制,发生本征复合需要一定的时间,这被称为载流子寿命。较长的载流子寿命给在复合发生之前将光生电子和空穴分离取出提供了可操作空间。但是,在半导体内部除了本征复合外,还存在一些缩短载流子寿命的其他复合过程,主要包括俄歇复合和杂质(缺陷)陷阱辅助复合,在实际的太阳电池制备中,需要将这些复合尽可能减少以提高光生载流子寿命。①俄歇复合:导带底的电子与价带顶的空穴复合后不释放光子,释放的能量将另一个载流子激发到更高的能级,这个高能载流子再发生热弛豫释放能量。俄歇复合发生的可能与自由载流子浓度有关,在掺杂较重的半导体材料中表现明显。②杂质(缺陷)陷阱辅助复合:半导体内存在的杂质和缺陷俘获载流子,从而增大载流子复合的概率,称为Shockley-Read-Hall(SRH)复合。半导体材料体内和表面/界面上存在的杂质(缺陷)陷阱辅助复合是限制实际半导体材料光生载流子寿命的主要因素。

光生载流子的产生位置与其被分离、取出的位置一般存在差异,即在被取出之前光生载流子需要在半导体内部输运一定的距离。载流子在半导体中的输运有漂移和扩散两种机理。①漂移输运机理:由于电子和空穴带不同的电荷,在外加电场的作用下,电子和空穴会分别往不同的方向做定向移动,这被称为载流子的漂移,由此产生漂移电流。②扩散输运机理:载流子从浓度高的区域向浓度低的区域流动,由此产生扩散电流。

在太阳电池中载流子的输运既可以靠漂移电流来实现,又可以靠扩散电流来实现。漂移电流主要是多子的贡献,而扩散电流以少子电流为主。真正的太阳电池中,载流子的输运机理以哪种为主取决于制备太阳电池的具体半导体材料的性能和太阳电池的具体结构。

在半导体 pn 结内建电场的作用下,光生电子和空穴分离,分别被输运到 n 区和 p 区。为使分离的电子和空穴通过外部电路形成回路对负载做功,需要将金属电路与 n 区和 p 区实现电接触连接。形成良好的无势垒低电阻接触是太阳电池金属化所追求的目标。

1.3　晶硅太阳电池概况

晶硅太阳电池结构演化的过程即是在 pn 结基础上综合考虑光吸收、载流子输运、复合、分离、取出等对电池光电转换性能进行不断优化提升的过程。

由晶体硅的能带结构可知，晶体硅是间接带隙的半导体材料，光吸收系数较小，对带隙以上的光产生充分吸收需要较大的厚度，厚度至少百微米以上。对厚度较大的晶硅衬底，很难在整个厚度范围内建立较大的电场使载流子产生大的漂移电流，因而，晶硅太阳电池一般采用一种掺杂类型的晶硅衬底制备，这样，因吸光产生的光生电子和空穴就有了少子和多子之分，少子产生扩散电流成为晶硅太阳电池内部的主导输运机理。为了使扩散电流不受复合影响，即提高少子的寿命，需要尽可能减少晶硅内部和表面/界面上的杂质和缺陷，由此引出了钝化问题。钝化就是指消除这些杂质和缺陷或者弱化它们对复合的影响。

按照 pn 结制备工艺路线和性能不同，晶硅太阳电池结构可以分成扩散同质结结构和镀膜异质结结构。扩散同质结结构电池经历了从 Al-BSF 电池到 PERC、PERL、PERT 电池的结构演化。镀膜异质结结构电池一般称为载流子选择性钝化接触电池，主要分为 SHJ 电池、TOPCon 电池以及一些新型无主动掺杂异质结电池。所谓载流子选择性钝化接触，指的是能够对一种单一载流子电子或空穴具有非常高的取出效率，但对另一种载流子具有排斥效果，使得二者具有很好的分离效率，钝化性能高。严格意义上讲，扩散同质结所形成的也是载流子选择性钝化接触结构，只不过异质结结构因在结区界面上的能带不连续性，其载流子选择性钝化效果更容易提高。

1.3.1　扩散同质结晶硅太阳电池

如图 1.6 所示，Al-BSF 晶硅太阳电池是最早获得广泛推广应用的扩散同质结晶硅太阳电池[26]。Al-BSF 晶硅太阳电池采用 p 型晶体硅衬底作基区吸收层，经过清洗、制绒（制备陷光结构，一般是碱腐蚀生成的随机分布的金字塔绒面）、磷扩散制备 pn 结、镀钝化减反射氮化硅层（SiN$_x$，实现电学钝化与光学减反射双重作用）、制备前银电极（网栅状，尽可能降低光学遮挡）、制备背铝电极（整面铝浆印刷）、烧结等工艺流程制备而成。Al-BSF 晶硅太阳电池的制备工艺较为简单，光伏行业从兴起之初直到 2018 年，在长达几十年的时间中始终占据光伏市场的主导地位，因此被称为常规电池。在经历了选择性发射极、栅线细化等一系列增效手段后，产业化电池效率在 2017 年左右达到了 19%～20% 的瓶颈[27]。效率难以进一步提高的主要原因是电池背面的全铝电极在与晶硅吸收层接触面上存在严重的背表面载流子复合。为解决这一问题，产业化晶硅电池结构开始往 PERC 晶硅太阳电池发展。

早在 1989 年，澳大利亚新南威尔士大学（UNSW）就提出了 PERC 晶硅太阳电池结构[28]。如图 1.7 所示，其背面由 Al-BSF 晶硅太阳电池的全铝电极覆盖转变为氧化物（AlO$_x$、SiO$_x$ 等）薄层作为背钝化层，只在局部接触点位置通过烧结形成铝背场和电极接触。背钝化层能够有效降低电池背表面载流子复合速率，提高电池的开路电压。随着产业技术的逐渐成熟，AlO_x/SiN_x 复合钝化层结合激光消融技术已成为实现 PERC 晶硅太阳电池产业化的主流技术，PERC 晶硅太阳电池在市场中也基本已经取代了 Al-BSF 晶硅太阳电池的主导地位[29]，业界平均效率达到 23% 以上，并具有提升到 24% 的可能[30]。2019 年，隆基绿能科技股份有限公司(简称隆基)PERC 晶硅太阳电池创造了世界最高效率 24% 的纪录[11]。

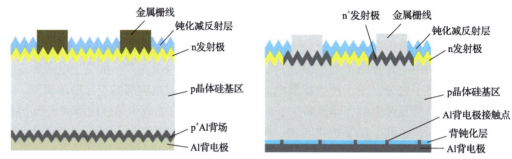

图 1.6　铝背场(Al-BSF)晶硅太阳电池基本结构[26]　图 1.7　PERC 晶硅太阳电池基本结构[28]

但是，在 PERC 晶硅太阳电池中仍然存在金属电极与硅衬底直接接触的区域，复合较大对电池效率产生负面影响。进一步在接触点下面形成重掺杂的 p^+ 接触层，就形成了 PERL 晶硅太阳电池[31]，如图 1.8 所示。这一 p^+ 接触层靠选区硼扩散实现，一方面改善了接触电阻，另一方面形成了 p-p^+ 高低背结，减弱了金属电极接触界面的复合影响。UNSW 通过采用 PERL 结构，1999 年在 $4cm^2$ 面积上创造了 25% 的硅电池效率世界纪录，并一直保持到 2014 年[32]。UNSW 进一步提出了 PERT 结构[33]，如图 1.9 所示，在钝化层下面增加一层浅的 p 型扩散层，希望通过 p 型高低结的场效应来增强钝化效果，最高效率也接近 25%，略低于 PERL。低于预期的主要原因是工艺控制，但也说明在 PERL 基础上 PERT 结构进一步提升效率的幅度不太明显。

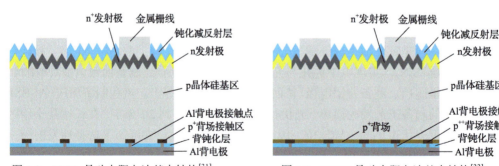

图 1.8　PERL 晶硅太阳电池基本结构[31]　　图 1.9　PERT 晶硅太阳电池基本结构[33]

从上面的发展也可以看出，产业永远选择的是性价比最高的路线，1990 年前后就已形成的 PERC 晶硅太阳电池，近两年才真正进入产业，主要原因是激光消融技术促进了局域接触结构的低成本实现。但更为复杂的 PERL 和 PERT 晶硅太阳电池，至今仍没有可行的低成本、规模化产业路线。

上述 Al-BSF 到 PERC，再到 PERL、PERT 的演化路线都是基于通过扩散制备掺杂层的工艺，这个工艺有如下几个基本特点：①属于高温工艺，扩磷工艺一般在 850℃左右的温度下进行，扩硼工艺则通常在 900～1100℃之间。②扩散层从硅衬底表面往里形成，即磷或硼掺杂原子通过扩散从硅衬底表面进入到硅衬底内部，使硅衬底表面的一层区域达到所需要的掺杂浓度。所以，掺杂层是原来硅衬底的一部分，除了掺杂状态外，与余下的硅衬底内部并没有材料本质上的不同，仍然是晶体硅，即最终形成的 pn 结、pp$^+$ 或 nn$^+$高低结是连续的晶硅同质结，里面不存在结区界面问题。③扩散工艺特点决定了均匀的高质量扩散掺杂层需要相对较大的厚度，通常在几百纳米到微米量级，厚的扩散层会对太阳光产生较强吸收，因此要求掺杂层的掺杂浓度不能过高，否则内部载流子容易发生复合，吸收的太阳光激发的光生载流子无法被取出，导致电池光电流损失。④为尽可能减少扩散掺杂层引起的光电流损失，还需要降低掺杂层的表面复合，为此，需要在掺杂层表面制备钝化层，并且金属电极接触区要采用局域接触结构，尽可能减少接触面积。

1.3.2　镀膜异质结晶硅太阳电池

与上述演化路线不同，掺杂层的制备还可以采用往外生长的方式实现，即在硅衬底表面通过镀膜沉积工艺制备掺杂层。常用的镀膜沉积工艺包括化学气相沉积(chemical vapor deposition, CVD)、物理气相沉积(physical vapor deposition, PVD)等，这些工艺能够以适中的速率生长出所需的材料，因此可以将掺杂层的厚度控制在几纳米到几十纳米范围。薄掺杂层对太阳光的吸收大大降低，掺杂浓度可以按照需要尽可能提高而无须考虑掺杂层的表面钝化。无论形成的是 pn 结还是 pp$^+$或 nn$^+$高低结都不再是连续的同质结，而是变成了不连续的异质结。合适的异质结特性从能带工程的角度有利于高效电池的制备。但这种方法也引入了新的问题，就是结区界面。所形成的结一半是晶硅衬底的表面层，另一半是沉积生成的薄膜层，即原来晶硅衬底的裸露表面处于所形成的结区内，转变成了结区界面，大量存在的表面态缺陷处于界面上会对结特性产生大的负面影响，因此需要钝化消除。通常的解决办法是插入一层界面钝化层。从材料制备的角度，通过外延生长就可以解决界面态的问题，但实现 100%外延并不容易，并且工艺成本大大增加，太阳电池中只有面向空天应用的Ⅲ-Ⅴ族化合物太阳电池采用了外延制备方式，这也是其价格昂贵的一个重要原因。晶硅太阳电池面向地面低成本应用，不能走外延路线。

镀膜异质结晶硅太阳电池是典型的载流子选择性钝化接触电池。早在 1985 年，Yablonovitch 等就提出理想的太阳电池结构应该是"双异质结结构"[34]，这是载流子选择性钝化接触的雏形，即建立大的异质结势垒，对光生的载流子(电子和空穴)实现选择性取出，n 型掺杂或低功函数材料取出电子，p 型掺杂或高功函数材料取出空穴。但受当时材料制备技术特别是钝化技术的限制，选择性钝化接触在早期并没有在太阳电池性能上发挥出优势。直到 1990 年，日本三洋(SANYO)公司[已被松下(Panasonic)收购]提出并发展了非晶硅/晶硅(a-Si：H/c-Si)异质结(silicon heterojunction, SHJ)太阳电池，三洋将自己的 SHJ 电池产品称为带本征薄层的异质结(heterojunction with an intrinsic thin layer, HIT)电池[35]，产业界也把 SHJ 太阳电池称为 HJT①太阳电池。

————————————

　　① 即 heterojunction technology(异质结技术)。

HIT 太阳电池的基本结构如图 1.10 所示[35]。在硅衬底迎光面上沉积与硅衬底掺杂类型相反的非晶硅层构成 pn 结，然后在上面沉积透明导电氧化物(transparent conductive oxide, TCO)层作为透明导电电极，在 TCO 上制作金属栅线。在硅衬底的背光面上沉积与硅衬底掺杂类型相同的非晶硅层作背场，然后沉积 TCO，在 TCO 上制作金属栅线或者全金属背接触。技术的关键是在掺杂非晶硅层和晶硅衬底之间插入很薄的本征非晶硅层来钝化异质结界面。与传统的靠扩散制备 pn 结的晶硅太阳电池相比，HIT 太阳电池的硅薄膜沉积一般采用等离子体增强化学气相沉积或者热丝化学气相沉积在 200℃左右的低温下进行，并且各薄膜层厚度只在几纳米到十几纳米量级，工艺步骤少、时间短、能耗低。非晶硅掺杂层的带隙在 1.72eV 左右，比单晶硅 1.12eV 左右的带隙要宽，二者在异质结界面存在能带失配，这一能带失配尽管对载流子输运会产生一定的影响，但却能够使电池更容易获得高开路电压(V_{OC})。

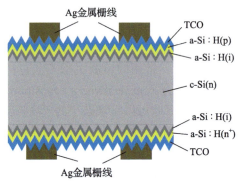

图 1.10　HIT 太阳电池的基本结构示意图[35]

以 HIT 为代表的 SHJ 太阳电池的高开路电压带来高转换效率。同常规扩散制备的同质 pn 结晶硅太阳电池相比，SHJ 太阳电池的异质结特性使其开路电压很容易达到 740mV 以上，从而带来高的电池转换效率。经过近 20 多年的努力，2014 年，松下使 HIT 电池的 V_{OC} 达到了 750mV，电池转换效率达到了 24.7%[36]。之后，日本钟化(Kaneka)株式会社将 SHJ 太阳电池转换效率提升到了 25.1%，V_{OC} 也达到了 738mV[37]。近年来，随着我国企业对晶硅异质结太阳电池的关注，其转换效率进一步提升。2022 年 10 月，隆基 274cm^2 大尺寸 SHJ 太阳电池效率达到 26.81%，V_{OC} 达到 751.4mV[38]。

SHJ 太阳电池具有低的温度系数。太阳电池光电转换性能通常会随工作温度升高而下降。常规扩散晶硅太阳电池转换效率的温度系数大约为–0.45%/℃，即温度每升高 1℃，电池转换效率相对下降约 0.45%。SHJ 太阳电池转换效率的温度系数可以减小至–0.2%/℃，甚至更低[39]。这意味着 SHJ 太阳电池在光照升温情况下比常规电池有更好的功率输出。

SHJ 太阳电池的结构具有前后非常高的对称性(图 1.10)，这可以有效避免前、背面应力差异带来的电池弯曲，减小电池破碎率，从而能采用更薄的硅片制备。这种前后结构的对称性还更容易实现双面发电。采用 SHJ 太阳电池制备的双面电池及其组件，双面率很容易达到 90%以上，从而在双面双玻组件中具有广泛的应用。

SHJ 太阳电池在弱光条件下具有更高的转换效率，基本不存在电势诱导衰减(potential

induced degradation, PID）现象，发电性能稳定，无光致衰减（light induced degradation, LID）现象，组件能够保证长使用寿命，有时在光照条件下还会因钝化性能改善使效率升高。

正是由于以上诸多优点，SHJ 太阳电池已成为晶硅太阳电池发展的一个重要方向，并随技术成熟度的提高在近期成为光伏产业的投资热点。国内水平较高的生产企业，量产平均效率已能达到 25%以上，相比于 PERC 晶硅太阳电池 23%~24%的效率呈现出比较明显的性能优势。

但是，由于其制备工艺与 PERC 晶硅太阳电池明显不同，SHJ 太阳电池制造需要新建生产线，其中的大多数镀膜设备需要高真空，这增加了设备投资成本。此外，与其低温工艺兼容的金属化步骤需要用到低温银浆，这也比 PERC 晶硅太阳电池所用的高温银浆要贵。目前，成本仍是制约 SHJ 太阳电池产业化的一个问题。很多降低成本的技术路线都在研发之中，并且取得了较快的进展。

近年来，另一种实现载流子选择性钝化接触的方法受到人们的关注，这种结构基于超薄非晶 SiO_x/掺杂多晶硅（polycrystalline silicon, poly-Si）叠层，称为半绝缘多晶硅（semi-insulating polycrystalline silicon, SIPOS）[40]、隧穿氧化物钝化接触（tunneling oxide passivated contact, TOPCon）[41]或氧化物上多晶硅（polysilicon on oxide, POLO）[42]。该结构电池利用超薄 SiO_x 层实现良好的钝化功能，（n/p）poly-Si 实现对载流子（电子/空穴）的选择性取出。超薄非晶 SiO_x 钝化层可以采用湿化学氧化或热氧化的方法制备，poly-Si 可以采用 a-Si：H 后晶化或者低压化学气相沉积（low pressure chemical vapor deposition, LPCVD）直接沉积的方法制备，掺杂可以原位掺杂，也可以沉积后再扩散或者离子注入[43]。如图 1.11 所示，通过在 n 型硅片背面采用电子选择性 TOPCon，德国弗劳恩霍夫太阳能系统研究所（FhG-ISE）开发的前表面扩硼晶硅太阳电池转换效率达到了 25.7%，V_{OC} 达到了 725mV[44]。与 SHJ 太阳电池采用的（i）a-Si：H/（n/p）a-Si：H 载流子选择性钝化接触相比，这种超薄非晶 SiO_x/（n/p）poly-Si 接触结构适用于高温工艺，容易集成到 PERC 晶硅太阳电池生产线中，利于实现技术升级。因此，很多 PERC 晶硅太阳电池生产企业关注 TOPCon 晶硅太阳电池。但目前所获得的 SiO_x/（p）poly-Si 空穴接触的性能还明显低于 SiO_x/（n）poly-Si 电子接触的性能，业内所指 TOPCon 晶硅太阳电池只在电池背面采用了该电子接触结构，在电池前表面仍采用了高温同质结。像 SHJ 太阳电池那样，实现双面异质结选择性钝化接触，是该种结构电池关注的重要研究方向。

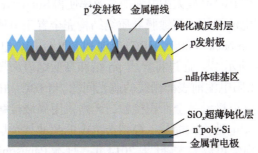

图 1.11 TOPCon 晶硅太阳电池的基本结构示意图[41]

此外，还有另外一种基于高低功函数材料开发的无主动掺杂的镀膜异质结电池[45-49]，这种结构在晶硅衬底上通过高功函数材料选择性取出空穴、低功函数材料选择性取出电子。为获得高质量的异质结界面，在这些高低功函数材料和晶硅衬底之间同样要制备超薄的界面钝化层，该钝化层目前仍以本征的非晶硅层或氧化硅层为代表。高功函数材料以过渡金属氧化物为主，如氧化钼、氧化钒、氧化钨等，低功函数材料以氟化锂、氧化镁、氧化钛等为代表，这些材料通常采用磁控溅射或者蒸发的低温工艺制备。所以，与SHJ 太阳电池相似，无主动掺杂的异质结电池的实际生产也需要低温浆料进行金属电极制备。无主动掺杂异质结电池的制备不使用毒性大、成本高的掺杂物质，也不使用危险系数较大的半导体特种气体，因而成为晶硅太阳电池技术研究的重要方向。但目前，其转换效率和稳定性均有待提高，还未能进入实际的生产制造阶段。

1.3.3 全背接触晶硅太阳电池

无论是扩散同质结晶硅太阳电池还是镀膜异质结晶硅太阳电池，常规采用的双面接触电极结构都存在前表面金属电极遮光的问题，尽管金属栅线制备得越来越细，甚至出现了无主栅结构，但遮光问题无法完全避免。此外，对各类镀膜异质结晶硅太阳电池而言，由于镀制的薄膜通常为非晶或多晶状态，电学输运性能差，尽管厚度很薄，但其光吸收所产生的光生载流子基本无法取出，也会造成电池光电流下降。无论 SHJ 太阳电池还是 TOPCon 晶硅太阳电池，尽管 V_{OC} 很高，但当采用双面异质结结构时，相比 PERC 晶硅太阳电池，都面临电池短路电流密度 J_{SC} 下降的问题。针对上述问题的解决，美国 Sunpower 公司早早给出了可行方案，就是将电池的正负两个电极全部置于电池的背面，开发插指状全背接触(interdigitated back contact, IBC)结构电池[50]。

图 1.12 给出了 Sunpower 公司开发的 IBC 晶硅太阳电池结构[50]。这种电池的基本特征是将 PERT 晶硅太阳电池的双面接触电极制备在电池背面，一方面，电池的前表面没有了栅线遮光；另一方面，前表面因无须考虑接触问题而可以掺杂得更浅，由此减少前表面掺杂层的复合。两方面的贡献可提高电池光电流。2015 年，Sunpower 的 IBC 晶硅太阳电池效率就达到了 25.2%，短路电流密度 J_{SC} 达到 41.33mA/cm²[51]。作为对比，2019 年，汉能控股集团有限公司(简称汉能)打破 Kaneka 公司效率纪录的大面积双面接触 SHJ 太阳电池，尽管效率达到 25.1%，但短路电流密度 J_{SC} 只有 39.55mA/cm²[52]。显然，IBC 晶硅太阳电池的制作过程比 PERT 晶硅太阳电池还要复杂，一直以来只有 Sunpower 公司进行 IBC 产品的规模化制造。但 IBC 晶硅太阳电池的高效率使得 Sunpower 公司产品很受欢迎。

借鉴 IBC 晶硅太阳电池结构，将镀膜异质结结构完全置于电池背面，就产生了全背接触异质结(heterojunction back contact, HBC)电池和 POLO-IBC 电池。HBC 晶硅太阳电池的基本结构如图 1.13 所示[53]。通过将异质 pn 结和高低结表面场全部放在太阳电池的背面，消除了传统 SHJ 太阳电池前表面栅线的遮光问题。与 IBC 晶硅太阳电池相比，HBC 晶硅太阳电池在背面的电极接触是全面积接触，无须采用局域接触孔结构，这使其制作过程相比于 IBC 晶硅太阳电池大大简化。高掺杂浓度的超薄掺杂层置于电池背面，其寄生吸收所带来的光电流损失可以大大降低。2014 年，日本 Panasonic 公司就通过 HBC 结构在 143.8cm² 面积上获得了 25.6% 的转换效率[53]。2017 年，日本 Kaneka 公司 HBC 晶硅太阳电池转换效率达到 26.7%[54]。

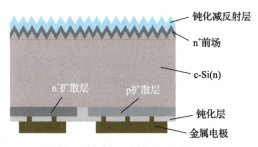

图 1.12　美国 Sunpower 公司 IBC
晶硅太阳电池结构示意图[50]

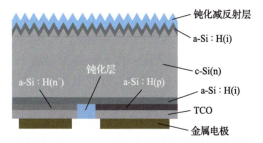

图 1.13　HBC 晶硅太阳电池基本结构示意图[53]

　　SiO$_x$/poly-Si 接触结构也被全部置于电池的背面。如图 1.14 所示，2018 年德国哈梅林太阳能研究所(ISFH)开发了 POLO-IBC 电池，在 4cm^2 面积上，电池转换效率达到了 26.1%[55]。由于采用的 poly-Si 掺杂层有百纳米量级的厚度，仍然需要像常规 IBC 一样考虑这些掺杂层的表面钝化问题，即接触区仍需采用 IBC 晶硅太阳电池那样的局域接触结构，而不是 HBC 电池那样的全接触结构，因此制作工艺要更加复杂。

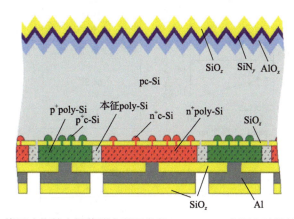

图 1.14　德国哈梅林太阳能研究所开发的 POLO-IBC 太阳电池结构示意图[55]

1.4　晶硅异质结太阳电池发展简史

　　SHJ 太阳电池因具有工艺步骤简单、生产能耗小、效率高、发电性能稳定、使用寿命长等优点，已成为新建电池制造企业的优选技术方案。但如图 1.10 所示的 SHJ 太阳电池结构并不是一开始就形成的，而是经历了一个性能逐步提升的结构演化过程。

　　1974 年，Fuhs 等用 PECVD 工艺在单晶硅上沉积氢化非晶硅(a-Si：H)形成异质结[56]。在 20 世纪 80 年代，日本三洋公司把 a-Si：H/c-Si 异质结应用到太阳电池上，最早只是在 n 型单晶硅前表面上沉积一层掺硼的 a-Si：H(p)作为发射极，如图 1.15(a)所示，在电池背面直接制备金属背电极，制作出的太阳电池转换效率最好大约在 12.3%[57]；之后在硅衬底和 p 型发射极之间插入了一层本征(i)非晶硅钝化层来钝化异质结界面，称为人工结-带本征薄层的异质结(artificially constructed junction-heterojunction with intrinsic thin-layer,

ACJHIT），电池转换效率提升到了 14.8%，如图 1.15(b)所示[57]。接下来，如图 1.15(c)所示，进一步在电池背面同样制作了 n+非晶硅掺杂背场(BSF)，电池效率提升到了 18.1%[58]。在此之后，同前表面一样，三洋公司进一步在背面的 n+背场和硅衬底之间插入本征钝化层，形成了目前常见的前、背面对称的双面钝化 HIT 太阳电池结构，如图 1.15(d)所示[58]。1994 年，三洋公司在 1cm² 面积上太阳电池转换效率突破了 20.0%[59]。2009 年在 100cm² 的面积上实现了 23% 的转换效率[60]。2013 年 2 月，达到了 24.7%，其中，开路电压 750mV，短路电流密度 39.5mA/cm²，填充因子 83.2%[36]。1997 年，SANYO 实现 HIT 商业组件的大规模生产；2000 年开始销售双面 HIT 电池组件；2003 年，HIT 组件用电池转换效率达到 19.5%；2008 年三洋公司被松下(Panasonic)公司收购。2012 年 6 月 30 日，松下公司因"HIT 太阳电池技术"获得了"IEEE 企业创新奖"。

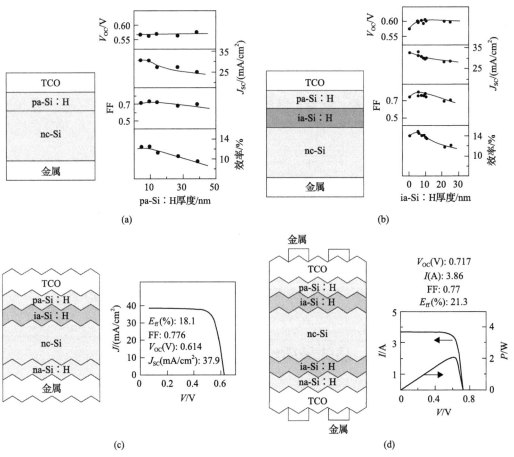

图 1.15　SHJ 太阳电池的结构演化[57, 58]

　　基于三洋公司和松下公司所取得的成功，国内外很多光伏研究机构和企业都加大了对 SHJ 太阳电池的研发力度，如日本钟化株式会社、美国国家可再生能源实验室(NREL)、德国亥姆霍兹柏林能源与材料研究中心(HZB)、瑞士洛桑联邦理工学院(EPFL)、梅耶博格(Meyer Burger)公司、法国国家太阳能研究所(INES)、中国科学院电工研究所、中国科学院上海微系统与信息技术研究所等。2015 年，Kaneka 在 151.88cm^2 面积上将 SHJ 太阳电池的效率纪录提升到了 25.1%[37]。2019 年，汉能 244.5cm^2 全面积电池效率也达到了 25.1%[52]。至此，SHJ 太阳电池的进一步提升完全转入了国内，国内多家设备供应商开始进行交钥匙工程研发。2022 年 10 月，隆基在 274cm^2 大尺寸硅衬底上实现了 26.81% 的 SHJ 太阳电池效率，更是开创了所有硅类单结电池的转换效率新纪录[38]。国内有越来越多的企业开始规划 SHJ 太阳电池的规模化制造，拟建产能超过 100GW。《国际光伏技术路线图》（ITRPV 2024）预测，到 2030 年，SHJ 太阳电池的市场占比会提升到整体市场的近 20%[29]。

1.5 总 结

作为可再生能源的重要利用形式，太阳能光伏发电在全球能源革命和能源转型中将起到极大作用。晶硅太阳电池一直处于光伏市场的主导地位。SHJ 太阳电池具有转换效率高、温度系数低、工艺步骤少、制备能耗小、发电性能稳定、使用寿命长等诸多优点，经过国内外诸多科研机构和生产企业的共同努力，其市场竞争力不断增强，已被国际光伏界公认为是光伏产业技术提升的重要选择方向，具有规模化推广应用的极大潜力。

参 考 文 献

[1] Basu P K, Shetty K D, Vinodh S, et al. 19% Efficient inline-diffused large-area screen printed Al-BSF silicon wafer solar cells. Energy Procedia, 2012, 27: 444-448.

[2] Zhao J, Wang A, Green M A. 24.5% Efficiency silicon PERT cells on MCZ substrates and 24.7% efficiency PERL cells on FZ substrates. Progress in Photovoltaics, 1999, 7(6): 471-474.

[3] Taguchi M, Kawamoto K, Tsuge S, et al. HIT^{TM} cells—high-efficiency crystalline Si cells with novel structure. Progress in Photovoltaics, 2000, 8(5): 503-513.

[4] Verlinden P J, Aleman M, Posthuma N, et al. Simple power-loss analysis method for high efficiency interdigitated back contact (IBC) silicon solar cells. Solar Energy Materials and Solar Cells, 2012, 106: 37-41.

[5] Yoshikawa K, Yoshida W, Irie T, et al. Exceeding conversion efficiency of 26% by heterojunction interdigitated back contact solar cell with thin film Si technology. Solar Energy Materials and Solar Cells, 2017, 173: 37-42.

[6] Matsui T, Bidiville A, Sai H, et al. High-efficiency amorphous silicon solar cells: Impact of deposition rate on metastability. Applied Physics Letters, 2015, 106(5): 053901.

[7] Sai H, Matsui T, Kumagai H, et al. Thin-film microcrystalline silicon solar cells: 11.9% Efficiency and beyond. Applied Physics Express, 2018, 11(2): 022301.

[8] Sai H, Matsui T, Koida T, et al. Stabilized 14.0%-efficient triple-junction thin-film silicon solar cell. Applied Physics Letters, 2016, 109: 183506.

[9] Yan B, Yue G, Sivec L, et al. Innovative dual function nc-SiO$_x$：H layer leading to a ＞16% efficient multi-junctionthin-film silicon solar cell. Applied Physics Letters, 2011, 99: 113512.

[10] Nakamura M, Yamaguchi K, Kimoto Y, et al. Cd-free Cu (In,Ga) (Se,S)$_2$ thin-film solar cell with a new world record efficacy of 23.35%. IEEE Journal of Photovoltaics, 2019, 9(6): 1863-1867.

[11] Green M A, Dunlop E D, Yoshita M, et al. Solar cell efficiency tables (Version 65). Progress in Photovoltaics, 2025, 33: 3-15.

[12] Kojima A, Teshima K, Shirai Y, et al. Organometal halide perovskites as visible-light sensitizers for photovoltaic cells. Journal of the American Chemical Society, 2009, 131: 6050-6051.

[13] Akhil S, Akash S, Pasha A, et al. Review on perovskite silicon tandem solar cells: Status and prospects 2T, 3T and 4T for real world conditions. Materials & Design, 2021, 211: 110138.

[14] Ho-Baillie A W Y, Zheng J, Mahmud M A, et al. Recent progress and future prospects of perovskite tandem solar cells. Applied Physics Reviews, 2021, 8: 041307.

[15] Kumar A, Saurabh S D, Sharma H. Perovskite-CIGS materials based tandem solar cell with an increased efficiency of 27.5%. Materials Today: Proceedings, 2021, 45: 5047-5051.

[16] Shockley W, Queisser H J. Detailed balance limit of efficiency of p-n junction solar cells. Journal of Applied Physics, 1961, 32: 510-519.

[17] Rephaeli E, Fan S. Absorber and emitter for solar thermo-photovoltaic systems to achieve efficiency exceeding the Shockley-Queisser limit. Optics Express, 2009, 17 (17): 15145.

[18] König D, Casalenuovo K, Takeda Y, et al. Hot carrier solar cells: principles, materials and design. Physica E, 2010, 42: 2862-2866.

[19] Eshet H, Baer R, Neuhauser D, et al. Theory of highly efficient multiexciton generation in type-II nanorods. Nature Communications, 2016, 7: 13178.

[20] Kada T, Asahi S, Kaizu T, et al. Efficient two-step photocarrier generation in bias-controlled InAs/GaAs quantum dot superlattice intermediate-band solar cells. Scientific Reports, 2017, 7: 5865.

[21] 潘金生, 健民仝, 田民波. 材料科学基础. 北京: 清华大学出版社, 1998.

[22] 黄昆. 固体物理学. 北京: 高等教育出版社, 1988.

[23] 刘恩科, 朱秉升, 罗晋生. 半导体物理学. 北京: 电子工业出版社, 2011.

[24] Richter A, Hermle M, Glunz S W. Reassessment of the limiting efficiency for crystalline silicon solar cells. IEEE Journal of Photovoltaics, 2013, 3 (4): 1184-1191.

[25] 王文静, 李海玲, 周春兰, 等. 晶体硅太阳电池制造技术. 北京: 机械工业出版社, 2014.

[26] Rittner E S, Arndt R A. Comparison of silicon solar cell efficiency for space and terrestrial use. Journal of Applied Physics, 1976, 47: 2999.

[27] Chen N, Ebong A. Towards 20% efficient industrial Al-BSF silicon solar cell with multiple busbars and fine gridlines. Solar Energy Materials and Solar Cells, 2016, 146: 107-113.

[28] Blakers A W, Wang A, Milne A M, et al. 22.8% Efficient silicon solar cell. Applied Physics Letters, 1989, 55: 1363-1365.

[29] Fischer M, Woodhouse M, Baliozian P. International technology roadmap for photovoltaics (ITRPV). Frankfurt: VDMA, 2022.

[30] Min B, Müller M, Wagner H, et al. A roadmap toward 24% efficient PERC solar cells in industrial mass production. IEEE Journal of Photovoltaics, 2017, 7 (6): 1541-1550.

[31] Wang A, Zhao J, Green M A. 24% Efficient silicon solar cells. Applied Physics Letters, 1990, 57 (6): 602-604.

[32] Green M A. The passivated emitter and rear cell (PERC): From conception to mass production. Solar Energy Materials and Solar Cells, 2015, 143:190-197.

[33] Zhao J, Wang A, Green M A. 24.5% Efficiency PERT silicon solar cells on SEH MCZ substrates and cell performance on other SEH CZ and FZ substrates. Solar Energy Materials and Solar Cells, 2001, 66: 27-36.

[34] Yablonovitch E, Gmitter T, Swanson R, et al. A 720 mV open circuit voltage SiO_x:c-Si:SiO_x double heterostructure solar cell. Applied Physics Letters, 1985, 47: 1211-1213.

[35] Mishima T, Taguchi M, Sakata H, et al. Development status of high-efficiency HIT solar cells. Solar Energy Materials and Solar Cells, 2011, 95: 18-21.

[36] Taguchi M, Yano A, Tohoda S, et al. 24.7% Record efficiency HIT solar cell on thin silicon wafer. IEEE Journal of Photovoltaics, 2014, 4: 96-99.

[37] Adachi D, Hernández J L, Yamamoto K. Impact of carrier recombination on fill factor for large area heterojunction crystalline silicon solar cell with 25.1% efficiency. Applied Physics Letters, 2015, 107: 233506.

[38] Lin H, Yang M, Ru X N, et al. Silicon heterojunction solar cells with up to 26.81% efficiency achieved by electrically

optimized nanocrystalline-silicon hole contact layers. Nature Energy, 2023, 8: 789-799.

[39] Zhao J, König M, Yao Y, et al. >24% Silicon heterojunction solar cells on Meyer Burger's on mass production tools and how wafer material impacts cell parameters// 2018 IEEE 7th World Conference on Photovoltaic Energy Conversion, Hawaii, 2018: 1514-1519.

[40] Yablonovitch E, Gmitter T. A study of n^+-SIPOS: p-Si heterojunction emitters. IEEE Electron Device Letters, 1985, 6: 597-599.

[41] Feldmann F, Bivour M, Reichel C, et al. Passivated rear contacts for high-efficiency n-type Si solar cells providing high interface passivation quality and excellent transport characteristics. Solar Energy Materials and Solar Cells, 2014, 120: 270-274.

[42] Krügener J, Haase F, Rienäcker M, et al. Improvement of the SRH bulk lifetime upon formation of n-type POLO junctions for 25% efficient Si solar cells. Solar Energy Materials and Solar Cells, 2017, 173: 85-91.

[43] Ling Z P, Xin Z, Ke C, et al. Comparison and characterization of different tunnel layers, suitable for passivated contact formation. Japanese Journal of Applied Physics, 2017, 56: 08MA01.

[44] Richter A, Benick J, Feldmann F, et al. n-Type Si solar cells with passivating electron contact: Identifying sources for efficiency limitations by wafer thickness and resistivity variation. Solar Energy Materials and Solar Cells, 2017, 173: 96-105.

[45] Dai H, Yang L, He S. <50μm Thin crystalline silicon heterojunction solar cells with dopant-free carrier selective contacts. Nano Energy, 2019, 64: 103930.

[46] Yang X, Xu H, Liu W, et al. Atomic layer deposition of vanadium oxide as hole-selective contact for crystalline silicon solar cells. Advanced Electronic Materials, 2020, 6: 2000467.

[47] Lin W, Wu W, Liu Z, et al. Chromium trioxide hole-selective heterocontacts for silicon solar cells. ACS Applied Materials & Interfaces, 2018, 10: 13645-13651.

[48] Cho J, Melskens J, Payo M R, et al. Performance and thermal stability of an a-Si：H/TiO$_x$/Yb stack as an electron-selective contact in silicon heterojunction solar cells. ACS Applied Energy Materials, 2019, 2: 1393-1404.

[49] Wan Y, Samundsett C, Bullock J, et al. Magnesium fluoride electron-selective contacts for crystalline silicon solar cells. ACS Applied Materials & Interfaces, 2016, 8: 14671-14677.

[50] Swanson R M, Beckwith S K, Crane R A, et al. Point-contact silicon solar cells. IEEE Transactions on Electron Devices, 1984, 31: 661-664.

[51] Green M A, Emery K, Hishikawa Y, et al. Solar cell efficiency tables (Version 47). Progress in Photovoltaics, 2016, 24: 3-11.

[52] Ru X, Qu M, Wang J. 25.11% Efficiency silicon heterojunction solar cell with low deposition rate intrinsic amorphous silicon buffer layers. Solar Energy Materials and Solar Cells, 2020, 215: 110643.

[53] Masuko K, Shigematsu M, Hashiguchi T, et al. Achievement of more than 25% conversion efficiency with crystalline silicon heterojunction solar cell. IEEE Journal of Photovoltaics, 2014, 4: 1433-1435.

[54] Yoshikawa K, Kawasaki H, Yoshida W, et al. Silicon heterojunction solar cell with interdigitated back contacts for a photoconversion efficiency over 26%. Nature Energy, 2017, 2(5): 17032.

[55] Haase F, Klamt C, Schäfer S, et al. Laser contact openings for local poly-Si metal contacts enabling 26.1% efficient POLO-IBC solar cells. Solar Energy Materials and Solar Cells, 2018, 186: 184-193.

[56] Fuhs W, Niemann K, Stuke J. Heterojunctions of amorphous silicon and silicon single crystals. AIP Conference Proceedings, 1974, 20(1): 345-350.

[57] Tanaka M, Taguchi M, Matsuyama T, et al. Development of new a-Si/c-Si heterojunction solar cells: ACJHIT (artificially constructed junction-heterojunction with intrinsic thin-layer). Japanese Journal of Applied Physics, 1992, 31(11): 3518-3522.

[58] Tanaka M, Okamoto S, Tsuge S, et al. Development of hit solar cells with more than 21% conversion efficiency and commercialization of highest performance hit modules// 3rd World Conference on Photovoltaic Energy Conversion, Osaka, 2003: 955-958.

[59] Sawada T, Terada N, Tsuge S, et al. High-efficiency a-Si/c-Si heterojunction solar cell// Photovoltaic Specialists Conference, Waikoloa, 1994: 1219-1226.

[60] Taguchi M, Tsunomura Y, Inoue H, et al. High-efficiency HIT solar cell on thin (<100μm) silicon wafer// Proceedings of the 24th European Photovoltaic Solar Energy Conference, Hamburg, 2009: 1690-1693.

第 2 章

晶硅异质结太阳电池原理与性能

从晶硅异质结(SHJ)太阳电池的基本结构可以看出，其是利用较厚的晶硅衬底作光吸收层，分离光生电子和空穴的 pn 结区处于晶硅衬底表面，基于少子扩散电流工作的太阳电池。该类型太阳电池的性能可以通过泊松方程和载流子连续性方程进行求解，也可以采用二极管电路模型进行近似。但与扩散同质结晶硅太阳电池相比，pn 结内的空间电荷区中，薄膜硅/晶硅异质结界面的存在使结区性能变得较为复杂。理解 SHJ 太阳电池的工作原理，对其实际制备工艺的开发具有指导意义。

SHJ 太阳电池的主要构成材料包括晶硅衬底、本征硅薄膜钝化层、掺杂硅薄膜接触层、透明导电电极层和金属栅线层。具体制备工艺参数不同，所得到的这些材料的内部微结构和光电性能也不同。材料光电性能不同必然带来电池性能变化。反过来讲，从高性能的 SHJ 太阳电池的工作原理出发能够对这些材料的光电性能给出一些具体优化要求，这可以成为实际制备工艺开发所要努力实现的方向。

本章首先从能带结构出发结合二极管电路模型介绍 SHJ 太阳电池的基本原理[1-4]，之后介绍各构成材料主要光电性能对太阳电池性能的影响规律，最后简单介绍 SHJ 太阳电池实际制备所采用的基本工艺流程。

2.1 晶硅异质结太阳电池的能带结构

对异质结特性具有重要影响的是结界面能带结构。对 SHJ 太阳电池而言，晶硅衬底的带隙较窄，约为 1.12eV，电子亲和能(χ，真空能级与导带底能级的能量差，也称电子亲和势)约为 4.05eV，非晶硅薄膜的带隙较宽，约为 1.72eV，电子亲和能约为 3.9eV，如图 2.1 所示，晶体硅的导带底和价带顶均位于非晶硅薄膜禁带的内部。通常采用大写字母 P 或 N 表示宽带隙半导体(此处为非晶硅衬底)的导电类型，采用小写字母 p 或 n 表示窄带隙半导体(此处为晶硅衬底)的导电类型。从半导体导带底 E_C 到真空能级 E_{vac} 之间的能量差对应于材料的电子亲和能。E_F 为费米能级，费米能级被电子占据的概率为 1/2。低于 E_F 的能级电子填充度大，高于 E_F 的能级电子填充度小，因此，E_F 用来衡量半导体中的电子分布状态。从半导体费米能级 E_F 到真空能级 E_{vac} 之间的能量差称为材料的功函数 W。两种材料导带底能级之间的能量差记为 ΔE_C，即导带带阶；两种材料价带顶能级之间的能量差记为 ΔE_V，即价带带阶。

当将 P 型非晶硅和 n 型晶体硅接触时，即在 n 型晶体硅衬底上沉积镀制 P 型非晶硅薄膜时，二者之间构成异质 nP 结。由于二者的能带结构、掺杂类型和掺杂程度不同，二

者的费米能级位置 E_F 不相同。n 型晶体硅的 E_F 较高，P 型非晶硅的 E_F 较低，当二者接触形成 nP 结时，二者作为整体内部的电子会重新分布，n 型晶体硅中的电子会往 P 型非晶硅内扩散，直到达到热平衡，此时，二者将具有相同的费米能级 E_F，由此在接触界面处产生能带弯曲，形成如图 2.2 所示的异质结界面能带结构，能带的弯曲度由二者的费米能级之差决定。

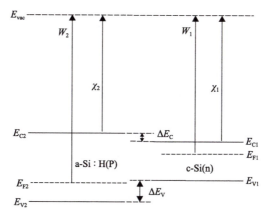

图 2.1　P 型非晶硅(a-Si：H)与 n 型晶体硅(c-Si)的能带示意图

E_C 为导带底能级；E_V 为价带顶能级；E_F 为费米能级；χ 为电子亲和能；W 为功函数；ΔE_C 为二者之间的导带带阶；ΔE_V 为二者之间的价带带阶

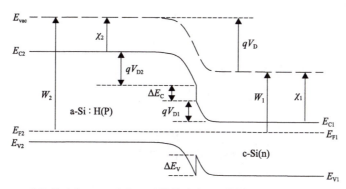

图 2.2　P 型非晶硅(a-Si：H)和 n 型晶体硅(c-Si)接触形成的异质结界面能带图

结区界面上的能带弯曲程度 qV_D 由两部分组成，在晶体硅 1 中的部分为 qV_{D1}，在非晶硅 2 中的部分为 qV_{D2}。与同质结一样，此时，在结界面的两边形成了空间电荷区，n 型晶体硅一边为正离子空间电荷区，P 型非晶硅一边为负离子空间电荷区，理想情况下，二者内部的正负电荷数相等。空间电荷区内产生内建电场。因为两种材料的介电常数不同，内建电场在结界面处产生不连续，这是与同质结的区别。内建电场的电势大小对应于能带发生的弯曲程度 V_D，大小满足等式(2.1)。

$$qV_D = qV_{D1} + qV_{D2} = E_{F1} - E_{F2} \tag{2.1}$$

半导体材料中，费米能级 E_F 到真空能级之间的能量差被定义为功函数(W)，因此，qV_D

等于二者的功函数之差(W_1-W_2)。在结界面处，ΔE_C 所形成的不连续失配与能带弯曲的方向一致；ΔE_V 所形成的不连续失配与能带弯曲的方向相反，结果在结界面处价带形成一个势垒的尖峰。

晶体硅 1 中的正离子空间电荷区宽度记为 w_1，非晶硅 2 中的负离子空间电荷区宽度记为 w_2，如前所述，空间电荷区内正、负电荷量相等，假定掺杂离子完全离化，则有

$$qN_{D1}w_1 = qN_{A2}w_2 \tag{2.2}$$

式中，N_{D1} 为晶体硅的施主掺杂浓度，即离化的正电荷浓度；N_{A2} 为非晶硅的受主掺杂浓度，即离化的负电荷浓度。所以，材料所对应的空间电荷区宽度与其掺杂浓度成反比。

通过对泊松方程求解，可以得到结界面两侧的内建电势差

$$V_{D1} = \frac{qN_{D1}w_1^2}{2\varepsilon_1} \tag{2.3}$$

$$V_{D2} = \frac{qN_{A2}w_2^2}{2\varepsilon_2} \tag{2.4}$$

ε_1 和 ε_2 分别为晶体硅 1 和非晶硅 2 的介电常数。将式(2.2)～式(2.4)结合可以得到

$$\frac{V_{D1}}{V_{D2}} = \frac{\varepsilon_2 N_{A2}}{\varepsilon_1 N_{D1}} \tag{2.5}$$

这表明结界面两侧的内建电势差和所对应的掺杂浓度成反比。

进一步可求得结界面两侧空间电荷区的宽度为

$$w_1 = \left[\frac{2\varepsilon_1\varepsilon_2 N_{A2}}{qN_{D1}\left(\varepsilon_1 N_{D1} + \varepsilon_2 N_{A2}\right)}V_D\right]^{1/2} \tag{2.6}$$

$$w_2 = \left[\frac{2\varepsilon_1\varepsilon_2 N_{D1}}{qN_{A2}\left(\varepsilon_1 N_{D1} + \varepsilon_2 N_{A2}\right)}V_D\right]^{1/2} \tag{2.7}$$

此时，如果在异质结上施加一个外加电压 V，势垒的大小将变为 $V_D - V$。

可以看到，热平衡状态下对异质结界面能带结构的分析与同质结并没有显著不同，上面的分析假设了异质结界面两侧都是耗尽的，载流子无论是多子还是少子对耗尽区中的电荷均没有贡献，但对于真正的异质结，特别是同型异质结而言，如在 SHJ 太阳电池中，与晶硅衬底掺杂类型相同的背场结，异质结界面两侧都完全耗尽并不完全成立。因此，上面的分析只是比较好的近似。此种近似条件下，内建电势分布与结两侧的掺杂浓度和介电常数有关。ΔE_C 和 ΔE_V 对热平衡状态下异质结区内建电势的分布没有影响，其主要是对非平衡状态下的载流子输运特性产生影响。

2.2　晶硅异质结太阳电池的伏安特性

由于在接触界面的能带不连续，异质结的伏安特性要比同质结的伏安特性复杂，特别是价带或导带不连续对空穴或电子所形成的势垒尖峰对载流子输运会造成显著影响。依据势垒尖峰与窄带一侧所对应带边的能级高低，可以分成如图 2.3 所示的两种情形。当宽带 P 型非晶硅的掺杂浓度不足，使得晶硅一侧的价带边能级仍然高于势垒尖峰的能级位置时，空穴反向输运势垒 V_B 大于 0，称为高势垒尖峰，如图 2.3(a) 所示。当宽带 P 型非晶硅的掺杂浓度远大于 n 型晶硅的掺杂浓度时，空间电荷区势垒主要落在晶硅一侧，使得晶硅一侧的价带边能级比势垒尖峰的能级位置低，此时空穴反向输运势垒 V_B 小于 0，称为低势垒尖峰，如图 2.3(b) 所示。不同的势垒情形，载流子输运具有不同的主导机理。显然，通过施加外部电压，能够改变势垒尖峰所处的状态。

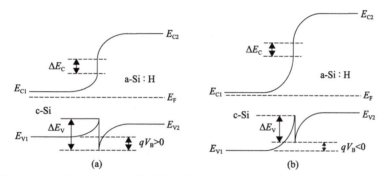

图 2.3　c-Si(n)/a-Si：H(P) 异质结价带不连续对空穴反向输运形成的势垒尖峰
(a) 高势垒尖峰；(b) 低势垒尖峰

总体而言，异质结的载流子输运要比同质结复杂。对异质结伏安特性进行分析，主要基于如下三种载流子输运模型：扩散模型、热电子发射模型、隧穿模型。

1. 扩散模型

由于在异质结接触界面上，只针对一种载流子存在势垒尖峰，因此，电子和空穴两种载流子在输运通过异质结界面时所需要克服的势垒高度不同。一般地，一种载流子受到的势垒阻碍小，而另一种受到的势垒阻碍大，则只有一种载流子的扩散起到主要作用。

针对如图 2.3(a) 所示的 a-Si：H(P)/c-Si(n) 异质结，窄带半导体 1 为 n 型晶体硅，宽带半导体 2 为 P 型非晶硅，电子输运受到的势垒阻碍大，为 $qV_D + \Delta E_C$，空穴受到的势垒阻碍小，为 qV_{D2}，扩散模型中可以只考虑空穴扩散的贡献。

宽带非晶硅 2 中的空穴只有克服势垒 qV_{D2} 才能到达窄带晶体硅形成扩散电流，窄带晶体硅 1 中的空穴只有克服势垒 $\Delta E_V - qV_{D1}$ 才能到达宽带非晶硅形成扩散电流，平衡时这两个扩散电流相等，由此得到

$$qp_{20}\frac{D_{p1}}{L_{p1}}\exp\left(-\frac{qV_{D2}}{k_BT}\right) = qp_{10}\frac{D_{p2}}{L_{p2}}\exp\left(-\frac{\Delta E_V - qV_{D1}}{k_BT}\right) \tag{2.8}$$

式中，q 为单位电荷；p_{20} 为 P 型非晶硅边界处平衡态时的空穴浓度；D_{p1} 为空穴在 n 型晶体硅中的扩散系数；L_{p1} 为相应的扩散长度；k_B 为玻尔兹曼常量；T 为热力学温度；V_{D1} 和 V_{D2} 分别为 nP 结热平衡时分别在晶体硅一侧和非晶硅一侧的内建电势；p_{10} 为 n 型晶体硅边界处平衡态时的空穴浓度；D_{p2} 为空穴在 P 型非晶硅中的扩散系数；L_{p2} 为相应的扩散长度；ΔE_V 为二者之间的价带带阶。

当外加偏压 V 时，左边电流变为

$$qp_{20}\frac{D_{p1}}{L_{p1}}\exp\left(-\frac{q(V_{D2}-V_2)}{k_BT}\right) \tag{2.9}$$

右边电流变为

$$qp_{10}\frac{D_{p2}}{L_{p2}}\exp\left(-\frac{\Delta E_V-q(V_{D1}-V_1)}{k_BT}\right) \tag{2.10}$$

V_1 和 V_2 分别为在晶体硅一侧和非晶硅一侧施加的电压。

总空穴电流为二者之差：

$$J = qp_{20}\frac{D_{p1}}{L_{p1}}\exp\left(-\frac{q(V_{D2}-V_2)}{k_BT}\right)-qp_{10}\frac{D_{p2}}{L_{p2}}\exp\left(-\frac{\Delta E_V-q(V_{D1}-V_1)}{k_BT}\right) \tag{2.11}$$

将式(2.11)和式(2.8)结合，并引入 Anderson 考虑载流子在异质结界面处有一定的反射而提出的透射系数 X，得到如下伏安特性关系：

$$J = qX\frac{D_{p1}N_{A2}}{L_{p1}}\exp\left(-\frac{qV_{D2}}{k_BT}\right)\left[\exp\left(\frac{qV_2}{k_BT}\right)-\exp\left(-\frac{qV_1}{k_BT}\right)\right] \tag{2.12}$$

N_{A2} 为 P 型非晶硅中的受主掺杂浓度，假定完全离化，即 $p_{20}=N_{A2}$。

当施加正偏压$(V>0)$时，式(2.12)中括号内的第一项要远大于第二项；当施加负偏压$(V<0)$时，式(2.12)中括号内的第二项是主要的。由此得到，无论 V 为正还是为负，该异质结电流的大小均与外加电压的大小呈现指数关系。但实际负偏压状态下的伏安特性并非如此，所以，式(2.12)只能用来解释正偏压下的情况。

上述状况产生的原因是空穴输运通过界面所需要克服的势垒会随负偏压大小而发生改变。当施加正偏压或负偏压较小时，如图 2.3(a)所示的能带结构不会变化，E_{V1} 能级位置高于势垒尖峰的位置，$q(V_{D1}-V_1)<\Delta E_V$，空穴从右往左越过异质结界面，所需要克服的势垒为 $q(V_{D2}-V_2)$。但当施加较大的负偏压$(V<0)$时，E_{V1} 能级位置会低于势垒尖峰的位置，$q(V_{D1}-V_1)>\Delta E_V$，异质结界面的能带排布转变为如图 2.3(b)所示的形式，空穴从右往左越过异质结界面，所需要克服的势垒变为 $qV_D-qV-\Delta E_V$，此时，式(2.12)不再成立。

针对如图 2.3(b)所示的情形，电子输运受到的势垒阻碍仍为 $qV_D+\Delta E_C$，空穴从右往左越过异质结界面，所需要克服的势垒变为 $qV_D-\Delta E_V$，扩散模型中仍可以只考虑空穴扩散的贡献。

宽带非晶硅 2 中的空穴只有克服势垒 $qV_D-\Delta E_V$ 才能到达窄带晶体硅形成扩散电流，窄带晶体硅 1 中的空穴到达宽带非晶硅则基本不受阻碍，平衡时这两个扩散电流相等。由此得到

$$qXp_{20}\frac{D_{p1}}{L_{p1}}\exp\left(-\frac{qV_D-\Delta E_V}{k_BT}\right)=qXp_{10}\frac{D_{p2}}{L_{p2}} \tag{2.13}$$

当外加偏压 V 时，左边电流变为

$$qXp_{20}\frac{D_{p1}}{L_{p1}}\exp\left(-\frac{q(V_D-V)-\Delta E_V}{k_BT}\right) \tag{2.14}$$

右边电流不变。

总空穴电流为二者之差：

$$J=qXp_{20}\frac{D_{p1}}{L_{p1}}\exp\left(-\frac{q(V_D-V)-\Delta E_V}{k_BT}\right)-qXp_{10}\frac{D_{p2}}{L_{p2}} \tag{2.15}$$

由此得到如下伏安特性关系：

$$J=qX\frac{D_{p1}N_{A2}}{L_{p1}}\exp\left(-\frac{qV_D-\Delta E_V}{k_BT}\right)\left[\exp\left(\frac{qV}{k_BT}\right)-1\right] \tag{2.16}$$

同样地，该公式只在施加负偏压或施加的正偏压较小时成立，当正偏压较大时，转变为如图 2.3(a)所示的形式，适用式(2.12)。

2. 热电子发射模型

热电子发射模型认为，从右往左单位时间内撞击到单位面积势垒上的载流子(此处为空穴)数量为

$$\left(1/\sqrt{6\pi}\right)N_{A2}v_{21} \tag{2.17}$$

式中，v_{21} 为空穴在材料 2 中的平均热速度，根据

$$\frac{1}{2}mv^2=\frac{3}{2}k_BT \tag{2.18}$$

可以得到

$$v_{21}=\sqrt{\frac{3k_BT}{m}} \tag{2.19}$$

式中，m 为空穴的有效质量。针对如图 2.3(a)所示的高势垒尖峰情形，只有那些能量超

过 qV_{D2} 的空穴才能越过势垒，得到这些空穴的数量

$$\left(1/\sqrt{6\pi}\right)v_{21}N_{A2}\exp\left(-\frac{qV_{D2}-qV_2}{k_BT}\right) \tag{2.20}$$

与扩散模型分析过程相似，最终得到

$$J = qXN_{A2}\left(\frac{k_BT}{2\pi m}\right)^{\frac{1}{2}}\exp\left(-\frac{qV_{D2}}{k_BT}\right)\left[\exp\left(\frac{qV_2}{k_BT}\right)-\exp\left(-\frac{qV_1}{k_BT}\right)\right] \tag{2.21}$$

将式(2.21)与式(2.12)对比可以发现，二者具有相同的形式，只是因系数不同存在数量级上的差异，扩散模型式(2.12)的系数与载流子扩散系数和扩散长度有关，热电子发射模型式(2.21)的系数与热运动速度，即与温度和有效质量有关。

3. 隧穿模型

由于势垒尖峰附近的厚度有限，载流子无需一定具有高出尖峰的能量才能越过势垒，这种低能量载流子越过势垒的方式称为隧穿，隧穿的概率与载流子的能量及势垒的厚度有关，由此产生的电流称为隧穿电流。

隧穿概率用如下公式近似：

$$D \propto \exp\left[-\frac{16\pi}{3h}\left(\frac{\varepsilon_2 m_{p2}}{N_{A2}}\right)^{\frac{1}{2}}(V_{D2}-V_2)\right] \tag{2.22}$$

隧穿电流正比于隧穿概率，是隧穿概率与入射电流 $J_S(T)$ 的乘积，写成

$$J = J_S(T)\cdot D = J_S(T)\cdot\exp(AV) \tag{2.23}$$

式中，入射电流 $J_S(T)$ 与温度只有很弱的关系，而常数 A 与温度无关。

因此，对于异质结界面，当正向电压较小时，一般只有少量的载流子能越过势垒尖峰，热发射电流、扩散电流都很小，载流子输运以隧穿电流为主，当正向电压增大时，大量载流子到达势垒尖峰处产生较大的热发射电流。因此，在 $\ln J$-V 曲线上，可能存在一个电压的转折点，电压在该点以下，斜率与温度无关，载流子输运以隧穿机理占主导，电压在该点之上，斜率与温度有关，载流子输运以热发射机理或扩散机理为主。

4. 影响异质结伏安特性的其他因素

实际情况中的异质结伏安特性要比上面的模型复杂，往往是多种输运机理共存。而且还存在一些影响异质结伏安特性的其他因素。

1)势垒尖峰相反侧的反型层

如图 2.3 所示，对空穴而言，在宽带隙的非晶硅一侧存在势垒尖峰，但在相对应的晶硅另一侧则存在一个能谷，会造成从右往左越过势垒尖峰的空穴在能谷处聚集，甚至

使空穴浓度远远高出晶硅体内的电子浓度，形成反型层，这在上述的各种模型中都是没有考虑的。该空穴积累层的存在会使电流在外加电压增大到一定程度后不再按照指数形式发生变化，而是表现出类电阻的线性关系，而电阻的大小与异质结处的能带带阶有比较直接的关系，在图 2.3 中表现为 ΔE_{V}。

2）界面态

在实际的异质结界面上总是存在界面态，它们对载流子通过结的传输有很大的影响。当界面态数量较少时，一方面会引起空间电荷区内复合增加，另一方面会为多阶隧道复合提供中间能级通道。界面态上电子的捕获和释放会改变异质结势垒的大小和形状，从而影响输运过程。异质结界面处于结内的空间电荷区中，界面态作为缺陷辅助复合中心，满足 SRH 复合理论，不同的界面态对电子和空穴具有不同的俘获截面 σ。界面态复合的大小与 n 和 σ 的乘积有关。同空间电荷区内的其他复合相似，由界面态引起的复合电流，通常也具有大约为 2 的理想因子。有时，界面态本身并不参与载流子的输运，但界面能级上存在电荷。这些电荷还会随外加电压而发生变化，从而影响空间电荷区中内建电场的分布，改变载流子输运伏安特性，一般表现为伏安特性公式中理想因子 n 的变化。异质结界面上处于带隙内的界面态可以为注入的空穴提供中间能级而进入另一边的导带内与电子复合，这被称为间接隧穿过程。通常需要界面态具有较多的能级分布以实现载流子的逐级跃迁。这个间接隧穿形成的隧穿电流同前面的直接隧穿电流一样，也基本与温度无关。当界面态数量很多时，甚至可以从根本上改变异质结能带结构，如形成背靠背串联的肖特基二极管、巴丁表面态钉扎效应等。

5. 光照条件下的异质结伏安特性

与同质 pn 结相似，当光垂直入射到异质 pn 结上时所产生的光电流由光的穿透深度决定，可以分成四个区域，两个部分是 p 和 n 的中性区，这两部分的光电流主要是少子的扩散电流，另两部分是 p 区和 n 区的空间电荷区中的漂移电流。其中，前两部分扩散电流受 p、n 体内和表面复合的影响；而后两部分漂移电流则受到 pn 结的结区内部缺陷，特别是异质结界面态的影响。作为近似，仍然可以采用与同质 pn 结相同的光照伏安特性模型，即双二极管模型，一个二极管用来模拟中性区的暗态扩散电流，理想因子为1，另一个二极管用来模拟结区的暗态复合电流，理想因子为2，用一个恒流源来模拟光照产生的光电流，同时考虑 pn 结的串、并联电阻 R_{s} 和 R_{sh}。由此所形成的电路模型如图 2.4（a）所示。此时，光照下的伏安特性曲线可以写成：

$$J = -J_{\mathrm{ph}} + J_{01}\left[\exp\left(\frac{q(V-JR_{\mathrm{s}})}{k_{\mathrm{B}}T}\right)-1\right] + J_{02}\left[\exp\left(\frac{q(V-JR_{\mathrm{s}})}{2k_{\mathrm{B}}T}\right)-1\right] + \frac{V-JR_{\mathrm{s}}}{R_{\mathrm{sh}}} \quad (2.24)$$

进一步简化合并成

$$J = -J_{\mathrm{ph}} + J_0\left[\exp\left(\frac{q(V-JR_{\mathrm{s}})}{nk_{\mathrm{B}}T}\right)-1\right] + \frac{V-JR_{\mathrm{s}}}{R_{\mathrm{sh}}} \quad (2.25)$$

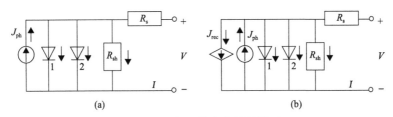

图 2.4　异质 pn 结光伏特性模型

J_{ph}: 光电流；J_{rec}: 复合电流；R_{sh}: 并联电阻；R_s: 串联电阻

与同质结不同，由于异质结界面上势垒尖峰的存在，其对一种类型的载流子的输运会产生阻碍，并且这种阻碍的效果显然与外加电压有直接关系。因此，严格来讲，与同质 pn 结相比，异质 pn 结能产生的光电流会随着外加偏压的变化而发生变化。此时可以引入一个随电压变化的复合电流来对上述模型进行修正，如图 2.4(b) 所示。此时，$J\text{-}V$ 曲线公式变为[4]

$$
\begin{aligned}
J &= -J_{ph} + J_{rec} + J_0\left[\exp\left(\frac{q(V-JR_s)}{nk_BT}\right)-1\right] + \frac{V-JR_s}{R_{sh}} \\
&= -J_{ph}H(V) + J_0\left[\exp\left(\frac{q(V-JR_s)}{nk_BT}\right)-1\right] + \frac{V-JR_s}{R_{sh}}
\end{aligned}
\tag{2.26}
$$

式中

$$
H(V) = 1/\left\{1 + S^*/[\mu E(V)]\right\}
\tag{2.27}
$$

$$
E(V) = \left[\frac{2q\varepsilon_1 N_{D1} N_{A2}}{\varepsilon_2(\varepsilon_1 N_{D1} + \varepsilon_2 N_{A2})}\right]^{\frac{1}{2}}\left[V_D - (V-JR_s)\right]^{\frac{1}{2}}
\tag{2.28}
$$

式中，ε 为介电常数；μ 为载流子迁移率；S^* 为异质结界面上的复合速率。

2.3　影响晶硅异质结太阳电池转换效率的因素

在理解晶硅太阳电池工作原理的基础上，通过建立详细的基于光学模型和半导体物理学模型的数值方程，模拟研究材料及电池结构因素对电池性能的影响，已成为指导电池制备研究的重要手段。而且，随着电池结构变得越来越复杂，这些理论模拟研究已成为太阳电池发展中不可或缺的重要环节，在太阳电池性能优化方面能起到事半功倍的作用。

在光学性能影响方面，主要面向光管理结构设计以促进电池光吸收后能够产生的光生载流子数量最大化。通过依据几何光学、波动光学或电磁场理论研究太阳光在太阳电池结构中的传播过程，并结合材料的光吸收性能获得在太阳电池内部产生的光生载流子分布[5-7]。在电学性能影响方面，主要面向开发优良钝化策略和降低电池电阻的影响以实现电池伏安特性改良。电学研究一般以光学研究的结果为输入，然后基于载流子的输运、复合等物理模型求解泊松方程、载流子连续性方程等，获得太阳电池光电转换性能，如伏安特性曲线、量子效率曲线等[8-10]。

在理论研究基础上，结合一定的实验实证研究，可以将影响电池性能的因素研究揭示得更加清楚。

2.3.1 硅衬底质量的影响

硅衬底是制备 SHJ 太阳电池最主要的原材料基础，硅衬底的电阻率、厚度、内部缺陷态密度等都是需要优先考虑的重要影响因素。

硅衬底按照掺杂类型不同可以分成 p 型硅衬底和 n 型硅衬底，由此对应 SHJ 太阳电池结构，形成 a-Si：H(N)/c-Si(p) 异质结和 a-Si：H(P)/c-Si(n) 异质结，二者的能带结构如图 2.5 所示。根据式 (2.1)，在光照条件下，pn 结所能产生的光生电压的最大值是由 pn 结热平衡状态下的能带弯曲度 V_D 决定的。在不考虑界面态等缺陷的理想条件下，V_D 由构成 pn 结的两种半导体材料的费米能级差决定。

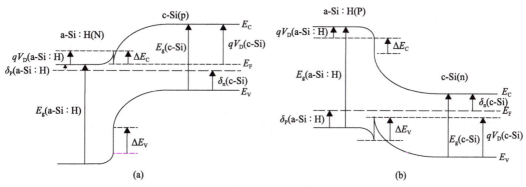

图 2.5 SHJ 太阳电池异质结能带结构

(a)a-Si：H(N)/c-Si(p)；(b)a-Si：H(P)/c-Si(n)

对于 p 型硅衬底，a-Si：H(N)/c-Si(p) 异质结光生电压的理论极限为

$$V_{max} = \Delta E_F(Np) = E_g(c\text{-}Si) - \delta_N(a\text{-}Si：H) - \delta_p(c\text{-}Si) + \Delta E_C \tag{2.29}$$

对于 n 型硅衬底，a-Si：H(P)/c-Si(n) 异质结光生电压的理论极限为

$$V_{max} = \Delta E_F(nP) = E_g(c\text{-}Si) - \delta_P(a\text{-}Si：H) - \delta_n(c\text{-}Si) + \Delta E_V \tag{2.30}$$

式中，δ 为掺杂能级到相应能带边的距离，即掺杂激活能。由式 (2.29) 和式 (2.30) 对比可以看出，在 a-Si：H 和 c-Si 掺杂相近的情况下，两种不同掺杂类型的硅衬底所能获得理论光生电压的差异取决于 ΔE_C 和 ΔE_V 的差异。已有的研究结果表明，a-Si：H 和 c-Si 之间的能带差异在导带和价带中的分布是不对称的，$\Delta E_C \approx 0.15eV$，$\Delta E_V \approx 0.45eV$，所以，在 n 型硅衬底上，a-Si：H(P)/c-Si(n) 异质结更容易获得高的光生电压。因为根据 S-Q 极

限理论，光生电压的最大值只能接近 E_g(c-Si)，所以，较大的 ΔE_V 意味着可以接受较大的 δ_p(a-Si：H)+δ_n(c-Si)，即降低了对 a-Si：H 和 c-Si，特别是 a-Si：H 掺杂度的要求，这降低了 SHJ 太阳电池的制备难度。此外，相比于 p 型硅衬底，n 型硅衬底在相近掺杂度的情况下表现出的少子寿命更长。实验结果也证实，SHJ 太阳电池在 n 型硅衬底上更容易获得高转换效率。基于此，目前针对 SHJ 太阳电池的绝大多数研究，都是基于 n 型硅衬底开展的。但 p 型硅衬底是主导光伏产业的 Al-BSF 电池和 PERC 电池等所采用的衬底，相比于 n 型硅衬底，其技术成熟度高，制造成本低。为此，在 p 型硅衬底上开展 SHJ 太阳电池的研究也一直没有中断，所能获得的效率潜力也并不比 n 型硅衬底小，只是制备难度相对较大。

我们较详细地研究了在 p 型硅衬底上制备 Al 背场 SHJ 太阳电池时，硅衬底电阻率对电池性能的影响[11]。硅衬底电阻率与硅衬底的质量(以其中的氧缺陷浓度 D_{od} 衡量)和异质结界面的质量(以界面态密度 D_{it} 衡量)共同影响电池性能。为了得到高效率的 SHJ 太阳电池，硅衬底体内和异质结界面上的缺陷态密度都要低，此时硅衬底电阻率的优选范围在 0.5～1.0Ω·cm 之间。如果 D_{od} 过大，硅衬底电阻率对电池性能的影响会变得明显，电阻率增大导致效率下降较快，即质量较差的硅衬底需要较高的掺杂浓度。D_{it} 越大，电池获得高效率需要的硅衬底电阻率越高，但会弱化 D_{od} 的影响，使电池效率随电阻率增大而下降的趋势变得相对较缓[11]。进一步地，界面态密度 D_{it} 增大可导致电池 V_{OC} 大大降低，硅衬底体内的氧缺陷浓度 D_{od} 增大主要降低电池 J_{SC}。当硅衬底电阻率过低时，太阳电池效率会快速下降，这种下降主要源于电池 V_{OC} 和 FF 的迅速降低[11]。

对电池内量子效率(internal quantum efficiency, IQE)的研究表明，由硅衬底氧缺陷浓度引起的 J_{SC} 的下降主要源于大的 D_{od} 所造成的电池长波响应的降低。这种 J_{SC} 的下降也会降低电池 V_{OC}，但这种效果只有当 D_{it} 低时才能表现出来，因为当 D_{it} 高时，异质结界面上的复合是决定 V_{OC} 的主要因素。V_{OC} 主要由界面复合决定，有如下大致的关系：

$$V_{OC} = \frac{\Phi_B}{q} - \frac{nk_BT}{q}\ln\left(\frac{qN_VS_{it}}{J_{SC}}\right) \tag{2.31}$$

式中，Φ_B 为势垒；q 为单位电荷；k_BT 为热能；N_V 为价带的有效态密度；S_{it} 为界面复合速率。D_{it} 可以降低 Φ_B，增加 S_{it}，由此降低 V_{OC}。当 S_{it} 相对较小时，电阻率从大约 10Ω·cm 下降，Φ_B 和 J_{SC} 会逐渐增加，从而在一定程度上提高 V_{OC}，但是当硅衬底电阻率太低时，空间电荷区(space charge region, SCR)将变得很薄，D_{it} 的副作用就变得非常明显，同时，隧穿复合的概率也大大增加，因此，V_{OC} 会迅速下降。D_{it} 和/或 D_{od} 越大，V_{OC} 开始下降转变的电阻率越大，即界面质量和体内质量好的硅衬底，适合采用相对较低的电阻率[11]。

此外，硅衬底的厚度也是需要关注的重要因素。硅衬底越厚，材料成本越高，因此人们有采用薄硅衬底的预期。研究结果表明，硅衬底厚度的选择也与衬底的电阻率和 D_{od} 有关，D_{od} 和电阻率变大均会导致所能采用的硅衬底厚度降低。为获得高转换效率，低 D_{od} 是必需的，同时要选择相对较小的电阻率。此时，硅衬底可以适当选择较大的厚度，硅衬底厚度增大引起的电阻增大对 FF 造成的影响并不大，但提高的光吸收所带来的电池

J_{SC} 增加可对提升电池转换效率有很大贡献[11]。但在实际制作过程中，考虑到成本问题，提升 J_{SC} 并不采用增加硅衬底厚度的办法，而是要设计出高效合理的光管理结构。

在 n 型硅衬底上制备 SHJ 太阳电池时，也获得了相类似的研究结果。在高质量硅衬底上，即衬底的体内缺陷密度较低时，获得高效率要求硅衬底掺杂度相对较低，当硅衬底体内缺陷密度过大时，采用较高的掺杂浓度，即硅衬底具有较低的电阻率，才能使电池获得相对较高的效率，但同高质量硅衬底时的情况相比，电池转换效率已经大大下降[12]。

根据 SRH 复合理论，硅衬底中的缺陷能级 (E_t) 位置越靠近带隙的中央，即 E_t-E_c 的数值越大，缺陷陷阱辅助引起的复合越大，电池转换效率越低。为确保电池可以获得高效率，至少要确保体内缺陷密度不高于 $10^9 \sim 10^{10} \mathrm{cm}^{-3}$[13]。

在给定的 n 型硅衬底电阻率情况下，随硅衬底厚度增加，电池短路电流密度 (J_{SC}) 因增强的光吸收而逐渐升高，电池开路电压 (V_{OC}) 因增加的体内复合及增大的串联电阻而下降，FF 也呈现出相似的规律，结果导致电池转换效率在相当宽的硅衬底厚度范围内变化的幅度很不明显[13-15]。而目前，产业化硅衬底的厚度通常在 150～180μm 之间，这意味着进一步开发更薄的硅衬底不会导致电池性能下降，这可以成为降低 SHJ 太阳电池制造成本的一个发展方向。

2.3.2 硅衬底表面（界面）态的影响

硅异质结太阳电池性能与异质结界面态密度 (D_{it}) 和界面电荷 (Q_{it}) 之间有密切的关系。Q_{it} 对应的是界面场钝化效果，D_{it} 则反映了界面缺陷的化学钝化效果。D_{it} 增大会导致电池开路电压和填充因子的共同下降，由此导致电池转换效率降低。为了确保电池转换效率，D_{it} 要求至少控制在 $10^{10} \sim 10^{11} \mathrm{cm}^{-2} \cdot \mathrm{eV}^{-1}$ 的量级[16]。随着异质结界面 D_{it} 的增大，电池的伏安特性曲线会明显偏离二极管模型的指数关系特性。D_{it} 增大导致异质结在晶硅一侧的能带弯曲度下降，即晶硅侧空间电荷区势垒减小，势场起到的场钝化效果变弱，在 n 型晶硅衬底上，ΔE_V 所导致的势垒尖峰对空穴输运的阻碍变大，从而使伏安特性曲线偏离正常形状[17]。在 p 型晶硅衬底上，ΔE_C 所导致的势垒尖峰对电子输运的阻碍变大，也会使伏安特性曲线偏离正常形状，与 n 型晶硅衬底一样，也要求尽可能减小 D_{it}[18]。

在 SHJ 太阳电池的实际制作过程中，降低硅衬底表面（界面）态的方法主要是靠表面清洗和本征钝化层镀膜实现的。表面清洗通常采用湿化学工艺来完成，一般是与制备随机分布的金字塔绒面减反射结构同时进行的，绒面制备增加了硅衬底表面的微粗糙度，降低表面态需要进行清洗和金字塔绒面的平滑处理。图 2.6 给出了晶硅衬底金字塔绒面在经过特定平滑处理前后的表面粗糙度对比情况，相对平滑的表面有利于清洗处理以降低表面态[19,20]。

Zhang 等给出了采用 NaOH 溶液腐蚀制备的晶硅衬底金字塔绒面经过 HNO₃ 与 HF 酸性溶液化学抛光（CP）处理后的效果[21]。结果表明，随着处理时间的延长，晶硅衬底表面的 Na⁺ 沾污减少，晶硅衬底少子寿命延长，由此带来最终电池填充因子FF 的逐步改善，这对应于晶硅衬底表面（界面）态的下降。但 CP 工艺会改变金字塔绒面的形貌，随 CP 时间的延长，金字塔塔尖角度逐渐增大，导致晶硅衬底表面的反射率提升，电池短路电流

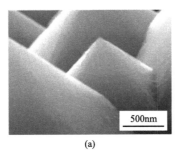 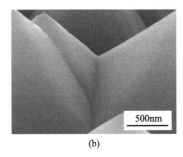

(a)　　　　　　　　　　　(b)

图 2.6　随机金字塔绒面经过 RCA 清洗后用 NH₄F(48%)氢钝化处理后的 SEM 图(a)与后续进一步经
H₂SO₄/H₂O₂+HF(120s)处理后的 SEM 图(b)[19, 20]

密度 J_{SC} 下降[21]。由此，对金字塔绒面的平滑处理工艺需要结合电池光学、电学两方面的需求进行折中优化。

在湿化学处理的最后，目前一般都采用稀 HF 溶液对硅衬底进行浸渍处理，通过氢键饱和钝化硅衬底表面的悬键。采用 1% HF 进行金字塔绒面悬键钝化的处理效果与处理时间有关，处理时间 2～3min 是合适的，时间过长，HF 引起的过刻蚀会使表面微观缺陷增加，少子寿命反而下降。但这种 HF 浸渍工艺所获得的低表面态在空气中并不稳定，原因是不可能实现整个表面所有悬键的完全钝化，没有钝化而外露的悬键会成为与氧气反应生成氧化硅的反应中心，因反应位置的随机性和不均匀性，这种自生氧化物很不致密，缺陷多，导致硅衬底随着在空气中存放时间的延长而增加表面态，尤其是在最初的半小时内[22]。因此，湿法清洗与表面处理后的硅衬底需要尽快进行后续的电池制备镀膜，否则需要用真空或惰性气氛进行表面保护，以抑制可能的表面态变化。

2.3.3　硅薄膜钝化层的影响

为了降低异质结界面态密度，在清洗后获得的低表面态硅衬底上，在沉积掺杂薄膜硅层之前，先插入一层本征硅薄膜钝化层，这是 SHJ 太阳电池获得高转换效率的关键。硅薄膜钝化层利用其中含有的氢饱和晶硅衬底表面的悬键，由此降低界面态密度，此外，其还起到隔离掺杂层的作用。掺杂层中的缺陷态密度很高，直接与硅衬底接触会引起表面复合率增大。但是，实际的钝化层自身也具有一定的厚度、带隙和内部缺陷，这些特征又使得该钝化层的插入在异质结界面处对载流子的正常输运造成影响，适当的本征钝化层需要依据太阳电池性能进行优化选择。

对单一材料组分的均匀钝化层而言，影响 SHJ 太阳电池性能的钝化层参数主要包括界面态密度(D_{it})、钝化层厚度(t)、钝化层带隙(E_g)、钝化层内部悬键态密度(D_{db})以及带尾态密度(D_{bt})。

我们针对 a-Si：H(p)/c-Si(n)型 SHJ 太阳电池做了较为具体的研究[23]。

(1)异质结界面态密度(D_{it})和钝化层厚度(t)的影响。首先钝化层采用带隙为 1.72eV 的常规非晶硅时，当 D_{it} 高于 $10^{11}cm^{-2}\cdot eV^{-1}$ 时，其增大会导致电池 V_{OC} 的快速下降，J_{SC} 和 FF 的下降相对较小。非晶硅钝化层厚度 t 的增大会导致 J_{SC} 和 FF 下降，特别是 FF 下降较大，但所导致的 V_{OC} 下降并不明显。D_{it} 增大导致 V_{OC} 下降明显的原因前面已经解释，

t 增大带来的体内缺陷复合同样会导致 V_{OC} 下降，钝化层的体内缺陷态密度越低，影响程度越小。

电池 J_{SC} 的变化可以从外量子效率(EQE)的改变来进行解释。D_{it} 和 t 的增大都将导致电池在 600nm 以下短波范围内的 EQE 下降，说明空间电荷区内复合的增加导致电池 J_{SC} 的降低。但 D_{it} 增大不如 t 增大导致的 J_{SC} 下降明显，说明影响 J_{SC} 大小的是缺陷态总数量，而不是缺陷态密度。D_{it} 虽大，但只位于界面上，缺陷态总数量小；尽管此时设定的非晶硅钝化层体内缺陷态密度较低，但缺陷态总数量随厚度的增大而增加，不断增大的光生载流子复合导致电池短波响应降低。

(2)异质结界面态密度(D_{it})和钝化层带隙(E_g)的影响。假定 ΔE_C 和 ΔE_V 的分配比例不变，分析带隙 E_g 的变化所带来的影响。结果表明，D_{it} 对电池的影响规律基本与 E_g 无关，即无论钝化层的带隙 E_g 如何，确保电池获得高的 V_{OC} 都需要有小的异质结界面态密度 D_{it}。增大钝化层 E_g 可以提高电池 V_{OC}，说明宽带隙的钝化层具有好的隔离作用，但 J_{SC} 会有所下降。高的 FF 只能在中等 E_g 条件下获得。综合的结果使得电池转换效率 η 呈现与 FF 相似的变化规律，特别是在 D_{it} 相对较大时，说明不合适的 E_g 导致 FF 下降会成为影响电池性能的决定因素。

这些电池性能的变化可以通过如下机理进行解释：钝化层 E_g 越大，钝化层内缺陷能级位置离晶硅带隙中央越远，可能引起的空间电荷区内的复合越小，同时在晶硅一侧的能带弯曲程度变大，D_{it} 增大引起的硅体内光生载流子在异质结界面上的表面复合也会下降，电池 V_{OC} 提高。钝化层 E_g 变小，空间电荷区特别是发射极/钝化层界面附近的电场变强，光生载流子的取出效率提高，所对应的 EQE 变大，电池 J_{SC} 增大。随 E_g 的变化，发射极与基区之间的能带失配在两个界面上调节分布，任何一个界面上的能带失配度过大都会阻碍载流子的输运，导致电池 FF 下降。因此，对应于最大 FF 需要一个中等的钝化层带隙 E_g。

(3)钝化层带隙(E_g)和钝化层厚度(t)的影响。钝化层的带隙 E_g 和厚度 t 是影响 SHJ 太阳电池 FF 的两个主要因素。在钝化层厚度 t 较小时，钝化层 E_g 的变化对 FF 的影响较小，电池性能主要由按相反变化规律的 V_{OC} 和 J_{SC} 折中决定。钝化层厚度 t 较大时，不合适的 E_g 会导致 FF 的明显下降；反过来，E_g 过大或过小时，厚度 t 增大引起的电池性能下降也变得明显，即不合适的 E_g 和 t 能够放大彼此的副作用，而合适的 E_g 和 t 能够弱化彼此的副作用，如在优化的 E_g(1.5eV 左右)条件下，钝化层厚度 t 的增大所导致的电池 FF 的下降大大弱化。钝化层可以采用相对较大的厚度，这对实际的钝化层制备非常有利。

(4)钝化层体内缺陷和钝化层厚度(t)的影响。钝化层自身内部缺陷态密度对电池性能的影响同样与钝化层厚度 t 有关。当钝化层厚度 t 较小时，钝化层体内缺陷的增加对电池性能的影响较微弱。但是当钝化层厚度 t 较大时，钝化层体内缺陷的增加会导致 V_{OC} 和 FF 的下降，尽管合适的 E_g 可以弱化 FF 受到的影响，但 V_{OC} 下降严重，导致最终电池转换效率降低明显。

通过上面的综合分析，可以得到如下基本结论。

(1)钝化层厚度 t 较小时，异质结界面态密度 D_{it} 是影响电池性能的最关键因素，钝化层的材料质量(包括其带隙和体内缺陷)对电池性能的影响很小。此时基本只需要考虑

如何尽可能降低 D_{it}。

（2）钝化层厚度 t 较大时，不仅 D_{it} 严重影响电池性能，钝化层的材料质量（包括其带隙和体内缺陷密度）对电池性能的影响也很大。此时除了要尽可能降低 D_{it} 外，如何调节钝化层带隙到合适的数值并减少其中的体内缺陷也变得同样重要。

Hayashi 等同样对不同本征钝化层厚度和界面态密度对电池性能的影响进行了研究[24]，发现界面态密度增大到 10^{10}cm^{-2} 以上时，主要导致电池开路电压 V_{OC} 的快速下降。而钝化层厚度增大虽然可以改善钝化效果，但因自吸收作用和对载流子输运的阻碍而引起电池短路电流密度 J_{SC} 和填充因子 FF 的降低。因此，本征钝化层存在折中优化的厚度。

Rahmouni 等研究了不同钝化层厚度对电池变温特性的影响[17]，发现钝化层厚度越大，电池在低温下所表现出的转换性能越差，主要体现在电池填充因子 FF 的快速下降。这表明，较厚的钝化层会表现出对载流子输运的明显阻碍。

但是，在 SHJ 太阳电池的实际制备过程中，本征钝化层需要足够的厚度才能为消除界面态提供足够的氢。为弱化较厚钝化层对载流子输运造成的阻碍影响，提出了一种带隙线性渐变结构钝化层[25]。该线性渐变结构显著弱化了钝化层对载流子输运的阻碍作用，钝化层厚度增加几乎不会引起电池填充因子 FF 的明显变化，原因是在异质结界面能带结构上，ΔE_V 所形成的突变势垒尖峰变成了具有一定厚度的缓变势垒。但这种带隙渐变钝化层带来的明显缺点是强化了钝化层体内缺陷的负面影响，带隙变窄使得缺陷能级位置更靠近晶硅带隙的中央，导致 SRH 复合增大，电池开路电压 V_{OC} 下降[25]。该线性渐变结构从制作的角度看，实现起来也具有较大难度。所以，研究其他相对更加简单的多叠层结构是较好的解决办法。

2.3.4 硅薄膜掺杂层的影响

硅薄膜掺杂层在 SHJ 太阳电池中起到发射极和表面场的作用。发射极层的掺杂类型与晶体硅衬底的掺杂类型相反，从而构成电池的主体部分：pn 结；表面场层的掺杂类型与晶体硅衬底的掺杂类型相同，形成电池表面高低结，起到少子表面场钝化的作用。针对硅薄膜掺杂层对电池性能的影响，主要考虑的因素是掺杂层的带隙（E_g）、能带结构和掺杂程度。能带结构主要反映在掺杂层与晶硅衬底之间的导带和价带差异，即 ΔE_C 和 ΔE_V。掺杂程度则采用费米能级 E_F 位置来进行衡量，E_F 位置与能带边的间距越小，掺杂度越高，掺杂激活能 δ 越小。

以在 n 型晶硅衬底上的 p 型发射极为例，大的 ΔE_C 有利于反射电子。p 型发射极的 E_V 和 E_F 位置变化对太阳电池的短路电流密度影响不大，但会影响太阳电池的开路电压 V_{OC} 和填充因子 FF[26]。当发射极 E_V 位置高于基区晶硅衬底的 E_V 时，电池无法获得高的转换效率，原因是发射极 E_F 的位置不够低，即使发射极重掺杂，至多只能与自身的 E_V 持平，无法下降到基区硅衬底 E_V 乃至以下的位置，当发射极 E_V 位置略低于基区晶硅衬底的 E_V 时，发射极 E_F 与晶硅 E_V 持平时，电池能够获得高转换效率，再进一步提高发射极掺杂浓度使其 E_F 进一步降低并不能使电池效率获得更大的提高，此时已受到晶硅基区 E_V 位置的限制。此种情况下，发射极的 E_V 越低，其 E_F 达到晶硅 E_V 所需要的掺杂浓度就越小。但是当发射极 E_V 位置过低时，发射极和晶硅衬底之间的 ΔE_V 就会大到对空穴输运产生明显阻碍，此时就需要进一步提高发射极的掺杂浓度使其费米能级位置进一步降低，才会有获得高转换效率的可能，但这使得制备难度增加。所述影响规律凸显了宽带隙发射极与晶硅衬底之间合适大小的 ΔE_V 的重要性。

发射极如果采用非晶硅制备，其 E_C 和 E_V 分别约为 -3.9eV 和 -5.62eV。结合上面的优化分析，可以采用带隙更宽的其他材料来取代非晶硅，使 ΔE_C 和 ΔE_V 分别适当增大，具有提升 SHJ 太阳电池转换效率的较大潜力。

较宽带隙的硅薄膜材料可以选择硅氧、硅碳、纳米晶硅等。基于以上分析，发射极采用宽带隙的优点主要有如下几方面。

（1）窗口层效应。由于发射极掺杂浓度高、缺陷多、复合大，其吸光产生的光生载流子对光电流没有贡献，此为发射极"死层"效应。发射极带隙宽度变大，其寄生吸收减小，可以使更多的太阳光进入晶硅基区内产生更大的光生电流。

（2）与晶硅衬底间变大的能带失配可以对基区的光生多子形成明显的扩散阻挡，减小多子扩散到发射极内的概率，有效降低复合。

（3）与晶硅衬底间变大的能带失配还可以更容易拉大发射极和晶硅基区之间的费米能级差，使电池更容易获得高的开路电压 V_{OC}。

但是，采用宽带隙发射极也有缺点：与晶硅衬底间的能带失配如果过大，将会给晶硅基区中的光生少子输运穿过异质结界面到发射极中产生阻碍，从而降低太阳电池的填充因子。

因此，对发射极而言，除了尽可能以最小的厚度与硅衬底构成有效 pn 结外，最主要的是要结合具体发射极的材料质量，对发射极能带结构，特别是导带底（E_C）、价带顶（E_V）和费米能级（E_F）位置进行优化。

2.3.5　透明导电电极（TCO）的影响

在 SHJ 太阳电池中，TCO 薄层起到透明导电电极和减反射涂层的作用。作为减反射涂层，需要考虑 TCO 薄层的厚度和折射率匹配。一般 TCO 的折射率都在 2.0 左右，考虑到太阳光中能量最多的 600nm 左右的可见光在 TCO/Si 上反射率最小，其厚度一般控制在 80～100nm。

Bivour 等针对 2 种不同的 SHJ 太阳电池结构：前表面发射极（front emitter, FE）结构和背表面发射极（rear emitter, RE）结构，对比研究了前表面 TCO 方块电阻和栅线电极间距对电池光电转换性能的影响[13]。结果表明，前表面 TCO 方块电阻和栅线电极间距增大都会导致电池填充因子 FF 变小，这意味着电流横向收集作用恶化。高短路电流密度 J_{SC} 的获得需要折中的前表面 TCO 方块电阻和较大的栅线电极间距。前表面 TCO 方块电阻过小，其载流子浓度增加导致因自由载流子吸收效应而引起的 J_{SC} 下降幅度变大；前表面 TCO 方块电阻过大，因串联电阻增大同样会导致 J_{SC} 下降；栅线电极间距增大，因栅线遮光所导致的 J_{SC} 损失减小。而二者变化对电池开路电压 V_{OC} 的影响较小。由此，最终电池需要折中的前表面 TCO 方块电阻和栅线电极间距，才能获得最大的电池效率。

有研究表明，TCO 所能引起的电池功率损失可分成两个部分，一部分是 TCO 自吸收所导致的电流下降引起的功率损失，即为光电流功率损失；另一部分是 TCO 导电性引起的载流子传输功率损失[27]。无论是 TCO 应用于电池的前表面取出电子，还是应用于电池的背表面取出空穴，当载流子浓度 n_e 较高时，光电流功率损失占主导，当载流子浓度 n_e 较低时，载流子传输功率损失占主导，基本上，随着 TCO 厚度 t_{TCO} 的增加，光电流功率损失增加，而载流子传输功率损失减少[27]。因此，只有采用小的 n_e 和小的 t_{TCO} 才能降低光电流功率损失，但此时如何减小 TCO 的电阻，确保载流子传输功率损失也低就成为关键。对 TCO 而言，其导电性由载流子浓度 n_e 和载流子迁移率 μ_e 共同决定，所以，开发高载流子迁移率 μ_e 的 TCO 是高性能 SHJ 太阳电池制备研究中的一个重点。

作为透明导电电极除了考虑电极的导电性和透光性外，还需要考虑其与下面的掺杂硅薄膜层之间的接触问题，好的电极接触应该是接触电阻小的欧姆接触，不好的接触是肖特基势垒接触，这取决于 TCO 电极的功函数 (W_{TCO}) 和硅薄膜层的掺杂浓度 (如发射极的掺杂浓度 N_e)[28]。

如果 TCO 制作在 n 型发射极上，其需要具有低的功函数[28]。随 TCO 功函数 W_{TCO} 变大，电池效率下降，并且这种下降的幅度与发射极掺杂浓度 (N_e) 及厚度 (d) 有关。当 N_e 较大时，只有 W_{TCO} 偏高很多时，电池效率的下降在发射极较薄时才能表现得更加明显。当 N_e 较小时，W_{TCO} 偏高带来的电池效率下降就明显得多。图 2.7 (a) 中的能带图可以解释其中的原因，当 W_{TCO} 较高时，TCO/a-Si：H(n) 的内建场与 a-Si：H(n)/c-Si(p) 的内建场方向相反，此时，如果发射极的厚度不够厚，TCO/a-Si：H(n) 和 a-Si：H(n)/c-Si(p) 的耗尽区就会发生重叠，带来的结果是 a-Si：H(n)/c-Si(p) 内建电场降低，相应地导致电池性能下降。所以，发射极的厚度一定要大于或等于两个结区在发射极内的宽度总和，才能避免这种影响，对应于任何给定的 W_{TCO} 和发射极掺杂浓度 N_e，都存在一个最佳的发射极厚度，N_e 越小，该厚度越大，大的发射极厚度带来光电流的快速下降。即使在不发生两个内建电场交叠的情况下，大的 W_{TCO} 时，TCO/a-Si：H(n) 肖特基接触对载流子输运造成的阻碍明显，电池转换效率无法提高。同时，如果发射极硅薄膜淀积得不均匀，TCO 就会与单晶硅衬底直接接触，由于 TCO/c-Si(p) 的内建场方向有可能与 a-Si：H(n)/c-Si(p) 的方向相反，从而会形成电流的漏电通道，造成电池性能的进一步下降。所以，TCO 具有尽可能低的功函数是 n 型发射极所必需的，一般需要 W_{TCO} 低到 4.4eV 以下。

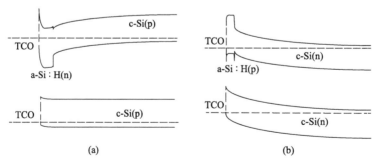

图 2.7　TCO 功函数偏高时 TCO/a-Si：H(n)/c-Si(p) 和 TCO/c-Si(p) 的能带结构 (a) 和 TCO 功函数偏低时 TCO/a-Si：H(p)/c-Si(n) 和 TCO/c-Si(n) 的能带结构 (b)[28]

如果 TCO 制作在 p 型发射极上，其需要具有高的功函数。随 TCO 功函数 W_{TCO} 变小，电池效率下降，并且这种下降的幅度同样与发射极掺杂浓度（N_e）及厚度（d）有关。当 N_e 较大时，只有 W_{TCO} 偏低很多时，电池效率的下降在发射极较薄时表现得更加明显。当 N_e 较小时，W_{TCO} 偏低带来的电池效率下降就进一步放大。同样，图 2.7(b) 中的能带图可以解释其中的原因，当 W_{TCO} 较低时，TCO/a-Si∶H(p) 的内建场与 a-Si∶H(p)/c-Si(n) 的内建场方向相反，此时，如果发射极的厚度不够厚，TCO/a-Si∶H(p) 和 a-Si∶H(p)/c-Si(n) 的耗尽区就会发生重叠，带来的结果是 a-Si∶H(p)/c-Si(n) 内建电场降低，相应地导致电池性能下降。所以，发射极的厚度一定要大于或等于两个结区在发射极内的宽度总和，才能避免这种影响，即使在不发生两个内建电场交叠的情况下，低 W_{TCO} 条件下，TCO/a-Si∶H(p) 肖特基接触对载流子输运造成的阻碍明显，电池转换效率无法提高。同时，如果发射极硅薄膜淀积得不均匀，TCO 就会与单晶硅衬底直接接触，由于 TCO 的功函数一般相对较高，此时 TCO/c-Si(n) 的内建场方向仍可以保持与 a-Si∶H(p)/c-Si(n) 的方向一致，但势垒高度会降低，造成电池性能下降。所以，TCO 具有尽可能高的功函数是 p 型发射极所必需的，一般需要 W_{TCO} 高到 5.2eV 以上。

一般的 ITO 电极的功函数在 4.5eV 左右，相比于 n 型掺杂硅薄膜层的功函数，这个功函数不够小，相比于 p 型掺杂硅薄膜层的功函数，这个功函数又不够大，所以，在实际的 SHJ 太阳电池制备中，提高硅薄膜材料层的掺杂浓度是改善 TCO 电极接触的最直接的方法。但对硅薄膜特别是非晶硅而言，p 型掺杂要比 n 型掺杂更难实现。开发符合功函数要求的 TCO 材料是重要的研究方向。

2.3.6　金属栅线电极的影响

SHJ 太阳电池迎光面金属电极一般为低温银浆丝网印刷制备的银栅线，其通常为图 2.8 所示的 H 型结构。下面具体分析金属栅线电极形貌对电池性能的影响，主要关注因电极所导致的电池功率损失[29]。

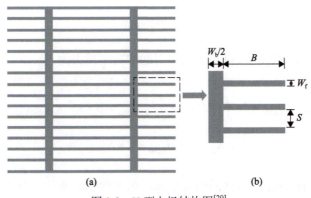

图 2.8　H 型电极结构图[29]

图 2.8 中，S 代表细栅间隔，W_f 代表细栅宽度，W_b 代表主栅宽度，B 是细栅边缘到相邻主栅的长度。假设电池片具有 m 根主栅、n 根细栅，可以得到

$$m \times (2B + W_b) = n \times (S + W_f) = 电池边长 \qquad (2.32)$$

银栅线的影响需要考虑栅线遮光引起的光学功率损失和栅线电阻引起的电学功率损失。具体地，光学功率损失包括细栅遮光和主栅遮光引起的功率损失，电学功率损失包括 TCO 传输层电阻引起的功率损失、细栅电阻引起的功率损失、细栅与 TCO 传输层间接触电阻引起的功率损失。因主栅线在电池使用时与焊带连接，电阻相对较低，因此可暂不考虑主栅电阻的影响。

1. TCO 传输层电阻引起的功率损耗 $P_{\text{R-TCO}}$

如图 2.9 给出的模型所示，电池上任何一点所产生的电流，首先沿着 TCO 传输，往金属细栅线上汇聚，然后再通过细栅线汇聚到金属主栅线上。取相邻两个细栅线的间距中心为零点，两侧产生的电流分别往两侧的细栅线上汇聚。在如图 2.9 中所示的积分单元 dx 区域内，流过的电流大小为

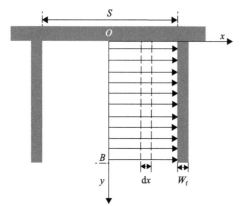

$$I(x) = J_{\text{mpp}} \times B \times x \qquad (2.33)$$

式中，J_{mpp} 为 SHJ 太阳电池最大功率点的电流密度。dx 积分单元的电阻为

图 2.9　TCO 传输层功率损耗模型结构示意图[29]

$$dR = R_{\text{sh-TCO}} \times \frac{dx}{B} \qquad (2.34)$$

式中，$R_{\text{sh-TCO}}$ 为 TCO 传输层的方块电阻。那么由上述 dx 传输单元的电阻所引起的功率损失为

$$dP = I^2(x)dR \qquad (2.35)$$

所以，由单根细栅线两侧的 TCO 传输电阻引起的功率损失为

$$\begin{aligned}
P_{\text{R-TCO to Grid}} &= 2 \times \int_0^{\frac{S}{2}} dP = 2 \times \int_0^{\frac{S}{2}} \left(J_{\text{mpp}} \times B \times x \right)^2 \times R_{\text{sh-TCO}} \times \frac{dx}{B} \\
&= \frac{1}{12} \times R_{\text{sh-TCO}} \times J_{\text{mpp}}^2 \times B \times S^3
\end{aligned} \qquad (2.36)$$

整个电池片上总共有 $2mn$ 个这样的结构单元，那么整个电池片上由 TCO 传输电阻引起的总功率损失为

$$P_{\text{R-TCO}} = 2 \times m \times n \times P_{\text{R-TCO to Grid}} = \frac{1}{6} m \times n \times R_{\text{sh-TCO}} \times J_{\text{mpp}}^2 \times B \times S^3 \qquad (2.37)$$

2. 金属细栅体电阻引起的功率损失 $P_{\text{R-Grid}}$

如图 2.10 所示，取细栅与主栅相交处为零点，积分单元 $\mathrm{d}y$ 区域内的电流：

$$I(y) = J_{\text{mpp}} \times (B - y) \times S \tag{2.38}$$

该积分单元的电阻：

$$\mathrm{d}R(y) = \rho_{\text{Grid}} \times \frac{\mathrm{d}y}{A_{\text{Grid}}} \tag{2.39}$$

式中，ρ_{Grid} 为细栅电极的电阻率；A_{Grid} 为金属栅线的截面面积。单根细栅单元由传输体电阻引起的功率损失为

$$
\begin{aligned}
P_{\text{R-Grid to Busbar}} &= \int_0^B I^2(y) \times \mathrm{d}R(y) \\
&= \int_0^B \left[J_{\text{mpp}} \times S \times (B - y) \right]^2 \times \rho_{\text{Grid}} \times \frac{\mathrm{d}y}{A_{\text{Grid}}} \\
&= \frac{1}{3} \times \rho_{\text{Grid}} \times J_{\text{mpp}}^2 \times \frac{S^2}{A_{\text{Grid}}} \times B^3
\end{aligned}
\tag{2.40}
$$

整个电池片上总共有 $2mn$ 个这样的结构单元，所带来的总功率损失为

$$P_{\text{R-Grid}} = \frac{2mnS^2 B^3 \times \rho_{\text{Grid}} \times J_{\text{mpp}}^2}{3 A_{\text{Grid}}} \tag{2.41}$$

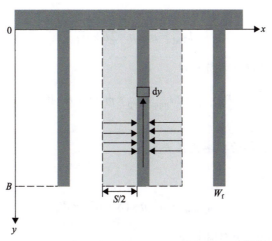

图 2.10　金属细栅体电阻功率损耗模型示意图[29]

3. 金属细栅接触电阻引起的功率损失 $P_{\text{r-Grid}}$

如图 2.10 所示，取细栅与主栅相交处为零点，积分单元 $\mathrm{d}y$ 区域内通过 TCO 接触传

输到细栅线上的电流为

$$\mathrm{d}I(y) = J_{\mathrm{mpp}} \times S \times \mathrm{d}y \tag{2.42}$$

该积分单元的接触电阻

$$\mathrm{d}R(y) = \rho_{\mathrm{c\text{-}Grid}} \times \frac{1}{W_{\mathrm{f}} \times \mathrm{d}y} \tag{2.43}$$

式中，$\rho_{\mathrm{c\text{-}Grid}}$ 为细栅电极与 TCO 之间的比接触电阻率。单根细栅单元由接触电阻引起的功率损失为

$$
\begin{aligned}
P_{\mathrm{r\text{-}TCO\ to\ Grid}} &= \int_0^B \mathrm{d}I^2(y) \times \mathrm{d}R(y) \\
&= \int_0^B \left(J_{\mathrm{mpp}} \times S \times \mathrm{d}y\right)^2 \times \rho_{\mathrm{c\text{-}Grid}} \times \frac{1}{W_{\mathrm{f}} \times \mathrm{d}y} \\
&= \left(\rho_{\mathrm{c\text{-}Grid}} \times J_{\mathrm{mpp}}^2 \times S^2 \times B\right) / W_{\mathrm{f}}
\end{aligned}
\tag{2.44}
$$

整个电池片上总共有 $2mn$ 个这样的结构单元，所带来的总功率损失为

$$P_{\mathrm{r\text{-}Grid}} = \frac{2mnS^2 B \times \rho_{\mathrm{c\text{-}Grid}} \times J_{\mathrm{mpp}}^2}{W_{\mathrm{f}}} \tag{2.45}$$

4. 金属细栅遮光引起的功率损耗 $P_{\mathrm{sh\text{-}Grid}}$

金属细栅总面积为

$$A_{\mathrm{Grid}} = m \times n \times 2B \times W_{\mathrm{f}} \tag{2.46}$$

金属细栅遮光引起的功率损失为

$$P_{\mathrm{sh\text{-}Grid}} = 2J_{\mathrm{mpp}}V_{\mathrm{mpp}} \times m \times n \times B \times W_{\mathrm{f}} \tag{2.47}$$

5. 金属主栅遮光引起的功率损耗 $P_{\mathrm{sh\text{-}busbar}}$

金属主栅总面积为

$$A_{\mathrm{busbar}} = m \times n \times \left(S + W_{\mathrm{f}}\right) \times W_{\mathrm{b}} \tag{2.48}$$

金属主栅遮光引起的功率损失为

$$P_{\mathrm{sh\text{-}Grid}} = J_{\mathrm{mpp}}V_{\mathrm{mpp}} \times m \times n \times \left(S + W_{\mathrm{f}}\right) \times W_{\mathrm{b}} \tag{2.49}$$

上述计算公式和模型可以很好地描述 SHJ 太阳电池的功率损失，由此指导金属栅线设计。

2.4　晶硅异质结太阳电池的一般制备流程

在晶硅衬底上制备 SHJ 太阳电池，首先利用晶硅衬底分选设备对硅衬底外观进行检测，包括尺寸、厚度、弯曲度、锯痕、崩边以及表面污染物等，剔除外观不良的晶硅衬底，在此基础上再对硅衬底的电学性能进行检测，主要是硅衬底电阻率和少子寿命等，将不符合要求的硅衬底去除，同时按性能对硅衬底进行分类，符合要求的硅衬底进入正式的电池制备程序。

目前，SHJ 太阳电池的制备流程一般如图 2.11 所示，包括晶硅衬底的表面制绒与清洗、硅薄膜沉积、TCO 沉积、金属栅线电极制备、电池性能测试与分选。

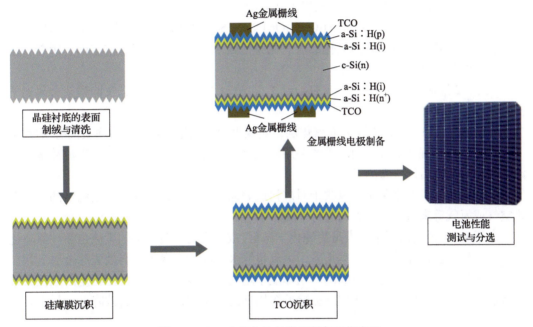

图 2.11　SHJ 太阳电池的常用制备工艺流程

2.4.1　晶硅衬底的表面制绒与清洗

SHJ 太阳电池的异质结界面对电池性能有着决定性作用。这个界面是初始硅衬底经过清洗制绒后的表面，因此，最终绒面的清洁程度和表面态密度的高低直接决定着 SHJ 太阳电池的界面质量。清洗制绒一般通过湿法处理工艺完成。

针对 SHJ 太阳电池，该步骤又可细分为如下几个子步骤。

（1）去损伤层。原始的硅衬底表面有一层切割损伤层。去损伤层的步骤一般采用浓度较大的 NaOH 或 KOH 碱性水溶液对硅衬底进行腐蚀。

（2）制绒。去损伤层之后的硅衬底采用浓度较低的 KOH 或 NaOH 水溶液在 80～90℃的温度下腐蚀，由于碱性溶液的各向异性腐蚀，可以获得大小适中的随机分布的金字塔绒面[30-32]。有时，为了简化工艺，也可以将去损伤层并入制绒步骤中一起进行，通过延长制绒时间来实现。为克服碱金属离子对表面的污染，可用有机碱腐蚀液来代替 NaOH 和 KOH，如四甲基氢氧化铵(tetramethylammonium hydroxide, TMAH)，但这会增加成本[33]。

(3)金字塔表面的平滑处理。制绒获得的金字塔表面粗糙度大，表面态密度高，尖锐的塔尖和塔底位置在后续硅薄膜沉积过程中容易产生缺陷，需要对金字塔表面进行平滑处理，该步工艺通常采用一定比例的 $HF/HNO_3/H_2O$ 溶液在较低的温度(10℃左右)下进行，也称为化学抛光(chemical polishing, CP)工艺。通过 CP 处理，塔尖和谷底变得圆滑，金字塔表面粗糙度也降低，有助于后续硅薄膜/晶硅异质结界面的质量改善[34, 35]。

(4)清洗。相比于常规扩散制备的晶硅太阳电池，SHJ 太阳电池对硅衬底表面的洁净度要求高，需要的表面清洗步骤工艺更复杂。通常，对 SHJ 太阳电池所需硅衬底的清洗基于简化的 RCA 清洗[36]，主要包括以下几方面。

在 SC-1 溶液(APM: $NH_4OH/H_2O_2/H_2O$=1∶1∶5~1∶2∶7)中清洗，去除硅衬底表面的颗粒。过氧化氢可将硅表面氧化形成氧化膜，氨水腐蚀氧化膜以及硅表面，附着在硅表面的颗粒随刻蚀而被清洗去除。

在 SC-2 溶液(HPM: $HCl/H_2O_2/H_2O$=1∶1∶6~1∶2∶8)中清洗，去除残余金属离子污染。

在 HF 溶液中处理，去除表面氧化层，实现表面氢钝化，降低硅衬底表面态密度。

在上述各步湿法处理之间，需要采用高纯水对硅衬底进行足够时间的溢流冲洗，以消除前面步骤对后续步骤的影响。

清洗完成后，通常采用热风吹干对硅衬底表面进行干燥，即采用一定温度的干热净化空气或氮气等来对硅衬底表面进行干燥。

由于 RCA 清洗需要使用大量高纯化学试剂,成本高的同时产生的废液也需环保净化处理。一种可供选择的替代方案是采用臭氧超纯水清洗[37]。臭氧可有效去除金属、颗粒和有机物污染，而且硅衬底表面的微粗糙度不增大。实验中，通过采用特定的酸性或碱性溶液在硅衬底表面生成氧化层并去除的多周期处理步骤，也可以有效降低硅衬底表面态密度[38]。

2.4.2 硅薄膜沉积

硅薄膜沉积包括本征钝化层和掺杂(p 或 n)发射极层及表面场层的沉积。本征钝化层用来消除异质结界面上的缺陷态，实现良好钝化，同时将缺陷态密度较高的掺杂层与硅衬底层隔开。掺杂层与晶硅衬底构成 pn 结和高低结。

目前，常用的硅薄膜沉积方法有两种：等离子体增强化学气相沉积(plasma enhanced chemical vapor deposition, PECVD)[39-43]和热丝化学气相沉积(hot wire chemical vapor deposition, HWCVD)[44-46]。

(1)PECVD。PECVD 利用等离子体源提供气源分解所需要的能量，气源分解形成的自由基沉积到衬底表面，通过表面吸附和扩散等过程，逐步生成所需的薄膜材料，这里所需的气源通常是硅烷和氢气的混合气以及作为掺杂源的磷烷和硼烷等。等离子体源的频率通常为 13.56MHz，称为射频(RF)等离子体。为了提高薄膜的沉积速率及改善沉积质量，特别是微晶硅，可以提高等离子体的频率，如 40.68MHz 等，称为甚高频（VHF）等离子体。与制备硅薄膜太阳电池需要获得高光敏性的本征层不同，SHJ 太阳电池制备本征层需要的是对异质结界面的良好钝化和适当的厚度，因此，此处更关心的是薄层中含有足够的氢以及氢能够在异质结界面上充分运动，以使界面悬键饱和。所以，一般所制备的本征钝化层都是非晶态的，为了避免沉积过程中发生晶化或者界面外延，可以往其中引入适量的其他元素，如氧。对于掺杂层，需要在提高其掺杂效率以获得大的势垒能级差的基础上，尽可能降低其对晶硅衬底有响应的光的吸收，为此，同样可以引入氧或者碳以拓宽掺杂层的带隙，或者也可以使掺杂层微晶化，减小其对有用的光的吸收系数。

　　（2）HWCVD。HWCVD 是利用热丝加热的方法为气源分解提供能量，有时也称为催化化学气相沉积（catalytic chemical vapor deposition, Cat-CVD）。与 PECVD 相比，HWCVD 由于没有等离子体，不会对生成的薄膜产生轰击损伤，并且沉积速率快、原料气体利用效率高、衬底温度低、生长的薄膜致密、生成的原子氢能更好地起到钝化作用。因此，从理论上讲，HWCVD 更适用于 SHJ 太阳电池的制备，特别是本征钝化层的制备。但相较于 PECVD 通过特定的电源来激发等离子体，HWCVD 需要采用加热到高温（1800～2000℃）的金属丝来催化激发气源分解以生成自由基元，受限于热丝的尺寸和形状，HWCVD 方法沉积的薄膜均匀性相对较低，热丝对材质的要求也高，增加了设备的维护成本。

2.4.3　透明导电电极（TCO）沉积

　　TCO 制备方法很多，主要可以分为非真空法和真空法两类。非真空法沉积工艺简单、成本低，但通常需要高温或者后续需要高温处理，所生成的 TCO 薄膜往往具有偏低的导电性，因此虽然成本较低，但性能难以满足制备 SHJ 太阳电池的要求。真空法又可分为物理法和化学法，具体的一些常见方法包括磁控溅射、化学气相沉积、电子束蒸发、活性反应蒸镀、反应等离子体沉积等。其中，在 SHJ 太阳电池产业化制备过程中，最常用的是磁控溅射[47-50]和反应等离子体沉积[51-54]。

1. 磁控溅射

　　磁控溅射（magnetron sputtering）是物理气相沉积（physical vapor deposition, PVD）的一种代表性技术，因此，在 SHJ 太阳电池制备工艺过程中也将此步称为 PVD 步骤。磁控溅射一般在真空腔室中采用平板电容式等离子体模式，将靶材安装在阴极上，将沉积薄膜的衬底安装在阳极上，往腔室中通入所需高能离子源气，如氩气。当在阴阳极之间施加电场时，氩气气体电离产生的电子在电场作用下由阴极飞向阳极，在此过程中与氩气原子发生碰撞，使其电离产生更多的 Ar+正离子和新的电子；新电子飞向阳极衬底，Ar+离子在电场作用下加速飞向阴极靶材并以高能量轰击其表面，使靶材发生溅射，沉积在衬底上形成薄膜。

　　针对 TCO 靶材，一般采用直流或射频溅射。也可以采用反应溅射，通过直流溅射金属靶，在氩气中通入可与靶材反应生成所需镀膜材料的气体（如氮气或氧气等），溅射出的金属粒子在落向衬底表面时与反应气体化合生成氮化物或氧化物。

2. 反应等离子体沉积

反应等离子体沉积(reactive plasma deposition, RPD)采用压力梯度等离子枪产生等离子体,并通过磁场约束引入真空腔室中,在靶材周围的等离子束控制线圈形成的磁场下往靶材偏转并聚焦入射到靶材上,将靶材加热蒸发。与反应磁控溅射类似,通过往等离子体中通入反应活性气体,如氧气,可以与蒸发出的物质发生反应,从而能够对沉积到衬底上的薄膜成分进行调节。

相比于磁控溅射,RPD可认为是一种等离子体辅助蒸发技术,靶材物质通过升温蒸发而不是溅射生成薄膜沉积所需要的活性基元,几乎不存在高能粒子对衬底表面的轰击损伤,更容易控制镀膜质量。但也正是基于类似蒸发的原理,RPD难以镀制蒸发温度高的材料。为便于实现蒸发,其所采用的靶材结构相对疏松,致密度小。

2.4.4 金属栅线电极制备

SHJ太阳电池在电池正背面均需要制备金属电极。采用的工艺方法主要有以下几种。

(1)丝网印刷技术。通常采用丝网印刷技术印制低温银浆来在SHJ太阳电池上制备银栅线。印刷的顺序是先印背面电极,经过烘干后再印正面电极,最后再将印有电极的电池片放入低温焙烘炉中进行低温固化。

丝网印刷的工作原理相对简单,成本低,性能可控,是产业化电池制备应用最广泛的金属电极制备方法[55-57]。通过刮刀的运动将浆料挤压使其通过网版开口并到达太阳电池片上。丝网印刷电极质量的好坏主要由三个因素共同决定:浆料、网版和印刷工艺。SHJ太阳电池制备需要用到的低温导电银浆与基于扩散的晶硅太阳电池所需要的高温导电银浆不同,其需要的固化温度通常在200℃以下。由于固化温度很低,固化过程中通常不会发生银颗粒彼此之间的熔合长大,只有浆料中的有机溶剂挥发和黏结树脂固化。该步工艺需要与前面的低温镀膜工艺兼容而不破坏电池性能。低温导电银浆需要单独开发。

目前,丝网印刷技术的研究重点是如何通过减小栅线宽度并增大栅线高宽比来增加电池效率,以及如何降低银浆耗量。目前增大高宽比的方法主要有:加热印刷、双层印刷(double printing)以及复合印刷[58-60]。加热印刷是在一个预热的电池片上进行浆料印刷,可以减小栅线边缘的外扩,提高印刷栅线的保形能力,从而获得大的高宽比[58]。双层印刷是先印刷一层,然后在它的上面用相同的浆料再印刷一层[59],丝印机需要具有高精度的对准功能。复合印刷又称种子层加电镀法,该方法通常是先通过精细丝网印刷方法印刷栅线,随后再在上面电镀一层导电层[60]。产业化生产为节约成本,也有采用不同的浆料分别印刷细栅和主栅的做法,称为二次印刷(dual printing)[61]。

除了常规的丝网印刷工艺外,从改进性能或降低成本方面考虑,也有尝试一些其他相似的方法,这包括钢版印刷[62]、喷墨打印[63]等。

(2)化学镀/电镀技术。化学镀或电镀的原理是镀液中的金属离子得到电子后被还原成金属,将其沉积在活性较高的电池片表面上的待镀位置。光诱导化学镀或电镀则是在传统化学镀或电镀的基础上加入了光照，利用电池在光照下产生的光电压来提高金属的沉积速率。

具体到 SHJ 太阳电池，由于表面有 TCO 层，需要用绝缘的掩膜层将不需要栅线的位置保护起来。如果在 p 面制备栅线，需要外加电源进行电镀，但如果在 n 面制备栅线，则可以采用光诱导化学镀。

使用电镀工艺，可以用铜代替银从而降低栅线制造成本，另外，栅线可以制作得更细，导电性更好，减少遮光的同时，电池串联电阻更低。这些优点使其有潜力推广应用，但需要关注解决工艺废液的处理问题和工艺设备的成本问题[64-66]。

（3）多主栅和无主栅技术。为减少银的用量，并降低金属电极电阻对电池性能造成的影响，发展出多主栅技术和无主栅技术。多主栅技术采用更多数量的更细的主栅，通过增加主栅与焊带之间的焊点数量，可以将主栅宽度做到很细，只在焊点位置预留满足焊接要求的加宽的焊盘。所用焊带也从常规的宽度较大的扁平焊带变为直径很细的圆形焊丝。这样，从组件层面上，多主栅技术不但减少了银耗、降低了串阻，也减小了金属连接的遮光损失。进一步地，如果不使用主栅，在电池表面上只有细栅，然后用很多细金属丝直接将这些细栅连接汇集电流，并实现电池片之间的互连，这称为无主栅（busbar-free）技术。这种技术是先采用丝网印刷或电镀在电池表面制备细栅线，然后通过一定的方法将很多金属细丝垂直覆盖在细栅上形成交叉的导电网格。金属细丝的材质多为低温合金包覆的铜丝，大大节约了材料成本。无主栅技术可以归于一种新的组件制备时的电池片互连技术。

多主栅技术的代表是德国 Schmid 公司 2012 年提出的称为 Multi Busbar 的技术[67]。对细栅电流进行汇集的主栅根数更多更细，针对 $(156×156)\,mm^2$ 电池片，采用了 12 根主栅，每根主栅上为后续焊接预留了 20 个焊点，焊丝采用了直径约 0.36mm 的低温合金 SnPbAg 包覆的铜丝。该技术可以节约银浆用量，如降低 25%。这种 Multi Busbar 技术与常规电池组件工艺兼容，所需要做的就是对串焊设备进行改造，因此，相对容易被电池制造商接受。但对设备的对准精度要求高。

最早提出无主栅概念的是加拿大的 Day4 Energy 公司，该公司在 2008 年就获得了无主栅技术专利，在电池丝印细栅之后，将一层内嵌铜线的聚合物薄膜覆盖在电池上，这层薄膜内嵌的铜线表面镀有低熔点金属，在随后的组件层压工艺中，层压机的压力和温度使铜线和丝印的细栅结合在一起。这些铜线的一端汇集到较宽的汇流带上，在同一步层压工艺中连接到相邻电池的背面。该技术后来被瑞士 Meyer Burger 收购用于 SHJ 太阳电池的互连，基于 SHJ 电池的双面性，正背面均采用了这种铜线结构，并将其称为智能网栅连接技术（SWCT：smart wire connection technology）[68]。

SWCT 可使电池银材料用量减少 80%。并且，由于铜线具有相当的机械柔韧性，即使某些位置的电池片断裂，由于铜线连接能够保持，破碎的电池片仍然能够收集电流；此外，所采用的铜线的圆形表面增大了照到其上的太阳光重新反射到电池片表面上的概率，遮光比变小的同时可进一步提高对光的收集效率。

还有一种无主栅技术由 Merlin Solar 公司开发，其在 2014 年发布了名为 Merlin 的无主栅技术。其主要特征是镀层铜线不再是独立的，而是通过内部连接成为一个线网结构，这种线网结构自身具有足够的自我支撑能力，无需聚合物薄膜的支撑，也无需串焊机铺设，使用起来相对更方便。

虽然电极制备技术有很多，但随着网版技术、浆料技术的进步，丝网印刷技术相对于其他技术的优势仍在，未来丝网印刷仍会在较长时间内是电池电极制备的主流技术。

2.4.5 电池性能测试与分选

制备的 SHJ 太阳电池具有高的少子寿命，在进行电池伏安特性(I-V 曲线)测试时会表现出与电容效应相关的不准确性。太阳电池的电容主要来源于耗尽区势垒电容和扩散电容。伴随 I-V 测试过程中加在电池两端的电压变化，电池电容发生充放电，如果该充放电过程跟不上电压变化，则电池无法达到准稳态，导致电流值测量不准，从而使测量得到的电池 I-V 性能与真实值出现较大偏差。该电容效应对高效晶硅太阳电池性能的测试有重要影响。通常 I-V 曲线的失真发生在最大功率点附近的高电压区域，因此主要是扩散电容的影响，耗尽区势垒电容的影响可以忽略[69]。具体表现为：I-V 测试如果从短路低电压逐步扫描到开路高电压一侧，会导致 FF 和 V_{OC} 偏小。相反，如果从开路高电压逐步扫描到短路低电压一侧，会导致 FF 和 V_{OC} 偏大。测试误差的量级主要取决于电池电容、电压扫描的步长和数据采样的时间。扫描时间越短、电池电容越大，测试误差越大。另外，为避免器件受光照升温，测量时间又不能过长。因此，针对如 SHJ 太阳电池这样的大电容高效太阳电池，需要对常规的 I-V 测试方法进行改良。

目前已知的改良方法有如下几种。

(1)采用稳态光源。该方法可以按照需要延长数据采样时间，从而消除器件电容的影响。但是稳态光源功耗大、光源寿命短，成本高，长时间光照需要电池控温、测试速度也慢，并不适合太阳电池的规模化生产制造。

(2)单次闪光但延长光脉冲时间。利用单次闪光模拟器产生一个持续时间大约为200ms 以上的亚稳态光脉冲，常规的单次闪光模拟器光脉冲时间通常只有几毫秒到10ms。延长脉冲时间给闪光管所能提供的最大脉冲能量提出了高要求，光源设计难度增大，测试时同样需要电池控温。

(3)单次或多次闪光但采样电压间隔分段取值。在受电容效应影响大的最大功率点(maximum power point, MPP)附近的高压区增加采样点个数，并延长采样时间，在其他电容效应小的电压区域减少采样点个数，缩短采样时间。

(4)单次短脉冲闪光电压"Dragon Back"扫描。该技术对电压扫描曲线采用抛物线状不等距取值，并且在每一个电压取值点先施加超过所设电压值的过冲电压一段时间来加速电容效应释放，使电池电流快速达到稳定，因电压随时间变化的曲线形似龙背而取名为"Dragon Back"。该方法中每个点的电压超出值和加压时间与当时电压处的电容效应大小有关，因此，针对不同类型、性能差异大的电池，需要单独进行电压扫描曲线的设定[70]。

(5)单次或多次短脉冲闪光下的光/暗 I-V 曲线分析(photo and dark I-V analysis, PDA)[71]：先用短采样时间(如 10ms)进行电池的正向($J_{SC}{\rightarrow}V_{OC}$)和反向($V_{OC}{\rightarrow}J_{SC}$)暗 I-V 测试，再用长采样时间(如 200ms)进行电池的正向暗 I-V 测试，之后用短的采样时间(同

暗采样时间)进行电池的正向($J_{SC} \rightarrow V_{OC}$)和反向($V_{OC} \rightarrow J_{SC}$)光 I-V 测试。假设光和暗 I-V 曲线没有串联电阻时将具有相同的形状,上述数据通过数学处理即可得到通过长的光脉冲照射和长采样时间获得的正常光 I-V 曲线。类似的方法还包括[72]:首先采用短脉冲快速测量电池的正向($J_{SC} \rightarrow V_{OC}$)光 I-V,由此得到 J_{SC} 和并联电阻 R_p。然后采用慢速扫描获得暗 I-V 曲线,由其算出串联电阻 R_s。之后通过数据点移动来重构 I-V 曲线,$J \rightarrow J+J_{SC}$,$V \rightarrow V+J_{SC} \times R_s$,$J \rightarrow J-V/R_p$。此方法可用常规 I-V 测试仪完成,需要做的仅是软件方面的改进,但 I-V 曲线是计算得到的,并不是真正的测量值。

(6)短光脉冲正反 I-V 曲线的加权平均处理。短光脉冲正反扫描得到的 I-V 曲线,通过一系列算法处理可以计算出电容及串联电阻等的影响,经过加权平均重构得到实际的 I-V 曲线[73,74]。

随着 SHJ 太阳电池转换效率的不断提高,特别是开路电压的提高,电容效应变得越来越明显,考虑量产条件下的产量和成本要求,I-V 测试需要太阳模拟器及测试方法的不断改进。至少目前,短光脉冲闪光测试仍然是倾向选择的方案,为保证测量值与实际值尽可能接近,采用上述改良的 I-V 测量方法是必要的,在第 8 章中将对其中的一些代表性方法做更详细的介绍。

2.5　总　　结

a-Si：H/c-Si 异质结是 SHJ 太阳电池的基本构成部分。与同质结相比,异质结界面能带结构最大的不同在于存在能带带阶,即 ΔE_C 和 ΔE_V。能带带阶的存在,使得在异质结界面上对一种类型的载流子(少子)的输运存在势垒尖峰,该尖峰的状态会受两侧半导体材料的掺杂浓度和外加电压的影响,从而使少子输运受到的势垒阻碍发生改变,由此,使得异质结伏安特性在不同的偏压下会呈现出电流-电压的不同依赖规律。总体而言,异质结的载流子输运比同质结复杂,主要基于扩散模型、热电子发射模型和隧穿模型对其伏安特性进行分析。在不同电压下的伏安特性行为主要由哪一种物理机理主导,可以通过分析变温电流-电压曲线确定。

在完整的 SHJ 太阳电池中,影响电池转换效率的因素主要有:硅衬底质量、硅衬底表面(界面)缺陷态、硅薄膜钝化层、硅薄膜掺杂层、透明导电电极和金属栅线电极。硅衬底高质量是电池获得高转换效率的基础,因此要尽可能减少硅衬底内部的杂质和缺陷;硅衬底电阻率一般优选在 0.5~2Ω·cm 之间;高质量的硅衬底厚度增大有利于通过强化吸收而提高效率,但从成本角度出发反而需要减小硅衬底厚度;理论和实验研究均表明,硅衬底厚度减小到 100μm 甚至更小一些不会对电池效率造成特别大的影响。硅衬底表面(界面)缺陷态会导致电池效率特别是开路电压迅速下降,减少这些缺陷态的方法是对硅衬底表面的高效清洗和沉积硅薄膜钝化层。硅薄膜钝化层的带隙、厚度、自身体内缺陷同样是影响电池效率的主要因素,在降低体内缺陷的同时需要对带隙和厚度进行折中控制。硅薄膜掺杂层是电池 pn 结和高低结表面场的来源,具有相对较宽的带隙并与晶硅衬底有合适的 ΔE_C 和 ΔE_V 的掺杂层是高效电池所必需的。透明导电电极层除了导电性和透光性影响电池性能外，其与硅薄膜掺杂层之间的接触状态也是需考虑的重要因素，通过调节硅薄膜掺杂层掺杂浓度和透明导电电极层功函数，使二者之间形成低接触电阻的无势垒欧姆接触是确保电池获得高转换效率的关键。金属栅线电极主要通过导电性和外观形貌对电池性能造成影响，合适的栅线电极设计需要尽可能降低遮光引起的光学损失，同时使电池串联电阻降低。

  SHJ 太阳电池的实际制备主要采用如下基本工艺流程：晶硅衬底的表面制绒与清洗、硅薄膜沉积、TCO 沉积、金属栅线电极制备、电池性能测试与分选。本章只对各步工艺的基本特点进行了概括性介绍，有关各关键步骤的更详细内容将在后续章节中给出。

参 考 文 献

[1] 虞丽生. 半导体异质结物理. 北京: 科学出版社, 2006.

[2] 朱美芳, 熊绍珍. 太阳电池基础与应用. 北京: 科学出版社, 2014.

[3] 沈文忠, 李正平. 硅基异质结太阳电池物理与器件. 北京: 科学出版社, 2014.

[4] Barrio R, Gandıa J J, Carabe J, et al. Surface recombination analysis in silicon-heterojunction solar cells. Solar Energy Materials and Solar Cells, 2010, 94: 282-286.

[5] Byun S J, Byun S Y, Lee J, et al. An optical simulation algorithm based on ray tracing technique for light absorption in thin film solar cells. Solar Energy Materials and Solar Cells, 2011, 95: 408-411.

[6] Jäger K, Fischer M, van Swaaij R A C M M, et al. A scattering model for nano-textured interfaces and its application in optoelectrical simulations of thin-film silicon solar cells. Journal of Applied Physics, 2012, 111: 083108.

[7] Dasha R, Jena S. Finite difference time domain modeling of Si based photovoltaic cells. Materials Today: Proceedings, 2017, 4: 12689-12693.

[8] Liu Y, Sun Y, Rockett A. A new simulation software of solar cells—wxAMPS. Solar Energy Materials and Solar Cells, 2012, 98: 124-128.

[9] Altermatt P P. Models for numerical device simulations of crystalline silicon solar cells: A review. Journal of Computational Electronics, 2011, 10: 314-330.

[10] Dwivedi N, Kumar S, Bisht A, et al. Simulation approach for optimization of device structure and thickness of HIT solar cells to achieve 27% efficiency. Solar Energy, 2013, 88: 31-41.

[11] Zhao L, Li H L, Zhou C L, et al. Optimized resistivity of p-type Si substrate for HIT solar cell with Al back surface field by computer simulation. Solar Energy, 2009, 83(6): 812-816.

[12] Haschke J, Dupré O, Boccard M, et al. Silicon heterojunction solar cells: Recent technological development and practical aspects-from lab to industry. Solar Energy Materials and Solar Cells, 2018, 187: 140-153.

[13] Bivour M, Schröer S, Hermle M, et al. Silicon heterojunction rear emitter solar cells: Less restrictions on the optoelectrical properties of front side TCOs. Solar Energy Materials and Solar Cells, 2014, 122: 120-129.

[14] Chime U, Wolf L, Buga V, et al. How thin practical silicon heterojunction solar cells could be? Experimental study under 1 sun and under indoor illumination. Solar RRL, 2021, 6(1): 2100594.

[15] Meng F Y, Liu J N, Shen L L, et al. High-quality industrial n-type silicon wafers with an efficiency of over 23% for Si heterojunction solar cells. Frontiers in Energy, 2017, 11: 78-84.

[16] Reusch M, Bivour M, Hermle M, et al. Fill factor limitation of silicon heterojunction solar cells by junction recombination. Energy Procedia, 2013, 38: 297-304.

[17] Rahmouni M, Datta A, Chatterjee P, et al. Carrier transport and sensitivity issues in heterojunction with intrinsic thin layer solar cells on N-type crystalline silicon: A computer simulation study. Journal of Applied Physics, 2010, 107: 054521.

[18] Froitzheim A, Brendel K, Elstner L, et al. Interface recombination in heterojunctions of amorphous and crystalline silicon.

Journal of Non-Crystalline Solids, 2002, 299-302: 663-667.

[19] Rappich J, Dittrich T, Timoshenko Y, et al. Influence of hydrogen incorporation into silicon on the room-temperature photoluminescence. MRS Proceedings, 1997, 452: 797-802.

[20] Angermann H, Kliefoth K, Flietner H. Preparation of H-terminated Si surfaces and their characterisation by measuring the surface state density. Applied Surface Science, 1996, 104-105: 107-112.

[21] Zhang Y, Zhou Y Q, Jiang Z Y, et al. Effect of acid-based chemical polish etching on the performance of silicon heterojunction solar cells. Physica Status Solidi C, 2010, 7(3-4): 1025-1028.

[22] Zhao L, Zhou C L, Li H L, et al. Characterization on the passivation stability of HF aqueous solution treated silicon surfaces for HIT solar cell application by the effective minority carrier lifetime measurement. Chinese Journal of Physics, 2010, 48(3): 392-399.

[23] Zhao L, Wang G H, Diao H W, et al. Physical criteria for the interface passivation layer in hydrogenated amorphous/crystalline silicon heterojunction solar cell. Journal of Physics D: Applied Physics, 2018, 51(4): 045501.

[24] Hayashi Y, Li D, Ogura A, et al. Role of i-a-Si：H Layers in a-Si：H/c-Si heterojunction solar cells. IEEE Journal of Photovoltaics, 2013, 3(4): 1149-1155.

[25] Zhao L, Wang G H, Diao H W, et al. Theoretical investigation on the passivation layer with linearly graded bandgap for the amorphous/crystalline silicon heterojunction solar cell. Physica Status Solidi: RRL, 2016, 10(10): 730-734.

[26] Zhao L, Wang G H, Diao H W, et al. Energy band profile optimization of the emitter for high efficiency c-Si heterojunction solar cell// Proceedings of the 7th World Conference on Photovoltaic Energy Conversion, Waikoloa Village, 2018: 2187-2191.

[27] Cruz A, Erfurt D, Wagner P, et al. Optoelectrical analysis of TCO+silicon oxide double layers at the front and rear side of silicon heterojunction solar cells. Solar Energy Materials and Solar Cells, 2022, 236: 111493.

[28] Zhao L, Zhou C L, Li H L, et al. Role of the work function of transparent conductive oxide on the performance of amorphous/crystalline silicon heterojunction solar cells studied by computer simulation. Physica Status Solidi A, 2008, 205(5): 1215-1221.

[29] 陈东坡. 非晶硅晶体硅异质结(SHJ)太阳电池电极研究. 北京: 中国科学院大学, 2014.

[30] Abdullah M F, Alghoul M A, Naser H, et al. Research and development efforts on texturization to reduce the optical losses at front surface of silicon solar cell. Renewable and Sustainable Energy Reviews, 2016, 66: 380-398.

[31] Lien S Y, Yang C H, Hsu C H, et al. Optimization of textured structure on crystalline silicon wafer for heterojunction solar cell. Materials Chemistry and Physics, 2012, 133: 63-68.

[32] Zubel I, Rola K, Kramkowska M. The effect of isopropyl alcohol concentration on the etching process of Si-substrates in KOH solutions. Sensors and Actuators A, 2011, 171(2): 436-445.

[33] Iencinella D, Centurioni E, Rizzoli R, et al. An optimized texturing process for silicon solar cell substrates using TMAH. Solar Energy Materials and Solar Cells, 2004, 87: 725-732.

[34] Singh K, Nayak M, Mudgal S, et al. Effect of textured silicon pyramids size and chemical polishing on the performance of carrier-selective contact heterojunction solar cells. Solar Energy, 2019, 183: 469-475.

[35] Du J L, Meng F Y, Fu H X, et al. Selective rounding for pyramid peaks and valleys improves the performance of SHJ solar cells. Energy Science & Engineering, 2021, 9: 1306-1312.

[36] Angermann H, Rappich J, Korte L, et al. Wet-chemical passivation of atomically flat and structured silicon substrates for solar cell application. Applied Surface Science, 2008, 254: 3615-3625.

[37] Moldovan A, Dannenberg T, Temmler J, et al. Ozone-based surface conditioning focused on an improved passivation for silicon heterojunction solar cells. Energy Procedia, 2016, 92: 374-380.

[38] Zhang Z H, Huber M, Corda M. Key equipments for O_3-based wet-chemical surface engineering and PVD processes tailored for high-efficiency silicon heterojunction solar cells. Energy Procedia, 2017, 130: 31-35.

[39] Kanneboina V, Madaka R, Agarwal P. High open circuit voltage c-Si/a-Si：H heterojunction solar cells: influence of hydrogen plasma treatment studied by spectroscopic ellipsometry. Solar Energy, 2018, 166: 255-266.

[40] Gogolin R, Ferré R, Turcu M, et al. Silicon heterojunction solar cells: Influence of H$_2$-dilution on cell performance. Solar Energy Materials and Solar Cells, 2012, 106: 47-50.

[41] Zignani F, Desalvo A, Centurioni E, et al. Silicon heterojunction solar cells with p nanocrystalline thin emitter on monocrystalline substrate. Thin Solid Films, 2004, 451-452: 350-354.

[42] Zhao Y F, Procel P, Han C, et al. Design and optimization of hole collectors based on nc-SiO$_x$：H for high-efficiency silicon heterojunction solar cells. Solar Energy Materials and Solar Cells, 2021, 219: 110779.

[43] Richter A, Smirnov V, Lambertz A, et al. Versatility of doped nanocrystalline silicon oxide for applications in silicon thin-film and heterojunction solar cells. Solar Energy Materials and Solar Cells, 2018, 174: 196-201.

[44] Voz C, Muñoz D, Fonrodona M, et al. Bifacial heterojunction silicon solar cells by hot-wire CVD with open-circuit voltages exceeding 600 mV. Thin Solid Films, 2006, 511-512: 415-419.

[45] Miyajima S, Yamada A, Konagai M. Characterization of undoped, n- and p-type hydrogenated nanocrystalline silicon carbide films deposited by hot-wire chemical vapor deposition at low temperatures. Japanese Journal of Applied Physics, 2007, 46(4R)：1415.

[46] Wang Q, Iwaniczko E, Xu Y, et al. Efficient 18 Å/s solar cells with all silicon layers deposited by hot-wire chemical vapor deposition. MRS Online Proceedings Library, 1999, 609: 43.

[47] Calnan S, Upadhyaya H M, Thwaites M J, et al. Properties of indium tin oxide films deposited using high target utilisation sputtering. Thin Solid Films, 2007, 515(15)：6045-6050.

[48] Huang M, Hameiri Z, Aberle1 A G, et al. Study of hydrogen influence and conduction mechanism of amorphous indium tin oxide for heterojunction silicon wafer solar cells. Physica Status Solidi A, 2015, 212(10)：2226-2232.

[49] Gong W B, Wang G H, Gong Y B, et al. Investigation of In$_2$O$_3$:SnO$_2$ films with different doping ratio and application as transparent conducting electrode in silicon heterojunction solar cell. Solar Energy Materials and Solar Cells, 2022, 234: 111404.

[50] Wang J Q, Meng C C, Liu H, et al. Application of indium tin oxide/aluminum-doped zinc oxide transparent conductive oxide stack films in silicon heterojunction solar cells. ACS Applied Energy Materials, 2021, 4(12)：13586-13592.

[51] 周忠信, 陈新亮, 张云龙, 等. RPD 技术生长 ICO：H 薄膜及其在晶体硅异质结太阳电池中的应用. 太阳能学报, 2021, 1: 50-55.

[52] Ru X N, Qu M H, Wang J Q, et al. 25.11% Efficiency silicon heterojunction solar cell with low deposition rate intrinsic amorphous silicon buffer layers. Solar Energy Materials and Solar Cells, 2020, 215: 110643.

[53] Huang W, Shi J H, Liu Y Y, et al. High-performance Ti and W co-doped indium oxide films for silicon heterojunction solar cells prepared by reactive plasma deposition. Journal of Power Sources, 2021, 506: 230101.

[54] Liu H, Gong Y B, Diao H W, et al. Comparative study on IWO and ICO transparent conductive oxide films prepared by reactive plasma deposition for copper electroplated silicon heterojunction solar cell. Journal of Materials Science: Materials in Electronics, 2022, 33: 5000-5008.

[55] Chen D P, Zhao L, Diao H W, et al. Rheological properties and related screen-printing performance of low-temperature silver pastes for a-Si：H/c-Si heterojunction solar cells. Journal of Materials Science: Materials in Electronics, 2014, 25: 5322-5330.

[56] Erath D, Pospischil M, Keding R, et al. Comparison of innovative metallization approaches for silicon heterojunction solar cells. Energy Procedia, 2017, 124: 869-874.

[57] Teo B H, Khanna A, Shanmugam V, et al. Development of nanoparticle copper screen printing pastes for silicon heterojunction solar cells. Solar Energy, 2019, 189: 179-185.

[58] Erath D, Filipović A, Retzlaff M, et al. Advanced screen printing technique for high definition front metallization of crystalline silicon solar cells. Solar Energy Materials and Solar Cells, 2010, 94(1)：57-61.

[59] Huang W K W, Chen T S, Tsai C T, et al. Updates on some technologies for c-Si based solar cells manufacturing. Energy Procedia, 2011, 8: 435-442.

[60] Geissbühler J, de Wolf S, Faes A, et al. Silicon heterojunction solar cells with copper-plated grid electrodes: Status and

comparison with silver thick film techniques. IEEE Journal of Photovoltaics, 2014, 4 (4): 1055-1062.

[61] Shanmugam V, Wong J, Peters I M, et al. Analysis of fine-line screen and stencil-printed metal contacts for silicon heterojunction solar cells. IEEE Journal of Photovoltaics, 2015, 5 (2): 525-533.

[62] Lazarus N, Bedair S S, Kierzewski I M. Ultrafine pitch stencil printing of liquid metal alloys. ACS Applied Materials & Interfaces, 2017, 9: 1178-1182.

[63] Wijshoff H. The dynamics of the piezo inkjet printhead operation. Physics Reports, 2010, 491 (4-5): 77-177.

[64] Yu J, Li J J, Zhao Y L, et al. Copper metallization of electrodes for silicon heterojunction solar cells: Process, reliability and challenges. Solar Energy Materials and Solar Cells, 2021, 224: 110993.

[65] Glatthaar M, Rohit R, Rodofili A, et al. Novel plating processes for silicon heterojunction solar cell metallization using a structured seed layer. IEEE Journal of Photovoltaics, 2017, 7 (6): 1569-1573.

[66] Dabirian A, Lachowicz A, Schüttauf J W, et al. Metallization of Si heterojunction solar cells by nanosecond laser ablation and Ni-Cu plating. Solar Energy Materials and Solar Cells, 2017, 159: 243-250.

[67] Braun S, Hahn G, Nissler R, et al. The multi-busbar design: An overview. Energy Procedia, 2013, 43: 86-92.

[68] Papet P, Andreetta L, Lachenal D, et al. New cell metallization patterns for heterojunction solar cells interconnected by the smart wire connection technology. Energy Procedia, 2015, 67: 203-209.

[69] Keogh W M, Blakers A W, Cuevas A. Constant voltage I - V curve flash tester for solar cells. Solar Energy Materials and Solar Cells, 2004, 81 (2): 183-196.

[70] Virtuani A, Rigamonti G, Friesen G, et al. Fast and accurate methods for the performance testing of highly-efficient c-Si photovoltaic modules using a 10 ms single-pulse solar simulator and customized voltage profiles. Measurement Science & Technology, 2012, 23 (11): 115604.

[71] Kojima H, Iwamoto K, Fujita Y, et al. Accurate and rapid measurement of high-capacitance PV cells and modules using dark and light I - V characteristics with 10 ms pulse// IEEE 42nd Photovoltaic Specialist Conference, New Orleans, 2015: 1896-1898.

[72] Virtuani A, Rigamonti G. Performance testing of high-efficient highly-capacitive c-Si PV modules using slow-speed dark current-voltage characteristics and a reconstruction procedure// Proceedings of the 28th European Photovoltaic Solar Energy Conference and Exhibition, Paris, 2013: 2876-2881.

[73] Sinton R A, Wilterdink H W, Blum A L. Assessing transient measurement errors for high-efficiency silicon solar cells and modules. IEEE Journal of Photovoltaics, 2017, 7 (6): 1-5.

[74] Ramspeck K, Schenk S, Komp L, et al. Accurate efficiency measurements on very high efficiency silicon solar cells using pulsed light sources// Proceedings of the 29th European Photovoltaic Solar Energy Conference and Exhibition, Amsterdam, 2014: 1253-1256.

第 3 章

电池制备步骤一：晶硅衬底的表面制绒与清洗

在单晶硅太阳电池中，通常采用基于碱性溶液的制绒工艺在晶体硅表面形成随机金字塔状的绒面结构来降低反射率并增加光在晶体硅吸收层中的有效光程。金字塔绒面的形成是基于硅(100)面比(111)面快的各向异性腐蚀，具有(100)表面的单晶硅在碱性溶液的这种各向异性腐蚀作用下转化为(111)织构化表面，也就是表面覆盖随机分布的一般在几百纳米到几微米尺度的金字塔绒面。在此制绒工艺中，常用的腐蚀溶液为氢氧化钠(NaOH)、氢氧化钾(KOH)或四甲基氢氧化铵$[(CH_3)_4NOH]$溶液，可以加入醇类或非醇类的添加剂以促进形成高密度、大小均匀的金字塔绒面，并加快反应速度，缩短制绒时间，提高绒面质量并延长溶液寿命。由于在制绒过程中，硅衬底会被腐蚀溶液沾污，而随后的非晶硅层沉积对此非常敏感，因而，制绒前后的表面清洗是去除硅衬底表面有机物、金属残留物和天然氧化物必不可少的步骤。清洗硅表面污染物的同时，也能对硅表面微结构进行调节，这有利于降低金字塔表面的粗糙度，进一步提高钝化质量，包括制绒和清洗的整个湿化学工艺步骤，是 SHJ 太阳电池制备中的关键流程。

3.1 晶硅衬底绒面结构与表面减反射

单晶硅(100)的表面制绒是减少反射损失、提高光捕获和光吸收率的有效方法。碱制绒单晶硅(100)生成的各个金字塔的位置和高度是随机分布的，理想情况下，金字塔表面为(111)面，其与(100)面之间的夹角(金字塔底角)为54.7°。在随机分布的正金字塔绒面结构中，有两种作用机理实现硅衬底光吸收的增强，一是促进入射光在金字塔绒面上的多次反射，二是光的入射角度偏转倾斜进入硅衬底内部从而延长有效光程。如图 3.1 所示，当光照射到金字塔的侧面上时，反射光会入射到相邻金字塔的侧面上，在那里它可以再次进入太阳电池中或被反射。由于金字塔的尺寸和分布的随机性，上述过程可以多

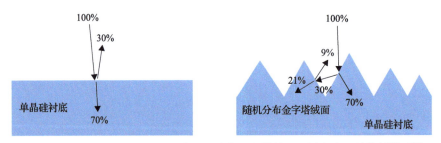

图 3.1 光在抛光单晶硅衬底和带随机分布金字塔绒面硅衬底表面的传播情况[1]

次发生，从而增加了入射光进入电池内部的概率。在抛光的 (100) 单晶硅衬底上，反射率可以达到约 30%。而制备了随机分布金字塔绒面的单晶硅表面，在可见光波长范围内光的反射率可以显著降低，甚至低于 10%。

　　单晶硅对波长较长的近红外光的吸收弱，延长光程的有效陷光方案至关重要。如图 3.2(a) 所示，如果硅衬底正面带有金字塔绒面，当光从金字塔侧面斜射进入硅衬底时，其在硅衬底内传播通过的第一光程更长，达到背表面上时会发生内反射，由此产生第二光程，重新返回到带正金字塔的前表面时，在金字塔面上发生的内反射形成第三光程乃至更多的光程。理想的陷光结构表面是朗伯表面，弱吸收的光在朗伯 (Lambertian) 表面上可以实现 $4n^2$ 的平均传播光程的增强（即在所有可能的光线传播路径上平均），n 是吸收材料的折射率[2]。朗伯表面是达到 $4n^2$ 平均光程增强的一种特殊的陷光方案，通常称为 Yablonovitch 极限或朗伯极限。因为考虑的是所有角度入射光的平均，所以朗伯极限的 $4n^2$ 平均光程倍增实际上是增强效果的极限。对于以某一些入射角入射的光的增强效果可以大于 $4n^2$，但代价是在其他角度上的增强效果减弱，从而不违反 $4n^2$ 限制[3]。如图 3.2(b) 和 (c) 所示，当在硅衬底背面也制备了金字塔绒面或进一步增加金属反射器时，光可以在硅衬底内部反射的次数更多，多次反射传播的有效光程进一步增加。

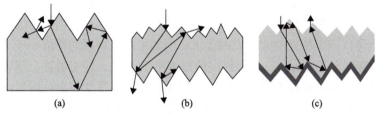

图 3.2　光与金字塔结构的相互作用及陷光效果示意[4]
(a) 单面制绒；(b) 双面制绒；(c) 双面制绒同时背面带金属反射器

　　显然，金字塔绒面的形状、结构和大小都是影响陷光效果的关键因素。图 3.3 显示了在金字塔具有不同底角 θ 情形下，垂直于硅衬底入射的光在金字塔表面上传播路径的变化情况。当 θ 较小，如 $\theta=30°$ 时，入射光在表面上基本只能反射一次；当 $\theta=45°\sim54°$ 时，所有入射光都可以反射两次；当 $\theta=54°\sim60°$ 时，入射到绒面底部的光可以反射三次；当 $\theta=60°$ 时，所有入射光都可以反射三次。这些结果说明随着金字塔底角角度增加，光在相邻金字塔表面上的重复反射次数增加，反射率降低。

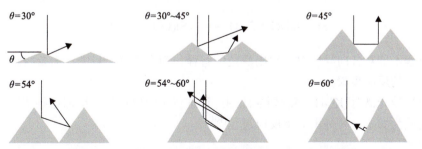

图 3.3　光在不同底角的金字塔表面的传播路径示意图[5]

实际上，碱制绒溶液刻蚀单晶硅之后在表面形成的正向、随机分布的底面为方形的金字塔结构的底角不是严格的 54.7°，而是在一定范围内变化，高度也会从几百纳米到十几微米[6]。根据刻蚀条件的不同，金字塔的形貌和分布会发生明显改变，整个表面上随机分布的金字塔的底角也会在一定范围内分布[3,6-9]。结果表明，不管是完美的金字塔绒面还是底角在一定范围内分布的绒面，底角对绒面的反射率都有很大影响，较大的角度会导致反射率降低。随着底角减小，需要折射率越来越高的封装材料来促使从电池表面反射回来的光在空气-玻璃界面处发生内反射，从而再次进入太阳电池内[6]。因此，能形成更大底角的表面制绒方法对单晶硅太阳电池和组件性能有积极影响。

当光的波长远远小于绒面的特征尺寸时，其光学性能可以采用光线追踪法来进行模拟计算[10]。光线追踪法基于几何光学原理，利用反射和折射定律来分析光在绒面结构上的传播过程。对于尺寸在亚微米(如几百纳米)量级的绒面，利用光线追踪法无法准确评估可见光和近红外等较长波段的光学特性，此时可以采用严格耦合波分析(rigorous coupled wave analysis, RCWA)，详细的 RCWA 理论参考文献[11]。RCWA 被证明是评估亚微米尺度绒面光学性能的有效工具[12,13]。针对不同厚度的单晶硅衬底，有研究采用 RCWA 计算分析了氮化硅薄膜覆盖的具有不同尺寸金字塔绒面的晶硅衬底的光吸收效果[14]，结果发现，获得最佳吸收效果所需的绒面金字塔尺寸与晶硅衬底的厚度有关。晶硅衬底越薄，需要的绒面金字塔尺寸越大，如果晶硅衬底厚度大于 50μm，则金字塔绒面底面宽度大于 0.5μm 就可以满足使光吸收最大的要求；但如果晶硅衬底的厚度小于 25μm 时，需要金字塔底面宽度大于 1.0μm；晶硅衬底的厚度小于 5μm，甚至需要金字塔底面宽度大于 4.0μm。目前，制备晶硅太阳电池所采用的晶硅衬底的厚度都在百微米以上，因此绒面金字塔尺寸在亚微米或微米尺度以上均能实现很好的减反射和陷光效果。但在实际的 SHJ 太阳电池制备中，金字塔尺寸过大，往往会造成绒面分布的不均匀，并影响后续金属电极接触的制备，金字塔尺寸过小，又会影响硅薄膜材料在表面的高质量沉积，所以，产业化生产中所采用的绒面一般具有一个折中的金字塔尺寸分布。

3.2 硅在碱性溶液中的腐蚀机理

基于对反应产物的化学分析，提出硅在碱性溶液中的腐蚀是一个氧化还原过程[15]：

$$\text{Si} + 4\text{H}_2\text{O} + 2\text{OH}^- \longrightarrow \text{Si(OH)}_6^{2-} + 2\text{H}_2 \tag{3.1}$$

这个总方程不能对各向异性腐蚀给出清楚的解释，为实现这个目的，需要将这个反应式分解出基本的反应步骤。

通过拉曼光谱对 KOH 溶液刻蚀硅的过程进行了原位观察，根据这些实验，确定主要反应物质为 OH⁻，并提出如下反应过程[16]：

$$\text{Si} + 2\text{H}_2\text{O} + 2\text{OH}^- \longrightarrow \text{SiO}_2\text{(OH)}_2^{2-} + 2\text{H}_2 \tag{3.2}$$

在此基础上，提出了一个更加详细的氧化还原反应过程[17]，在氧化步骤中，四个氢氧根离子与硅表面的一个原子发生反应，在导带中注入四个电子。由于存在空间电荷区，这些电子会停留在近晶体表面的局域区域。这个反应伴随着需要将独立的电子热激发到导带中的背键断裂过程，是限制反应速率的步骤。在还原步骤中，这些注入的电子与水分子反应形成新的氢氧根离子和氢。由于负表面电荷的排斥力，电解液远离晶体硅表面，因此这些在硅表面产生的氢氧根离子在氧化过程中被消耗而不是溶解在电解液中。根据这个模型，在所有的各向异性硅腐蚀溶液中，$Si(OH)_4$ 是唯一的一种可溶解的反应产物。反应过程如下：

$$Si + 2OH^- \longrightarrow Si(OH)_2^{2+} + 4e^- \tag{3.3}$$

$$Si(OH)_2^{2+} + 4e^- + 4H_2O \longrightarrow Si(OH)_4 + 2OH^- + 2H_2 \tag{3.4}$$

最终整个反应式如下：

$$Si + 2OH^- + 4H_2O \longrightarrow Si(OH)_4 + 2OH^- + 2H_2 \tag{3.5}$$

这与反应式(3.1)相近，在这个模型中，碱性溶液与硅之间的反应是一个自循环过程。在该电化学模型中，溶液中的水是一种活性的和必要的成分[18]，从上述方程式可以推导出水浓度在反应中的重要作用。

也有研究针对硅表面形成氢键的情况(硅表面悬键与氢结合形成 Si—H 键)，提出了硅的化学/电化学腐蚀机理。在化学氧化步骤中，Si—H 键的 H 原子被 OH 取代，与氢相比，氧的电负性更高，导致 Si—Si 背键弱化。而在电化学氧化模型中，首先认为，表面 Si—H 键因热分解而断裂，在硅的导带中留下两个电子。碱性溶液中带负电的 OH⁻不能被吸附在硅表面。靠近硅表面的 H₂O 分子将接受两个电子，导致其分解为 H⁺和 OH⁻。在氧化步骤中，OH⁻的电子转移到导带，使 OH 自由基与硅结合，O 原子的高电负性将削弱 Si—Si 背键。硅原子表面氧的电负性越高，Si—Si 背键越弱。极性化的水分子攻击减弱的 Si—Si 背键，并自解离成 H⁺和 OH⁻，形成的 OH⁻附着在断键脱落的硅原子上，形成原硅酸[$Si(OH)_4$]。H⁺与衬底下一层中的 Si 原子形成 Si—H 键，从而使反应继续重复循环。

对碱性溶液的各向异性腐蚀的解释更多地与硅表面悬键相关[18]。在{100}晶面，每个表面 Si 原子有两个悬键，两个 OH⁻可以与这两个 Si 悬键结合，也就是向导带注入两个电子：

$$\begin{matrix} Si \\ \diagdown \\ Si + 2OH^- \longrightarrow \\ \diagup \\ Si \end{matrix} \quad \begin{matrix} Si \quad OH \\ \diagdown \diagup \\ Si \\ \diagup \diagdown \\ Si \quad OH \end{matrix} \quad + 2e^- \tag{3.6}$$

这种 OH 在硅表面成键会使硅的背键强度减弱，这个过程对应着将成键轨道中的电子注入到导带中，形成一个带正电荷的氢氧化硅复合物：

$$\begin{array}{c} \overset{Si}{\diagdown} \underset{Si}{\diagup} Si \overset{OH}{\diagdown} \overset{OH}{\diagup} \longrightarrow \overset{Si}{\diagdown} \underset{Si}{\diagup} \left[Si \overset{OH}{\diagdown} \overset{OH}{\diagup} \right]^{2+} + 2e^- \end{array} \quad (3.7)$$

这个硅氢氧复合物进一步与两个 OH$^-$ 反应形成原硅酸：

$$\overset{Si}{\diagdown} \underset{Si}{\diagup} \left[Si \overset{OH}{\diagdown} \overset{OH}{\diagup} \right]^{2+} + 2OH^- \longrightarrow Si(OH)_4 + 2Si \quad (3.8)$$

中性的 Si(OH)$_4$ 分子可以通过扩散离开硅衬底表面。从硅酸盐化学方面来说，当 pH 超过 12 时，会发生以下两个反应：

$$Si(OH)_4 \longrightarrow SiO_2(OH)_2^{2-} + 2H^+ \quad (3.9)$$

$$2H^+ + 2OH^- \longrightarrow 2H_2O \quad (3.10)$$

在导带中过剩的电子将会转移给在固体表面的水分子，因此形成 OH$^-$ 离子和 H 原子：

$$4H_2O + 4e^- \longrightarrow 4OH^- + 4H \longrightarrow 4OH^- + 2H_2 \quad (3.11)$$

这个过程实际上就是在硅导带中处于硅表面的电子向 H$_2$O/OH$^-$ 转移。

3.3 金字塔绒面的碱制绒工艺

SHJ 太阳电池制备金字塔绒面的碱制绒工艺一般在 NaOH 或 KOH 与其他添加剂构成的水溶液中进行。对硅表面的腐蚀速率取决于硅表面的晶向、温度以及腐蚀溶液的成分。对晶硅衬底的不同晶面，腐蚀速率的大小顺序为 (110) > (100) > (111)。对于浓度为 20% 的 KOH 溶液，在 100℃ 时腐蚀速率比大约为 (110)：(100)：(111)=50：30：1，而在室温时，三者之间的腐蚀速率比则变为 160：100：1，如增加添加剂异丙醇的含量，将会导致这三个晶向上的腐蚀速率都有不同程度的下降[19]。根据电化学模型，当腐蚀反应进行时，腐蚀液中的 OH$^-$ 会与硅表面的悬键结合而发生腐蚀，所以晶格上单位面积悬键越多，会造成表面的化学反应增快。在 (111) 晶面上，每个硅原子具有与晶面内部原子结合的三个共价键以及一个裸露于晶格外面的悬键，而 (100) 晶面上每一个硅原子具有两个共价键及两个悬键，(110) 面上同样含有两个悬键，但 (100) 面上的悬键密度（每个原胞中包含的悬键数目）更高[20]。因此，在 (111) 晶面上，在最初的反应过程中只有一个 OH$^-$ 可以与硅原子结合形成 Si—OH 并且释放出一个电子，在后面的反应中，表面硅原子的三个背键必须被打破，三个 Si—Si 背键将一个电子输运到导带，随后与三个 OH$^-$ 相结合：

$$[Si \text{—} OH]^{3+} + 3OH^- \longrightarrow Si(OH)_4 \tag{3.12}$$

一旦原硅酸 $Si(OH)_4$ 形成，反应将会按照前述公式(3.9)往下进行。

与(111)晶面相似，在(110)表面每一个暴露的原子具有一个悬键，这就意味着单位原胞表面具有两个悬键。其初始的反应看起来与(111)面相类似，但是初始的 Si—OH 键表面密度却与(100)面相似。

金字塔绒面的形成有两个重要的因素：金字塔成核速率和金字塔生长速率。成核速率定义为单位时间单位面积内形成的金字塔数量，生长速率定义为单位时间内单位金字塔高度的增加。在制绒的初始阶段，如果成核速率足够高且生长速率足够低，则在任何单金字塔高度达到稳定之前，成核位置可在表面达到饱和，这有助于获得尺寸较小的绒面结构。这是制绒的理想条件，因为随着腐蚀持续时间的延长，成核密度高的表面将使绒面结构变得致密，形成尺寸均匀的金字塔。需要注意的是，表面的饱和程度取决于成核速率与生长速率之比，而不是它们的绝对值。此外，空间均匀的制绒要求整个晶硅衬底表面上的成核和生长速率是均匀的。考虑到这一点，在碱性制绒工艺中，调整如下三个重要参数：初始晶硅表面状态、腐蚀液组成和腐蚀温度，以使成核速率与生长速率之比最大，同时保持均匀的成核和生长速率。

在碱性溶液中腐蚀生长的金字塔尺寸大小并不完全一致，也不能完全覆盖整个表面，总是存在绒面结构的不均匀性，这是由晶硅表面的不均匀溶解导致的。刻蚀过程中的许多因素可能会导致溶解速率在微观和宏观尺度上的不均匀分布。一般来说，任何导致临时或永久表面不均匀性的过程都会导致某些区域相对于其他区域的优先溶解。

从本质上来说，所得绒面结构的不均匀性可以归因于反应过程中产生的氢气泡的掩蔽作用[21, 22]。被氢气泡掩蔽的表面区域不会被刻蚀，直到气泡增长到一定大小并离开表面。均匀性取决于未掩蔽和掩蔽区域的优先刻蚀量，随氢气泡的尺寸增加而增加。增加对流和温度虽会增加反应速率，但会减少氢气泡的停留时间，导致形成更多和更小的气泡。另外，腐蚀反应产物在表面的沉淀是影响绒面均匀性的又一个常见因素。气泡的密度和大小、反应物质如 H_2O/OH^-，以及反应产物在硅表面的黏附和扩散等对金字塔的成核和生长具有非常明显的影响，因此，在制绒过程中，经常加入非碱类的一些有机物质(如醇类)作为添加剂来增加硅衬底表面的浸润性与脱泡性等，以制备出高密度、尺寸大小均匀的金字塔绒面结构。

硅衬底表面的杂质和缺陷对制绒均匀性也有明显影响。线切割后的原始单晶硅衬底表面具有高密度缺陷，由于在缺陷位置处成核和生长速率都比较高，带损伤层的硅衬底表面更容易制绒，但会影响金字塔分布的均匀性。在 KOH 刻蚀之前在单晶硅衬底表面上人为制造位错，可以在这些位置显著增加(100)晶面相对于(111)晶面的刻蚀速率，在经过去除损伤层之后，(100)和(111)两个晶面上的刻蚀速率差异变得明显[23]。因此，优选在进行制绒处理之前，增加能够在硅上产生清洗和刻蚀效果的预制绒处理，如在制绒之前先利用 KOH 溶液去除或部分去除切割损伤层和表面的杂质，随后再进行碱制绒工序。

KOH 浓度高会导致较快的腐蚀速率，有可能不利于获得均匀绒面。增加制绒添加剂的浓度可以进一步提高成核速率与生长速率之比以及成核和生长速率的均匀性。例如，一些替换异丙醇的环境友好的润湿剂，可降低硅表面氢气泡的表面张力，使其更容易分离[24,25]。因此，添加剂允许水分子和羟基离子(OH⁻)在制绒过程中更均匀地扩散，促进水分子和羟基离子与硅表面反应并刻蚀硅表面。这反过来又增加了成核速率，降低了生长速率，并改善了它们的均匀性。

制绒过程中的温度同时控制了成核速率和金字塔的生长速率，而且二者都是随着温度的增加而增加。降低温度虽然确实实现了生长速率的降低，但观察到成核速率的更大降低，使成核速率与生长速率之比向错误方向移动。较低的温度会导致绒面不完整，甚至出现硅表面几乎没有金字塔覆盖的现象[26]。

早期的工艺常用氢氧化钾(KOH)、异丙醇(IPA)、Na_2SiO_3/K_2SiO_3和水的混合溶液进行制绒。加入Na_2SiO_3/K_2SiO_3物质有助于获得尺寸较小的金字塔绒面。例如，通过向标准KOH溶液中添加硅酸钠，合成了金字塔高度为$0.3\sim2\mu m$且(未加权处理)平均反射率为11%的绒面[27]。通过向KOH溶液中添加微米大小的硅酸盐玻璃颗粒，以物理方式打破氢气泡并促进均匀的金字塔生长，在n型区熔(float zone, FZ)单晶硅上获得了均匀的小尺寸金字塔绒面，具有约10%(未加权处理)的较低平均反射率，并且具有优异的7.8ms的少子寿命值[28]。实际上，在碱腐蚀反应过程中，Na_2SiO_3/K_2SiO_3是反应产物，早期制绒工艺制得的绒面的均匀性会随着硅衬底耗量的增加而提高，但是在一定量之后制绒绒面会变差，需要更换溶液，也就是说制绒溶液具有一定的寿命。一方面是碱性反应物质和添加剂被消耗的问题，另一方面则是由于更多反应产物的积累。硅腐蚀产物在表面聚集会产生掩膜效应，有利于均匀金字塔绒面的形成，但过多反应产物附在硅表面上会阻止反应继续进行。IPA以及许多其他羟基化合物是表面活性化合物，如1,4-环己二醇、聚乙二醇等[29]，会导致在碱性溶液中固-液和气-固界面的表面张力降低。因此，IPA和相关化合物提高了硅表面的润湿性。亲水和疏水区域都容易被水弄湿，也就是增加了与水的接触，促进反应进行。此外，很可能由于能斯特扩散层的厚度减小(已知其厚度高达$1\mu m$)，反应物和产物进入和扩散远离界面层的效果增强。添加IPA可以增加硅表面的润湿性，有利于去除黏附在表面上的氢气泡，从而提高随机金字塔的均匀性，没有IPA，较难获得金字塔完全覆盖的表面，但随着IPA浓度的增加，硅的刻蚀速率会降低。使用KOH和IPA的刻蚀水溶液，溶液的典型浓度约为2wt% KOH和4wt% IPA，在70~80℃下制绒腐蚀约20min。碱制绒的结果是硅表面的加权平均反射率可以达到10%左右，只有光刻生成的绒面(如倒金字塔)和需要掩膜的碱性溶液制绒和/或激光结构化，才能获得明显更低的反射率值。

然而，使用KOH-IPA混合溶液时，IPA必须经常大量重复添加，因为它在此过程中很容易挥发。IPA高度易燃，长时间接触后对人体有毒，其废物以及排出的蒸气需要特殊处理。近年来，人们提出了一些替代材料，即无醇表面活性剂，并开始大规模应用于单晶硅碱性溶液制绒工艺。这些添加剂增加了表面润湿性，从而使腐蚀过程中形成的氢气泡不会黏附在表面上而阻止腐蚀。目前常用的添加剂是多糖，如淀粉、果胶、糊精(及其衍生物)[30]、磺酸盐[31]等。这些添加剂的沸点高于IPA，因此在80℃的工艺温度下不会挥发。含有IPA的碱性腐蚀液获得的金字塔尺寸一般在$2\sim10\mu m$，而采用新的无醇添加剂之后能够获得均匀分布的$1\sim3\mu m$大小的正金字塔形貌(图3.4)，同时可以在较低的温度下制绒并且将制绒时间从原来的几十分钟缩短到 10min 以下。例如，在 1.4% KOH 溶液中加入非醇类添加剂 ALKA-TEX，制绒 5min 获得了大小均匀、金字塔宽度为平均 1μm 左右的绒面结构，即使时间延长了 2 倍，金字塔绒面的尺寸变化很小，平均尺寸也增大了一倍[26]。此外，添加剂的有机部分越大，表面张力的降低越大，在碱性水溶液中的溶解度越低。

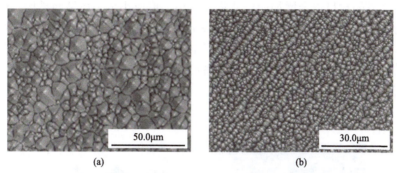

(a)   (b)

图 3.4　采用 IPA 和无醇添加剂制备的典型绒面形貌

(a) IPA 添加剂；(b) 无醇添加剂

分析认为，添加剂在形成金字塔时起到掩膜的作用，制绒过程由腐蚀速率与添加剂的黏附和解吸速率的相关性决定[32]。制绒形貌也取决于许多其他参数，包括溶液的浓度、温度、制绒时间以及存在的表面活性剂或催化剂等。

如图 3.5 所示，在固定制绒溶液温度、添加剂的含量以及时间的条件下，随着 KOH 浓度的增加，金字塔尺寸逐渐从近 1μm 上升到 3～5μm，但是三种尺寸绒面的反射率却没有明显变化[32]。

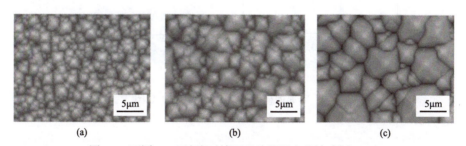

(a)   (b)   (c)

图 3.5　不同 KOH 浓度对绒面形貌的影响（添加剂为 IPA）

(a) 低 KOH 浓度，金字塔尺寸大约 1μm；(b) 中等 KOH 浓度，金字塔尺寸大约 2μm；(c) 高 KOH 浓度，金字塔尺寸为 3～5μm[32]

KOH 和非醇类添加剂的比例会影响绒面随时间的变化。有研究表明：采用低 KOH 浓度，在较高的无醇添加剂情况下，在 5min 之后就能获得均匀致密的金字塔分布，并且在 10min、15min 甚至 20min 之后，绒面尺寸和形貌都没有出现大的变化，这与 IPA 添加剂的影响不同[26]。

图 3.6 显示了添加剂起到的掩膜作用，但同时也有其他物质起到了相似的作用，如氢气泡、有机杂质等。单独对添加剂来说，在初始状态，一些添加剂吸附在晶体硅表面，

腐蚀反应物沿着添加剂的下沿与硅衬底进行反应，暴露出(111)晶面，形成金字塔形状的绒面，而在添加剂与硅接触的地方则成为金字塔的塔尖。随着腐蚀时间的延长，添加剂被从金字塔上移除，漏出的金字塔顶参与反应而被消耗变形。随后，其他的添加剂吸附在表面，又形成新的金字塔。根据这个机理，制绒主要取决于腐蚀速率、添加剂的吸附率和脱附率之间的关联。如果腐蚀速率比较慢，新的添加剂将会不断地吸附在新的表面上，因此金字塔的数目将会增加而尺寸将会减小，形成小金字塔绒面结构。腐蚀过程中的腐蚀产物(如 H_2 气体和硅酸盐)附着在硅表面，也是形成正金字塔的原因。这些产物驻留在硅表面上，与所讨论的添加剂一样充当位于金字塔顶上的微掩膜[22]。湿化学制绒过程中使用的添加剂显著影响硅表面的金字塔尺寸和结构，为获得优化的正金字塔尺寸和均匀的绒面，使用正确的添加剂非常重要。

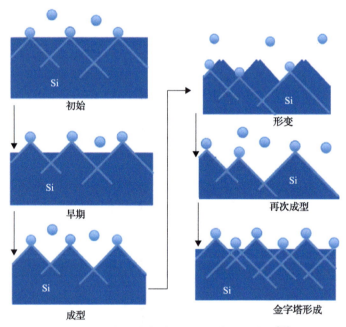

图 3.6　添加剂在制绒过程中的作用示意图[32]

3.4　绒面尺寸对电池性能的影响

有研究通过监测和调整刻蚀量来控制金字塔尺寸，成功在 0.5～12μm 的大范围内实现了对平均金字塔尺寸的控制[33]，并研究分析了金字塔尺寸对光反射率、少子寿命和 SHJ 太阳电池性能的影响，发现非晶硅钝化单晶硅表面的效果随着金字塔尺寸的增加而提高，通过透射电子显微镜(TEM)分析发现在金字塔谷的地方出现非晶硅薄膜的外延生长，降低了表面钝化性能。随着金字塔尺寸的增加，这些谷的数量减少，因此表面钝化性能得到改善。但是金字塔尺寸的进一步增加并没有带来表面钝化性能的持续改善，而是开始下降，原因在于过大的金字塔可能导致覆盖率降低。有研究对比分析了 8μm(大)、

4μm（中）和 1.5μm（小）金字塔结构对入射光反射、钝化和 SHJ 太阳电池性能的影响[34]，结果发现，由于金字塔分布均匀，具有小金字塔的绒面呈现出最佳的减反射和钝化性能，这使得 SHJ 太阳电池具有最高的开路电压和短路电流密度。但是，具有小金字塔的绒面也会导致最差的填充因子，通过表征 TCO/Ag 接触，发现因为尺寸大于小金字塔的银粒子无法填充到相邻金字塔之间的有限空间中，TCO 层和 Ag 电极之间存在大量空隙，导致 TCO/Ag 接触电阻增加。由于光学和电学的相互制衡，不同金字塔大小的绒面在转换效率上没有明显差异。另有研究结果表明，晶硅表面绒面结构的均匀性是影响电池光电转换效率的重要因素，通过研究不同制绒时间的绒面结构与表面钝化的关系，分析了不同形貌的表面对碘酒钝化和非晶硅钝化效果的影响[35]：（A）抛光面（单面抛光），（B）出现了金字塔绒面但是密度较低，几乎还是抛光面同时去掉了背面损伤层（覆盖率低），（C）几乎全覆盖大小均匀、高度在 2～4μm 左右的绒面，（D）金字塔高度在 1～6μm 范围分布的不均匀绒面，（E）高度在 1～4μm 分布不均匀的绒面结构。两种钝化方法都是在（B）和（C）表面上获得最大的表面钝化效果，而在（D）和（E）表面上则呈现了表面钝化恶化的现象。在（D）和（E）中存在的金字塔塔尖或者谷的数量高于（C）。这些结果表明金字塔尺寸的大小并不是影响 SHJ 太阳电池中表面钝化的主要因素，而是金字塔尺寸的均匀性起到了重要的作用。

综上所述，除金字塔底角之外，金字塔绒面影响晶硅表面光反射和陷光效果以及表面钝化效果的主要因素是金字塔绒面的均匀性，金字塔尺寸大小的影响较弱，但会影响后续硅薄膜、TCO 薄膜的沉积以及金属浆料与 TCO 薄膜的接触。当前产业化的制绒绒面趋向于均匀分布的、尺寸在 1～3μm 的小金字塔。

3.5　硅衬底表面清洗

制绒所提供的光学益处因其可能引发的额外表面复合而会部分减弱[36]。由于绒面结构中表面缺陷态密度的增加及其对 a-Si：H/c-Si 界面钝化质量的强烈影响，制绒表面的 SHJ 太阳电池相对于平面表面的太阳电池的开路电压（V_{OC}）往往会降低，这通常抵消了制绒提高短路电流密度（J_{SC}）的好处[37]。与（100）表面相比，金字塔绒面的表面积等效于平面表面的 1.73 倍[38]，（111）面上暴露的悬键数量更多，因此存在更多的表面缺陷状态。更为严重的是，制绒硅衬底表面纳米量级的粗糙度可能会导致表面高度不规则和缺陷态密度更高，从而产生具有高表面复合的 a-Si：H/c-Si 界面[39, 40]。表面完全覆盖随机金字塔的制绒衬底为硅衬底表面的彻底清洗和超薄硅薄膜层的沉积带来挑战。

SHJ 太阳电池尽管是低温工艺，但由于其光电转换效率对晶硅衬底少子寿命和表面钝化的高度依赖性，在低温沉积硅基薄膜之前，必须去除硅表面的杂质。这些杂质的有害影响引起晶硅少子寿命降低，导致器件性能和成品率下降[1]。因此，避免污染和获得非常干净的晶硅表面对高效 SHJ 晶硅太阳电池至关重要。

SHJ 太阳电池在制绒方面可以与其他单晶硅太阳电池相同，如 PERC，但是在制绒之后的湿化学清洗则不同，PERC 等其他太阳电池只需要 1～2 道 HCl、HF 工艺对制绒的硅衬底进行清洗，以去除金属离子和表面氧化层，而 SHJ 太阳电池要求进行更多步的清洗以去除硅衬底表面的金属杂质、有机物、颗粒，并对硅衬底表面的粗糙度进行控制。在沉积 i-a-Si：H 钝化层之前进行表面平滑和氢饱和硅表面悬键的工艺是控制 a-Si：H/c-Si 异质结界面质量的关键技术。这意味着清洗需要从硅表面去除颗粒和化学杂质，而不会损坏或恶化硅衬底的表面。这样的清洗方法与硅衬底表面的沾污类型有关，目前主要包括传统半导体工艺中使用的基于酸性及碱性溶液的 RCA 清洗方法和基于臭氧水氧化剥离技术的清洗方法。

3.5.1 表面沾污的种类

硅衬底表面沾污主要有金属残留物、有机物及自生氧化层。在某些情况下，金属和金属离子在一定程度上也会来自有机污染。

金属污染物主要来源于切割硅衬底过程以及硅与含金属的设备和物质的接触。金属污染对太阳电池的性能有巨大影响。低浓度的金属离子就可以导致硅衬底有效少子寿命的大大降低。当金属杂质在水溶液中污染硅衬底表面时，有不同的沉积机理。沾污在硅衬底表面的金属种类取决于 pH、溶液的氧化还原电位和可用络合剂的浓度，包括金属、金属离子、金属离子络合物等[41]。可接受/可容忍的过渡金属离子污染浓度，至今为止目标水平是必须低于 10^{10}atom/cm^2。当前，充分清洗后能够达到的水平在 $10^9 \sim 10^{11}$atom/cm^2 之间。对硅表面而言，可接受的金属污染物浓度值对应于在最终清洗液中的浓度需要达到 10～100ppb。由于碱性溶液通常含有金属离子，碱性溶液制绒处理后，去除金属污染物是一个关键问题[42]。金属污染物通常通过稀盐酸（HCl）或硝酸（HNO_3）溶液去除，因为金属污染物在这些溶液中具有良好的溶解性。但有些金属必须通过氧化的方式才能清洗去除。

硅衬底还可能受到表面活性剂、有机添加剂、操作设备、包装材料（如塑料箔软化剂）中的有机物以及空气中的挥发性物质的污染。有机污染会阻碍表面处理、表面制绒和表面薄膜沉积过程。特别是，碱制绒过程可能受到微量有机污染物的有害影响。在 SHJ 太阳电池制备中，有机污染相比金属污染影响没有那么严重，但在硅衬底上沉积非晶硅薄膜或者其他钝化层时，必须尽可能减少有机残留物[42]。

自生氧化层是裸露的硅衬底在空气中氧化自然形成的，其状态与硅衬底表面洁净度、粗糙度及所处环境密切相关，并且通常在整个硅表面上是生长不均匀的，导致表面粗糙度增大，缺陷态密度增大，与表面金属沾污一样导致硅衬底有效少子寿命降低。

因此，在 SHJ 太阳电池制造过程中，对硅衬底表面的清洗至少包含两个过程：制绒前清洗和制绒后清洗。制绒前清洗主要去除硅衬底表面的损伤层、有机残余物和在切割硅衬底过程中引入的金属污染，以避免对制绒工艺的影响。制绒后清洗主要去除制绒后仍残留的金属杂质、来自制绒腐蚀液的碱性金属和阴离子以及自生氧化层。

3.5.2 硅衬底的表面清洗方法

1. RCA 清洗

最初的 RCA 清洗是由美国无线电公司（Radio Corporation of America, RCA）开发提出

的，使用三种基于过氧化氢的清洗溶液进行清洗。

第一步使用热的 H_2SO_4：H_2O_2(4：1)混合液(3 号液 SC3,SPM)，称为 Piranha 腐蚀，常用于具有可见残留物的严重污染的硅衬底。SPM 溶液是具有强氧化性的氧化混合液，主要去除有机污染物。除了 H_2O_2 溶液之外，含有臭氧的清洗溶液[硫酸-臭氧混合液(SOM)]对有机物的去除也非常有效。

第二步使用热的 NH_4OH 和 H_2O_2 组成的碱性混合液(1 号液 SC1，APM)。在这一步中，加热的 SC1 溶液一般在 75~85℃,NH_4OH(27%)、H_2O_2(30%)和 H_2O 的体积比从 1：1：5 到 1：2：7。H_2O_2 的氧化反应导致在硅表面形成氧化硅，其会缓慢地溶解在溶液中。因此，通过连续性地将颗粒下面的硅进行氧化并腐蚀氧化硅，能够有效地去除硅衬底表面的颗粒污染。硅表面的金属杂质，如金、银、铜、镍、钙、锌、钴等也会被 H_2O_2 氧化，随后通过 NH_4OH 的络合作用溶解。

第三步使用热的盐酸和 H_2O_2 组成的酸性混合液(2 号液 SC2，HPM)。在这一步中，加热的 SC2 溶液一般在 75~85℃，HCl(37%)、H_2O_2(30%)和 H_2O 的体积比从 1：1：6 到 2：1：8。SC2 用来去除碱金属离子和阴离子，如在 SC1 溶液中与 NH_4OH 形成的不溶于水的氢氧化物 $AlO(OH)$、$FeO(OH)$、$Mg(OH)_2$、$Zn(OH)_2$ 等，同时也去除一些在 SC1 溶液中没有完全清洗掉的金属杂质。例如，硅衬底表面的自生氧化层对于表面上的 Fe 和 Cu 的清洗有明显影响。Fe 趋向于以氧化态 Fe^{3+} 的形式存在于氧化硅层中，而 Cu 则趋向于直接与硅原子结合，因此，对于 Fe，可以直接通过去除氧化层的方法清洗，但对于 Cu 则必须通过氧化还原反应来去除[43-45]。也就是说，Fe、Cu 污染物以还原状态存在，其清洗必须通过氧化变成一定价态($n+$)的金属离子，然后与络合剂结合，如与 HCl 结合形成水溶性的金属络合物$(MCl_m)^{(n-m)+}$。

在上述各步清洗处理之间，需要采用高纯水对硅衬底进行足够时间的溢流冲洗，以消除前面步骤对后续步骤的影响。在水冲洗之后，在稀释的 HF 溶液(H_2O：48%HF = 50：1)中浸渍几秒钟以去除硅衬底表面生成的水合氧化物层。这个步骤可以将一些留在氧化硅层中的杂质随着氧化硅层溶解在溶液中，同时也可以使硅表面悬键与氢原子相结合，形成 Si—H 键，实现表面氢钝化，降低硅衬底表面态密度。

但 HF 对硅衬底表面有刻蚀作用，在 HF 溶液处理后的(111)和(100)硅表面上存在原子尺度的粗糙度，并且具有台阶、扭结和缺陷等表面特征[46-48]。在 HF 溶液中处理的硅表面的微粗糙度随 pH 的变化而变化。在 pH 为 6.6 时，表面以光滑(111)台阶和直台阶为特征，表明台阶上的原子级缺陷以及台阶上的平台、角落、弯曲部分的原子级别缺陷已被去除。pH>7.8 时，由于形成多个台阶，表面变得更粗糙。随着 pH 的增加，由于较快的刻蚀速率，台阶长度出现较大波动，形成多个台阶。表面原子尺度特征随 pH 的变化表明溶液成分在确定表面微粗糙度方面的重要性[49,50]。pH 在不同的溶液组成中可能具有不同的效果。例如，在 H_2SO_4-HF 用于清洗氧化物的溶液中，在 pH 为 0.5 时获得最光滑的表面[51]，取向轻微偏离(111)的表面在 pH 为 4 时没有明显的台阶，但在 pH 为 8 时台阶就比较明显[52]。为降低 HF 快速腐蚀对硅表面粗糙度的影响，可以不使用纯的 HF 稀释溶液，而是在溶液中增加 H_2O_2 并降低 HF 的浓度，如 HF：H_2O_2：H_2O = 0.03：1：2。

RCA 清洗是一种高效的清洗过程，但整体工艺时间较长，并且成本也高。对于太阳电池制造而言，还需要关注产能和成本。因此，在 SHJ 太阳电池制备中，一般采用简化的 RCA 清洗工艺，如基本不使用第一步 SPM，预清洗只使用第二步 APM，后清洗同时使用第二步 APM 和第三步 HPM。

2. 基于臭氧的清洗

臭氧清洗技术作为一种不使用有害化学物质的环保工艺受到关注[53]。臭氧水溶液是清洗中采用的重要组成部分，臭氧具有高氧化速率，会将在经过切割或者制绒之后硅衬底表面有可能存在的有机残留物和金属残留物腐蚀掉。在常温、常压下臭氧分子结构不稳定，会自行分解成氧气和单个氧原子；而氧原子具有很强的活性，对有机物有极强的氧化作用，使其形成易挥发分子而离开物体表面，同时，无机污染物被转化为高氧化态，可通过超纯水等流体清洗去除，多余的氧原子则会自行重新结合成为普通氧分子，不存在有毒残留物，因此称为无污染清洗。臭氧在空气和水中的自解离速率取决于 pH、浓度、温度和压力。此外，臭氧本身不会导致某些难降解有机化合物的完全氧化，反应速率较低。臭氧与 H_2O_2、紫外光、催化剂、光催化剂、超声波结合，可以促进羟基自由基的产生，从而提高处理效率。臭氧与有机分子反应有两种机理：一种是溶解的臭氧的直接反应，另一种是通过臭氧分解形成的 OH 自由基的间接氧化反应。两种机理在整个化合物降解过程中的作用取决于污染物的性质、臭氧的剂量或介质的 pH 等因素。

臭氧的直接反应通常对特定化合物和官能团具有选择性。直接反应通常发生在酸性溶液中，因为有机分子与臭氧之间的反应形成了亚稳相，其向氧化物等最终相的转化速度非常慢。臭氧分解成的活性氧原子将有机物或者金属氧化，还会发生如下反应：O 持续与 H_2O 反应形成 HO^-，或重新结合并形成新的臭氧分子，随后与 H_2O 反应生成 H_2O_2 和 O_2。形成的这些活性氧增殖产物会进一步参与反应，形成其他自由基，如超氧化物(O_2^-)和氢过氧化物(HO_2)。它们通过扩散与本体中更多的臭氧反应，从而形成链式反应。

在 pH>9 时，间接氧化是主要的途径。在间接反应中，臭氧在涉及自由基形成的多个步骤中缓慢分解，如·OH 自由基随着 pH 的增加而增加。在强碱性溶液中，臭氧的消耗率降低，这导致水中臭氧分解为·OH 自由基，这种氧形式具有比臭氧更强大的氧化能力。当溶液中·OH 自由基的数量增加时，称为高级氧化过程(AOP)。这种独特的过程导致溶解的固体可被臭氧(直接)和·OH 自由基(间接)同时氧化。通常，臭氧氧化速率随 pH 的增加而增加，这是因为高的 pH 有利于形成大量的·OH 自由基。

基于臭氧的清洗一般分为干法和湿法，其中干法是硅衬底表面保持干燥，然后在紫外/臭氧作用下进行清洗，这种方法一般用于清洗表面有机物。湿法臭氧清洗则是将臭氧溶解在去离子水(DIW)中，形成臭氧化的去离子水，可以氧化和去掉吸附在硅衬底表面的有机物质、金属杂质，这是晶硅太阳电池制造中常用的清洗方法。

H_2O/O_3 溶液可与 H_2SO_4 结合成所谓的硫酸-臭氧混合液，可用于离心喷雾方式的清洗，一般常用于清除有机物。臭氧的氧化还原电位为 2.07V，而过氧化氢的氧化还原电位仅为 1.78V，显示臭氧具有更高的氧化性，因此臭氧水溶液具有更高的金属氧化能力。由于贵金属，如 Cu 在臭氧水中以离子形态稳定存在，因此不会再吸附在硅衬底上。如果将臭氧水的 pH 调节到酸的范围，如在水溶液中增加盐酸，则混合溶液具有更强的去除金属的能力。另外，臭氧水溶液不需要高浓度化学试剂，在室温下就可以去除有机污染物。臭氧添加到稀释 HF 混合液（O_3-dHF）中对有机物的去除率与 SPM 相当，金属去除率与 SC2 相当[1]。O_3-dHF 清洗溶液具有可替代由 SPM、HF、SC1 和 SC2 组成的"RCA 化学清洗"的潜力[54]。

臭氧水溶液清洗硅衬底是通过其强氧化能力在硅表面发生 $Si+2O_3 \longrightarrow SiO_2+2O_2$ 的反应，形成一层薄的氧化硅层，然后通过去除含有杂质的氧化硅层来达到清洗的目的。在硅衬底清洗过程中有不同的臭氧应用方法，如通过向清洗液中臭氧鼓泡、向溶液中注入潮湿的臭氧气体或者使用喷雾清洗工艺等[55]。使用臭氧进行硅衬底表面清洗的优点是能够减少化学品使用、改善清洗性能和降低加工成本（使用臭氧比使用 H_2O_2 更便宜）。此外，臭氧混合液不会自发分解，尤其是在较高的金属浓度或金属接触条件下（反之 H_2O_2 在与 Fe 接触时会发生催化分解）。当前的臭氧水系统能够产生超饱和浓度的臭氧水溶液，其中臭氧的浓度高达 50～100ppm。

表 3.1 给出了上述清洗工艺中常用的清洗液类型及其主要功用。

表 3.1　常用的一些清洗液及其主要功用

溶液	化学试剂构成	通用名称和符号	主要功用
氨水/过氧化氢/水	$NH_4OH/H_2O_2/H_2O$	RCA-1、SC1、APM	去除有机物、颗粒和金属
盐酸/过氧化氢/水	$HCl/H_2O_2/H_2O$	RCA-2、SC2、HPM	去除金属、氧化物、氢氧化物
硫酸/过氧化氢	H_2SO_4/H_2O_2	RCA-3、SC3、Piranha、SPM	去除有机物
臭氧/水	O_3/H_2O		生成保护性的氧化物，去除有机物
硫酸/臭氧/水	$H_2SO_4/O_3/H_2O$	SOM	去除有机物
氢氟酸/盐酸/臭氧	$HF/HCl/O_3$		去除氧化硅、金属
氢氟酸/水	HF/H_2O	DHF	去除氧化硅
硝酸	HNO_3		去除有机物、金属
盐酸/水	HCl/H_2O		去除金属、金属氧化物
氢氟酸/过氧化氢	HF/H_2O_2		对硅轻微腐蚀，去除金属
氢氟酸/盐酸/水	$HF/HCl/H_2O$		对硅轻微腐蚀，去除金属、氧化硅

近年来，将 RCA 清洗和臭氧水溶液清洗的若干步骤相结合，也出现了一些新的清洗工艺。图 3.7 给出了这些清洗工艺与 RCA 清洗工艺的流程对比。IMEC 清洗的核心是基于两步清洗方法[41]。第一步为在 90℃下进行 5min 的 SOM 处理，然后用冷热水快速倾倒冲洗，以去除有机和金属污染物。第二步在室温下用盐酸（0.5mol/L，pH=0.5）和 HF（0.5%HF）混合溶液处理 2min。向稀释的 HF 中添加 HCl 可避免金属再吸附而导致硅表面出现点蚀坑或者增加表面粗糙度。最后再采用 HCl 酸化至 pH=2 的臭氧化去离子水进行冲洗。最后，在 pH=3 时使用 Marangoni 干燥法进行干燥。ISC Konstanz 清洗工艺在不使用碱性工艺步骤的情况下完成对硅衬底的清洗[56]，关键步骤是使用 SPM。Ohmi 清洗包括使用臭氧化纯水、稀释 HF/H_2O_2（可选择使用表面活性剂）、臭氧化纯水和稀释 HF 处

理，最后用去离子水冲洗。这些步骤在加入或不加入表面活性剂的情况下都可以在室温下通过兆声波促进反应[57]。在兆声波激发的臭氧水中会更好地产生羟基自由基，促进有机污染物去除。

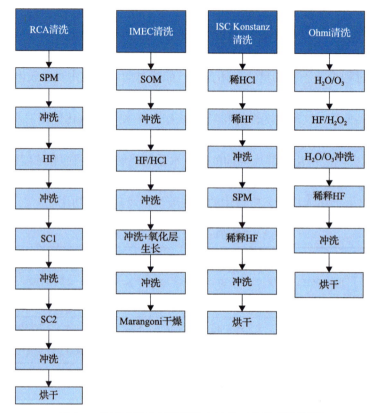

图 3.7　几种典型硅衬底清洗方法的工艺流程[41,56-58]

3.5.3　硅衬底的表面调控

在 SHJ 太阳电池上，晶体硅和非晶(a-Si：H)层之间的界面在 pn 结区域内，这种情况下，界面缺陷所引起的载流子复合显著影响电池性能。前面已经提到，硅表面可能被有机或金属颗粒污染，制绒改善了光学性能，但同时也增加了表面复合率，由此产生的(111)面比(100)面具有更高的缺陷密度[59]。为提高表面钝化效果，需要一个清洁的、平滑且低缺陷浓度的晶硅衬底表面。因此，在沉积本征或者掺杂非晶硅薄膜之前，最为重要的是保证有效的表面清洗以去掉碱制绒过程中引入的杂质和对金字塔绒面形貌进行调控，以降低表面微粗糙度及相应的缺陷态密度。

硅衬底上表面缺陷态密度与其表面微粗糙度密切相关，微粗糙度指硅表面的纳米级不规则性。制绒和清洗过程中的湿化学氧化及可能的自然氧化物生长会导致形成只有几埃厚的 Si/SiO_2 表面。由于应变的影响，在界面处存在应变键($Si_3\equiv Si-Si\equiv Si_3$)和在 Si(111)面上只与硅原子形成背键的悬键($Si_3\equiv Si-$)缺陷。尤其是在单晶硅衬底完全覆盖(111)面金字塔的情况下，各向异性腐蚀导致不同晶面取向上的这种不规则性显著增加。

优化的清洗工艺旨在去除半导体表面的污染物，而不会损坏衬底表面以避免增大粗糙度或者产生其他不规则结构。但标准 RCA 和 Piranha 清洗工艺主要基于含 H_2O_2 的溶液，由于 H_2O_2 分解的副作用，该溶液增加了硅表面纳米尺度的粗糙度。额外的粗糙度增加了界面复合，这不利于随后的薄本征 a-Si：H 层表面钝化。因此，通常需要采用合适的湿化学工艺来实现对单晶硅表面微结构的调控以降低表面粗糙度，这被称为"表面调控"。表面调控主要是对金字塔绒面表面进行"平滑"处理(smoothing 或 rounding)，一般包括湿化学氧化和去氧化层的氢键钝化两个过程，用 HNO_3、$H_2SO_4+H_2O_2$ 或热水等溶液对硅衬底表面进行氧化，随后用 HF 或 NH_4F 溶液去除氧化物，获得表面悬键被氢键饱和钝化的表面。湿化学氧化将 Si/SiO_x 界面推进到硅衬底中，因此可以通过腐蚀掉氧化物以去除几埃厚的 Si 表面层，从而将硅表面的不规则结构腐蚀掉，降低硅表面的粗糙度，获得氢原子钝化的硅表面[60]。

硅衬底表面悬键被氢原子钝化饱和后，形成的氢终止表面是无氧化物的表面，具有疏水性，不被水溶液润湿。由于其洁净度、光滑度和优异的电学性能，氢终止硅表面在晶硅表面钝化中是最优选的[40]。完全疏水干燥的氢终止表面是本征 a-Si：H 实现高质量表面钝化的有利条件[61]。要实现原子级光滑、氢终止的表面，湿化学氧化和氧化物去除的工艺必须结合在一起。

对于制绒形成的正金字塔绒面，必须考虑尖锐的"峰"、狭窄的"谷"、嵌入金字塔之间的不完美小结构以及不同晶面上的微粗糙度。尤其在纳米尺度不平整的表面上，很可能发生薄膜外延生长和/或形成混合相(非晶/纳米晶)，而这两者对 SHJ 太阳电池制备是有害的[38]。通过 TEM 对在金字塔塔尖、塔谷以及侧面沉积的非晶硅的形貌进行观察，证实了在塔尖区和谷区沉积 a-Si：H 是困难的，在塔尖形成非晶硅薄膜的外延生长导致在 a-Si：H 和硅衬底之间的界面模糊化，同时在三个区域生长的薄膜厚度不均匀，由于在电池中的 a-Si：H 层通常非常薄，这种不均匀性对电池的影响更大，即使厚度变化很小，也可能导致与最佳钝化条件的较大偏差[62]。

采用 HNO_3 和 HF 混合水溶液"平滑"处理，金字塔表面微观形貌会发生较明显的变化。在制绒金字塔表面可以看到台阶状微结构，这些微结构增加了表面粗糙度，导致悬键缺陷增加。采用 HNO_3、HF、H_2O 混合的酸性溶液经过特定时间的"平滑"处理之后，表面的台阶缺陷变得不明显，时间延长一些后这些台阶几乎完全消失，同时金字塔塔尖被腐蚀变成平台状，随着时间的进一步延长，这个平台逐渐变大，金字塔"谷"会随着腐蚀时间的延长而逐渐加宽并变得平整。平整的谷和塔尖有利于非晶硅薄膜的沉积，同时侧面的粗糙度降低也更有利于非晶硅薄膜的钝化。有研究表明，"圆形"和"光滑"的表面可以提高 a-Si：H(i)/c-Si 界面的钝化质量，使少子寿命提高，并有效提高 SHJ 太阳电池的光电转换效率[33]。但是，这样处理后绒面的反射率会增加。所以，需要对平滑处理时间进行折中控制。

图 3.8 给出的是采用基于 $O_3+HCl+HF$ 混合水溶液处理对金字塔绒面进行表面调控的例子[63]。在臭氧水(30mg/L)中添加 HF(2.5g/L) 和 HCl(5g/L)，工作温度为 130℃，为了保持 O_3 在溶液中的浓度不变，O_3 在槽中连续循环。开始时表面权重平均反射率为 11.3%～11.7%(大金字塔，小型到中型金字塔)，处理 10min 后，表面权重平均反射率增加到了

12.4%～15.6%，这说明溶液改变了金字塔结构和表面平整度。如图 3.8 所示，对于具有中小型正金字塔的绒面，可以观察到正金字塔尖端和谷部变得更圆，在相同的处理时间下，SEM 图像分析显示金字塔塔尖的变圆程度与金字塔大小没有关系，但较小绒面单位表面积上有更多的金字塔塔顶，因而小绒面平滑处理对电池电流的影响更为明显。

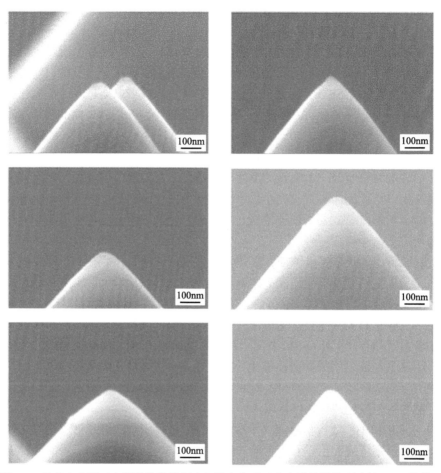

图 3.8　具有中小型正金字塔的样品（左）和具有大型正金字塔的样品（右）的 SEM 横截面

第 1 行（顶部）：碱性制绒后的初始状态；第 2～3 行：通过 HCl+HF+O₃+DIW 溶液体系使金字塔绒面变圆（时间 t=4min, 10 min）后的金字塔尖形貌[63]

通过对比研究 68% HNO_3 + 0.2% HF 和 80ppm O_3 + 0.8% HF 两种溶液的化学抛光效果，发现这两种溶液对金字塔轮廓具有选择性腐蚀效果[64]，其中，HNO_3 + HF 混合溶液主要是对金字塔谷具有平滑作用，而 O_3+HF 则平滑地是金字塔的塔尖。将这两种抛光方法结合可以提高非晶硅的钝化质量。将 O_3 与 HCl 溶液、RCA 清洗工艺等进行了比较[65]，旨在减少化学废物，同时不影响表面清洗质量，硅衬底表面钝化结果显示，室温和 30℃下的臭氧化去离子水可以提供与 RCA 清洗相同的钝化效果，最终获得的 SHJ 太阳电池光电转换效率相当。然而，与 RCA 清洗样品相比，由于臭氧的衰减速率会随温度的升高而变得更高，当将 O_3 水浴温度提高到 45℃时，单晶硅有效少子寿命减少了 2ms[66]。

有研究对比了几种不同处理方法能够得到的对碱制绒单晶硅的清洗和氢终止效果[67]：硝酸氧化循环(nitric acid oxidation cycle, NAOC)，硫酸与过氧化氢混合溶液(Piranha)，"Piranha+NAOC"，RCA，RCA+NAOC 以及两次硝酸氧化循环"2×NAOC"，最后都采用稀释 HF 溶液去除自然生长的氧化层，形成氢终止表面。采用 RCA 中的两个标准清洗步骤 SC1 和 SC2 清洗硅衬底，其中 SC1 和 SC2 步骤分别使用 NH_4OH、H_2O_2、DIW(1∶1∶5)溶液和 HCl、H_2O_2、DIW(1∶1∶6)溶液在 80℃下进行 10min。作为 SC1 和 SC2 之间的中间步骤，将硅衬底在室温下浸入 0.5% HF 中 60s，以去除先前在 SC1 中生长的氧化层。Piranha 处理是在 1∶3 的浓 H_2SO_4(硫酸)和 30% H_2O_2 溶液中，在约 120℃下进行 20min。最后，NAOC 包括分别在室温下和在 110℃下，在 69%浓硝酸中各氧化 10min。每个工艺的最后一步是在室温下用 0.5% HF 对硅表面进行氢终止，持续 75s。样品制备好一个月之后测试"稳定"少子寿命和在 170℃退火 1h 前后的少子寿命。与 NAOC 处理相比，Piranha 处理后的少子寿命数值非常低，这可能是由于 Piranha 溶液中所含的硫污染了金字塔表面。此外，H_2O_2 分解引起的某种纳米粗糙度也可能导致 a-Si∶H/c-Si 界面的复合增加[68]。当 Piranha 之后再进行 NAOC 时，有效少子寿命得到提高，这可能是由于表面的平滑以及表面污染物的部分或全部去除，从而产生缺陷较少的 a-Si∶H/c-Si 界面。综合"稳定"和"退火前后"的结果，NAOC 是一种比较有效的清洗方法，同时也能够有利于后面的氢终止硅表面处理[67]。当多次采用 NAOC 处理时，在每次 NAOC 之间使用 0.5% HF 去除氧化硅 3min，发现在去除污染物的前提下，增加 HF 处理次数将会在制绒表面引入新的纳米级粗糙度，进而导致表面钝化特性变差。得到的最佳工艺是 3 次 NAOC[69]。

综上所述，表面微粗糙度和清洗过程中的湿化学氧化物生长都会导致具有不同氧化价态的表面硅原子上应变键和悬键缺陷数量增多，显著增加载流子在 Si 表面或者 Si/SiO_x 界面处的复合。Si 表面和界面的电学特性主要由 10^{10}～$10^{14}cm^{-2}\cdot eV^{-1}$ 范围内的界面态密度 $D_{it}(E)$ 决定。采用大信号场调制表面光电压(surface photovoltage, SPV)技术能够确定界面态 $D_{it}(E)$ 的分布[70]。

有研究通过 SPV 测试对比分析了 N 型单晶硅绒面经不同湿化学处理后的 $D_{it}(E)$ 的分布情况[60]。对比的处理工艺包括 4 个：①RCA Ⅱ+DHF 60s；②RCA Ⅱ+DHF 120s，之后 H_2SO_4∶H_2O_2+DHF 180s；③RCA Ⅱ+DHF 90s；④RCA Ⅱ+DHF 90s，之后 H_2SO_4∶H_2O_2+DHF 60s。结果发现，采用清洗工艺②，首先进行 RCA Ⅱ清洗，并用 1% HF 浸渍 120s，然后在 120℃用 H_2SO_4∶H_2O_2(1∶1)氧化 10min，再用 1% HF 浸渍 180s，获得的 $D_{it}(E)$ 最低。先通过湿化学氧化降低表面微粗糙度，再通过 1% HF 浸渍完全去除氧化物，可以成为降低硅表面 $D_{it}(E)$ 的有效方法。湿化学平滑主要降低带尾态和带隙中靠近价带附近的态密度。这种优化的表面预处理具有较好的重复性，平滑的表面也有助于提高后续薄膜沉积的重复性，相对于没有进行平滑处理的样品，最终制备的 SHJ 太阳电池填充因子增加并且分布变窄。

在 O_3 水溶液处理工艺中，O_3 水处理时间和浓度等相关工艺参数同样对处理后的硅衬底表面 $D_{it}(E)$ 分布有明显影响[71]，延长对(111)表面硅衬底的 O_3 氧化时间有利于 D_{it} 的降低。但对于带绒面的硅衬底，无论提高 O_3 浓度还是延长处理时间都会导致 D_{it} 上升。

分析认为过快的 O_3 氧化会增加表面微粗糙度，采用具有中等氧化速率、低 O_3 含量和优化氧化时间的 O_3 水溶液处理工艺，才能实现氢终止表面的低 D_{it}，与通过 RCA 处理获得的结果相当[71]。

3.6 总 结

在单晶硅太阳电池中，通常采用碱制绒形成的随机金字塔绒面来最小化光的反射率，并增加光在硅衬底中的传播光程。硅(100)面在碱性溶液中的腐蚀速率比(111)面高的各向异性腐蚀是这种制绒工艺的基础。在 SHJ 太阳电池制备中，常用 KOH 或 NaOH 水溶液作为腐蚀液，为避免碱金属污染，研究上也采用四甲基氢氧化铵[(CH₃)₄NOH]作腐蚀液，但成本较高。腐蚀液中加入醇类或非醇类的添加剂可以促进金字塔成核，形成密度高、大小均匀的金字塔绒面，并且可以加速反应、缩短制绒时间，在提高绒面质量的同时延长溶液寿命。随机金字塔的尺寸均匀性和分布致密性对表面反射和非晶硅/晶体硅界面钝化质量至关重要，可以通过调节腐蚀液配比、腐蚀时间、添加剂的添加量等进行控制。硅衬底的表面清洗是去除硅衬底表面有机物、金属残留物和自生氧化物层必不可少的过程。金字塔绒面结构中尖锐的塔尖和谷以及侧面不规则的微粗糙度不利于非晶硅薄膜的沉积，尤其是在塔尖和谷的地方导致薄膜厚度的不均匀甚至外延生长，为此，在 SHJ 太阳电池制绒清洗工艺中，在制绒清洗后增加对绒面结构的变圆、平滑步骤，从早期的 HNO₃+HF 工艺逐渐转换成基于 O_3 水溶液的工艺，最后通过 HF 处理获得平滑的悬键被氢饱和终止的表面。总之，整个制绒清洗的过程同时实现硅衬底表面污染物去除和平滑的具有减反射性能的金字塔绒面制备，为后续硅薄膜沉积获得优异钝化质量提供前提条件。

参 考 文 献

[1] Stapf A, Gondek C, Kroke E, et al. Wafer cleaning, etching, and texturization//Yang D R. Handbook of Photovoltaic Silicon. Berlin, Heidelberg: Springer, 2019: 1-47.

[2] Yablonovitch E, Cody G D. Intensity enhancement in textured optical sheets for solar cells. IEEE Transactions on Electron Devices, 1982, 29(2): 300-305.

[3] Manzoor S, Filipič M, Onno A, et al. Visualizing light trapping within textured silicon solar cells. Journal of Applied Physics, 2020, 127(6): 063104.

[4] Al-Husseini A M, Lahlouh B. Influence of pyramid size on reflectivity of silicon surfaces textured using an alkaline etchant. Bulletin of Materials Science, 2019, 42(4): 152.

[5] Park J E, Han C S, Choi W S, et al. Effect of various wafer surface etching processes on c-Si solar cell characteristics. Energies, 2021, 14(14): 1-19.

[6] Baker-Finch S C, McIntosh K R. Reflection distributions of textured monocrystalline silicon: Implications for silicon solar cells. Progress in Photovoltaics, 2012, 21: 960-971.

[7] Angermann H, Henrion W, Rebien M, et al. Effect of preparation-induced surface morphology on the stability of H-terminated Si(111) and Si(100) surfaces. Solid State Phenomena, 2003, 92: 179-182.

[8] Landsberger L M, Naseh S, Kahrizi M, et al. On hillocks generated during anisotropic etching of Si in TMAH. Journal of

Microelectromechanical Systems, 1996, 5 (2): 106-116.

[9] Fung T H, Khan M U, Zhang Y, et al. Improved ray tracing on random pyramid texture via application of phong scattering. IEEE Journal of Photovoltaics, 2019, 9 (3): 591-600.

[10] Holst H, Winter M, Vogt M R, et al. Application of a new ray tracing framework to the analysis of extended regions in Si solar cell modules. Energy Procedia, 2013, 38: 86-93.

[11] Moharam M G, Gaylord T K. Rigorous coupled-wave analysis of planar-grating diffraction. Journal of the Optical Society of America, 1981, 71 (7): 811-818.

[12] Han K, Chang C H. Numerical modeling of sub-wavelength anti-reflective structures for solar module applications. Nanomaterials, 2014, 4: 87-128.

[13] Dewan R, Jovanov V, Hamraz S, et al. Analyzing periodic and random textured silicon thin film solar cells by rigorous coupled wave analysis. Scientific Report, 2014, 4: 6029.

[14] Zhao L, Zuo Y H, Zhou C L, et al. Theoretical investigation on the absorption enhancement of the crystalline silicon solar cells by pyramid texture coated with SiN_x : H layer. Solar Energy, 2011, 85 (3): 530-537.

[15] Finne R M, Klein D L. A water-amine-complexing agent system for etching silicon. Journal of Electrochemical Society, 1967, 114: 965-970.

[16] Palik E D, Gray H F, Klein P B. A Raman study of etching silicon in aqueous KOH. Journal of Electrochemical Society, 1983, 130 (4): 956-959.

[17] Raley N F, Sugiyama Y, Duzer T V. (100) Silicon etch-rate dependence on boron concentration in ethylenediamine-pyrocatechol-water solutions. Journal of Electrochemical Society, 1984, 131: 161-171.

[18] Seidel H, Csepregi L, Heuberger A, et al. Anisotropic etching of crystalline silicon in alkaline solutions. Journal of Electrochemical Society, 1990, 137 (11): 3612-3625.

[19] Price J B. Anisotropic etching of silicon with KOH-H_2O isopropyl alcohol//Huff H R. Semiconductor Silicon. New Jersey: Electrochemical, 1973: 339.

[20] Zangwill A. Physics at Surfaces. Cambridge: Cambridge University Press, 1988: 91.

[21] Vu Q B, Stricker D A, Zavracky P M. Surface characteristics of (100) silicon anisotropically etched in aqueous KOH. Journal of Electrochemical Society, 1996, 143: 1372-1375.

[22] Palik E D, Glembocki O J, Heard I Jr, et al. Etching roughness for (100) silicon surfaces in aqueous KOH. Journal of Applied Physics, 1991, 70 (6): 3291.

[23] Rao R, Bradby J E, Williams J S. Patterning of silicon by indentation and chemical etching. Applied Physics Letters, 2007, 91: 123113.

[24] Liang W S, Kho T, Tong J N, et al. Highy reproducible c-Si texturing by metal-free TMAH etchant and monoTEX agent. Solar Energy Materials and Solar Cells, 2021, 222: 110909.

[25] Chen G, Kashkoush I. Effect of pre-cleaning on texturization of c-Si wafers in a KOH/IPA mixture. ECS Transactions, 2010, 25 (15): 3-10.

[26] Baum T, Satherley J, Schiffrin D J. Contact angle, gas bubble detachment, and surface roughness in the anisotropic dissolution of Si (100) in aqueous KOH. Langmuir, 1998, 14 (10): 2925-2928.

[27] Ju M, Balaji N, Park C, et al. The effect of small pyramid texturing on the enhanced passivation and efficiency of single c-Si solar cells. RSC Advances, 2016, 6 (55): 49831-49838.

[28] Nguyen C T, Koyama K, Tu H T C, et al. Texture size control by mixing glass microparticles with alkaline solution for crystalline silicon solar cells. Journal of Materials Research, 2018, 33 (11): 1515-1522.

[29] 符黎明, 陈培良. 单晶硅片衬底制绒添加剂及其使用方法: CN 2013103947352. 2013-12-18.

[30] 韩庚欣, 徐涛. 单晶硅片碱性环保型无醇制绒液的添加剂及其使用方法: CN 2012103306185. 2015-11-25.

[31] Zhang Y, Wang B, Li X, et al. A novel additive for rapid and uniform texturing on high-efficiency monocrystalline silicon solar cells. Solar Energy Materials and Solar Cells, 2021, 222: 110947.

[32] Nakamura K, Aoki M, Sumita I, et al. Texturization control for fabrication of high efficiency mono crystalline Si solar cell// Photovoltaic Specialists Conference (PVSC), Tampa, 2013: 2239-2242.

[33] Tian X R, Han P D, Zhao G C, et al. Pyramid size control and morphology treatment for high-efficiency silicon heterojunction solar cells. Journal of Semiconductors, 2019, 40(3): 032703.

[34] Wang J Q, Zhong F Q, Liu H, et al. Influence of the textured pyramid size on the performance of silicon heterojunction solar cell. Solar Energy, 2021, 221: 114-119.

[35] Lien S Y, Cho Y S, Shao Y, et al. Influence of surface morphology on the effective lifetime and performance of silicon heterojunction solar cell. International Journal of Photoenergy, 2015, 2015: 1-8.

[36] McIntosh K R, Johnson L P. Recombination at textured silicon surfaces passivated with silicon dioxide. Journal of Applied Physics, 2009, 105(12): 124520.

[37] Zeman M, Zhang D. Heterojunction silicon based solar cells//van Sark W G J H M, Korte L, Roca F. Physics and Technology of Amorphous-Crystalline Heterostructure Silicon Solar Cells. Berlin, Heidelberg: Springer, 2012.

[38] Olibet S, Vallat-Sauvain E, Fesquet L, et al. Properties of interfaces in amorphous/crystalline silicon heterojunctions. Physica Status Solidi A, 2010, 107(3): 651-656.

[39] Angermann H, Henrion W, Röseler A, et al. Wet-chemical passivation of Si (111)- and Si (100)-substrates. Materials Science and Engineering B, 2000, 73: 178-183.

[40] Angermann H, Wünsch F, Kunst M, et al. Effect of wet-chemical substrate pretreatment on electronic interface properties and recombination losses of a-Si：H/c-Si and a-SiN$_x$：H/c-Si hetero-interfaces. Physica Status Solidi C, 2011, 8(3): 879-882.

[41] Meuris M, Arnauts S, Cornelissen I, et al. Implementation of the IMEC-Clean in advanced CMOS manufacturing. International Symposium on Semiconductor Manufacturing, 1999: 157-160.

[42] Schweckendiek J, Hoyer R, Patzig-Klein S, et al. Cleaning in crystalline Si solar cell manufacturing. Solid State Phenomena, 2012, 195: 283-288.

[43] Dos Santos Filho S G, Hasenack C M, Salay L C, et al. A less critical cleaning procedure for silicon wafer using diluted HF dip and boiling in isopropyl alcohol as final steps. Journal of Electrochemical Society, 1995, 142(3): 902-907.

[44] Anttila O J, Tilli M V, Schaekers M, et al. Effect of chemicals on metal contamination on silicon wafers. Journal of Electrochemical Society, 1992, 139: 1180-1185.

[45] Philips B F, Burkman D C, Schmidt W R, et al. The impact of surface analysis technology on the development of semiconductor wafer cleaning processes. Journal of Vacuum Science & Technology A, 1983, A1(2): 646-650.

[46] Sawara K, Yasaka T, Miyazaki S, et al. Atomic scale flatness of chemically cleaned silicon surfaces studied by infrared attenuated-total-reflection spectroscopy. Japanese Journal of Applied Physics, 1992, 31: 931-933.

[47] Burrows V A, Chabal Y J, Higashi G S, et al. Infrared spectroscopy of Si(111) and Si(100) surfaces after HF treatment: hydrogen termination and surface morphology. Applied Physics Letters, 1988, 53(11): 998-1000.

[48] Jakob P, Chabal Y J. Chemical etching of vicinal Si(111): dependence of the surface structure and the hydrogen termination on the pH of the etching solutions. Journal of Chemical Physics, 1991, 95(4): 2897.

[49] Ljungberg K, Jansson U, Bengtsson S, et al. Modification of silicon surface with H$_2$SO$_4$：H$_2$O$_2$：HF and HNO$_3$：HF for wafer bonding applications. Journal of Electrochemical Society, 1996, 143: 1709.

[50] Miyashita M, Tusga T, Makihara K, et al. Dependence of surface microroughness of CZ, FZ and EPI wafers on wet chemical processing. Journal of Electrochemical Society, 1992, 139: 2133.

[51] Schmidt D, Niimi H, Hinds B J, et al. New approach to preparing smooth Si(100) surfaces: Characterization by spectroellipsometry and validation of interface properties in metal-oxide-semiconductor devices. Journal of Vacuum Science & Technology B, 1996, 4(4): 2812.

[52] Allongue P, Kieling V, Gerischer H, et al. Etching mechanism and atomic structure of H-Si(111) surfaces prepared in NH$_4$F. Electrochimica Acta, 1995, 40: 1353.

[53] Claes M, de Gendt S, Kenens C, et al. Controlled deposition of organic contamination and removal with ozone-based cleanings.

Journal of Electrochemical Society, 2001, 148: 118-125.

[54] Bergman E J, Lagrange S, Claes M, et al. Pre-diffusion cleaning using ozone and HF. Solid State Phenomena, 2001, 76-77: 85-88.

[55] Claes M, Röhr E, Conard T, et al. Surface characterization after different wet chemical cleans. Solid State Phenomena, 2001, 76-77: 67-70.

[56] Buchholz F, Wefringhaus E, Schubert G. Metal surface contamination during phosphorus diffusion. Energy Procedia, 2012, 27: 287-292.

[57] Ohmi T. Total room temperature wet cleaning for Si substrate surface. Journal of Electrochemical Society, 1996, 143: 2957-2964.

[58] Kern W, Puotinen D A. Cleaning solutions based on hydrogen peroxide for use in silicon semiconductor technology. RCA Review, 1970, 31: 187-206.

[59] Poindexter E H, Caplan P J, Deal B E, et al. Interface states and electron spin resonance centers in thermally oxidized (111) and (100) silicon wafers. Journal of Applied Physics, 1981, 52: 879-884.

[60] Angermann H, Conrad E, Korte L, et al. Passivation of textured substrates for a-Si：H/c-Si hetero-junction solar cells: Effect of wet-chemical smoothing and intrinsic a-Si：H interlayer. Materials Science and Engineering B, 2009, 159-160: 219-223.

[61] Danel A, Souche F, Nolan T, et al. HF last passivation for high efficiency a-Si/c-Si heterojunction solar cells. Solid State Phenomena, 2012, 187: 345-348.

[62] Fesquet L, Olibet S, Damon-Lacoste J, et al. Modification of textured silicon wafer surface morphology for fabrication of heterojunction solar cell with open circuit voltage over 700mV// Photovoltaic Specialists Conference, Philadelphia, 2009: 754-758.

[63] Moldovan A, Fischer A, Dannenberg T, et al. Ozone-based surface conditioning focused on an improved passivation for silicon heterojunction solar cells. Energy Procedia, 2016, 92: 374-380.

[64] Du J, Meng F, Fu H, et al. Selective rounding for pyramid peaks and valleys improves the performance of SHJ solar cells. Energy Science & Engineering, 2021, 9(9): 1306-1312.

[65] Schmidt H F, Meuris M, Mertens P W, et al. H_2O_2 decomposition and its impact on silicon surface roughening and gate oxide integrity. Japanese Journal of Applied Physics, 1995, 34: 727-731.

[66] Morales-Vilches A B, Wang E C, Henschel T, et al. Improved surface passivation by wet texturing, ozone-based cleaning, and plasma-enhanced chemical vapor deposition processes for high-efficiency silicon heterojunction solar cells. Physica Status Solidi A, 2019, 217: 1900518.

[67] Alivizatos S. Investigation of textured c-Si wafers for application in silicon heterojunction solar cells. Delft: Delft University of Technology, 2013.

[68] de Smedt F, de Gendt S, Heyns M, et al. The ozone solubility and its decay in aqueous solutions: crucial issues in ozonated chemistries for semiconductor cleaning. Solid State Phenomena, 2001, 76-77: 211-214.

[69] Deligiannis D, Alivizatos S, Ingenito A, et al. Wet-chemical treatment for improved surface passivation of textured silicon heterojunction solar cells. Energy Procedia, 2014, 55: 197-202.

[70] Kronik L, Shapira Y. Surface photovoltage phenomena: Theory, experiment, and applications. Surface Science Reports, 1999, 37: 1-206.

[71] Angermann H. Conditioning of Si-interfaces by wet-chemical oxidation: Electronic interface properties study by surface photovoltage measurements. Applied Surface Science, 2014, 312: 3-16.

第 4 章

电池制备步骤二：硅薄膜沉积

制绒清洗完毕的晶硅衬底，通过低温硅薄膜沉积工艺制备 SHJ 太阳电池的构成主体：硅薄膜本征钝化层和硅薄膜掺杂层。如前所述，硅薄膜与晶体硅构成的异质结界面处的能带结构是决定 SHJ 太阳电池性能的关键，这与所沉积的硅薄膜材料的内在微结构和光电特性有密切关系。为使 SHJ 太阳电池获得高转换效率，需要调节硅薄膜钝化层的带隙、厚度，降低钝化层内缺陷态密度，并为界面悬键饱和提供足够的氢；调节硅薄膜掺杂层的带隙和掺杂度。同时，还要尽可能减少这些硅薄膜层的光学自吸收。所述硅薄膜微结构及其光电特性与制备薄膜的沉积工艺密切相关。换句话说，沉积工艺参数不同，所得到的硅薄膜特性就不同。基于提高 SHJ 太阳电池转换效率对其沉积工艺参数进行优化是硅薄膜沉积制备的主要内容。

与晶硅衬底具有固定的类金刚石晶体结构不同，硅薄膜材料的具体结构因沉积条件不同而会有很多变化，这包括非晶硅、纳米晶硅、微晶硅等，最主要的差别在于其中的晶化率和晶化尺寸不同。目前，硅薄膜沉积通常采用的两种方法是等离子体增强化学气相沉积（PECVD）和热丝化学气相沉积（HWCVD），这两种方法均为低温沉积工艺，即硅薄膜沉积的衬底温度都在 200℃ 左右的低温，但给硅源提供分解能量的来源不同，PECVD 靠外加电源激发等离子体，HWCVD 靠高温金属丝催化，原理不同使其需要调控的工艺参数不同。

在晶硅衬底上生长的硅薄膜性能还与晶硅衬底的表面状态有紧密联系，其性能表现也可以通过合适的沉积前处理或沉积后处理工艺进行改善。在实际的 SHJ 太阳电池制备过程中，随着对这些硅薄膜层作用的深入理解和镀膜技术的进步，无论本征钝化层还是掺杂层，都不再局限于最初的单层结构，而是采用多层复合结构，通过不同的薄层满足不同的功能需求，从而解决单层膜无法同时实现多功能的问题，这在提升 SHJ 太阳电池转换效率方面起到了非常关键的作用。

下面将围绕上述内容，对硅薄膜沉积做比较详细的介绍。

4.1 硅薄膜材料的结构与性能

4.1.1 非晶硅的原子排布

在单晶硅中，每个硅原子与周围的 4 个硅原子构成共价键，结合成正四面体的形式，由此形成类金刚石晶格排列的周期性结构。但硅薄膜材料由于受沉积温度低的限制，硅原子很难达到严格规则排列的状态，硅薄膜往往以非晶的状态存在，称为非晶硅。

如图 4.1(a)所示，在非晶硅中，单个的硅原子绝大部分仍与其他四个硅原子形成共价键，但键长和键角不再是恒定的，这导致非晶硅中硅原子只在很小的范围内具有一定的原子排布有序性，在更大的范围内，硅原子的排列就没有规律了，即非晶硅具有短程有序、长程无序的原子排布结构，因而有时也被称为无定形硅。键长和键角的无序变化破坏了规则的晶格结构，在非晶硅内引起内应力，这会导致与晶体硅不相同的能带结构。这种长程无序结构还会导致在一些硅原子上可能不会形成四个 Si—Si 键，而是有未成键的电子产生，称为“悬键”。与晶体硅相比，非晶硅这种原子排布的变化可以通过 TEM 非常清晰地显示出来。如图 4.1(b)所示，图上部的非晶硅呈现出原子排布的无序性，而下部的单晶硅中，硅原子排布的周期性非常明显。

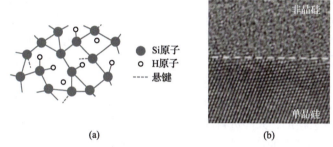

图 4.1　(a)非晶硅的原子排布结构示意图；(b)单晶硅的 TEM 对比图

悬键在非晶硅的带隙内形成缺陷态，是载流子的有效复合中心，导致与晶体硅相比，非晶硅的光电性能变差。1969 年，Chittick 等提出采用硅烷气体“辉光放电”制备非晶硅[1]，该方法所得非晶硅的电学性能有很大改善[1-3]。这样的非晶硅中含有相当百分比的氢原子，这些氢原子结合进非晶硅结构中，在“悬键”位置与硅形成硅氢键，如图 4.1(a)所示。形成的硅氢键钝化了悬键复合中心，从而提高了非晶硅薄膜材料的光电性能[1-3]。这种靠引入氢原子改善性能的非晶硅被称为氢化非晶硅(简写成 a-Si：H)。采用氢原子钝化非晶硅内的悬键已成为改善非晶硅性能的基本方法，目前，研究领域所指的非晶硅如无特殊说明均是指氢化非晶硅，这也是 PECVD、HWCVD 成为制备非晶硅主流方法的主要原因，二者均能往非晶硅薄膜内引入钝化悬键所需要的氢。

氢化非晶硅中这些起关键作用的氢可以用核磁共振、红外光谱、二次离子质谱等方法检测出来。核磁共振检测证实非晶硅中的氢有两个最基本的存在形式[4-6]，一种是在一个硅原子上只存在一个硅氢键，这样的氢存在形式称为孤立(isolated)态，这样的氢原子与任何其他氢原子之间的距离都保持在大约 1nm 以上，即与其他氢原子之间的距离较远；另一种是在一个硅原子上存在两个硅氢键，这样的氢存在形式称为聚集(clustered)态，较深入的研究表明，这种聚集态氢对 a-Si：H 的光电性能存在不利影响。非晶硅中氢在温度过高时会从薄膜中溢出，造成薄膜内部的氢缺失，从薄膜中溢出的氢即薄膜内缺少的氢越多，薄膜内部的缺陷态密度就越高。这一规律清楚地说明了氢在消除非晶硅体内缺陷上扮演着重要作用。

4.1.2 非晶硅的能带结构

由于非晶硅的原子排列保持了短程有序性，因此其仍然具有与晶体材料相类似的基本能带结构，即存在导带和价带以及处于二者之间的带隙。但非晶硅的长程无序性也对其能带结构产生了显著影响，一方面，电子波矢 k 与能量 E 之间严格的色散关系是不确定的，从而破坏了光电子跃迁的选择定则，突破了准动量守恒的限制，使能带由单晶硅的间接带隙变成了准直接带隙；另一方面，存在的键长和键角的波动使得在非晶硅导带和价带边上存在指数分布的带尾，这种带尾与具体位置的原子排布有关，因此在非晶硅内的分布是不均匀的，是局域态，通常称为乌尔巴赫(Urbach)带尾[7]。

具体的，非晶硅的能带结构如图 4.2 所示[4]，该能带结构具有如下特征[8-12]：灰色区对应着能带中的价带和导带，这是由构成非晶硅的 Si—Si 键、Si—H 键的基本性质和近邻数(短程序)决定的，即取决于硅原子的近邻状态。价带来源于 Si—Si 和 Si—H 的成键轨道，导带来源于反键轨道。导带和价带反映的是整个非晶硅材料所有原子的共有行为，允许电子存在的能级态密度 $g(E)$ 很大，称为扩展态。与导带和价带扩展态相邻的，即是深入到带隙内部、态密度呈指数下降的 Urbach 带尾态，包括导带带尾和价带带尾。这些带尾态是局域态，也称为定域态。处于局域态中的电子基本被局限在某一特定的区域内运动，运动需要声子辅助，只能进行跳跃式导电，其中的态密度 $g(E)$ 相对较小。当温度趋于绝对零度时，局域态的迁移率趋于 0，扩展态的迁移率趋于一个有限值。在典型的非晶硅材料中，价带带尾的宽度在 30～50meV，而导带带尾相对较窄一些，在 20～40meV[9-12]。在带尾态之间，带隙内部存在呈高斯分布的缺陷能级，称为带隙态，这些缺陷能级也是局域态。电子自旋共振测量表明，这些缺陷能级是由未被氢饱和的悬键引起的，这些悬键存在的位置主要是非晶硅中的空位和微空洞。悬键是"两性"的，有三个带电状态(+/0/–)。中性悬键上有一个未成键电子；当中性悬键释放出未成键电子时，成为正电中心，呈类施主态，为+/0 跃迁，对应于类施主能级；当中性悬键接受一个电子时，成为负电中心，呈类受主态，为 0/–跃迁，对应于类受主能级。在低缺陷密度的未掺杂非晶硅中，类受主能级大约在 E_C 以下 0.6eV 的位置，类施主能级大约在类受主能级以下 0.3eV 的位置。这两个能级之间的差异通常被称为悬键的相关能[13]。一般地，由于类受主态上的两个电子之间存在库仑排斥作用，类受主能级高于类施主能级，相关能是正的。但由于非晶硅网络的不均匀性和无序性，有些区域可能比较松弛，当悬键捕获第二个电子时，伴随发生的晶格弛豫反而会导致总能量降低，使类受主能级低于类施主能级，从而表现出负的相关能。在非晶硅中引入适量的氢，在钝化悬键降低带隙态密度的同时，也会对非晶硅的基本能带结构产生影响，可使价带顶下移，导带底会上移一些，从而造成带隙变宽[14]。

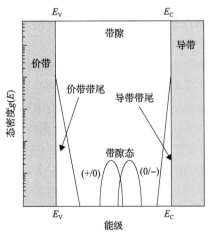

图 4.2 非晶硅的能带结构示意图[4]

4.1.3   非晶硅的光吸收

非晶硅的能带结构决定了其光吸收特性。图 4.3 给出了非晶硅的光吸收系数(α)与光子能量($h\nu$)之间的关系[15]。可以看出，非晶硅的光吸收大致可以分成三个区域，分别对应于不同的吸收机理。

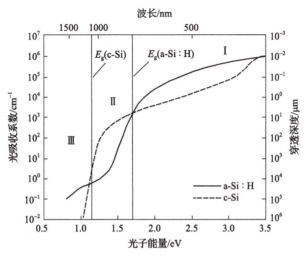

图 4.3   非晶硅的光吸收(以晶体硅光吸收作为比较对象)[15]

第 I 个区域为高吸收区，此时大体上 $\alpha \geqslant 10^4 \mathrm{cm}^{-1}$，称为本征吸收区，对应于从价带到导带的跃迁，所吸收的光子能量 $h\nu$ 大于非晶硅的带隙，E_g(a-Si∶H) 大约为 1.72eV。与单晶硅相比，非晶硅本征吸收区的吸收系数要高出 1~2 个数量级，这是其具有准直接带隙的重要表现。如以 $\alpha = 10^4 \mathrm{cm}^{-1}$ 作为分界，定义此时所对应的能量带隙为 E_{04}，这是一种光学带隙的表现形式，该值表示只有光子的能量 $\geqslant E_{04}$ 时，材料才能表现出 $\alpha \geqslant 10^4 \mathrm{cm}^{-1}$ 的强吸收。

第 II 个区域为带尾(指数)吸收区，此时 $1 \mathrm{cm}^{-1} < \alpha < 10^4 \mathrm{cm}^{-1}$，对应于从价带到导带带尾态或从价带带尾态到导带的跃迁。此区域内，非晶硅的光吸收系数随光子的能量呈指数变化，$\alpha \propto \exp(h\nu/\Delta E)$，这起源于电子带尾态密度的指数分布，$\Delta E$ 即带尾宽度，也称为 Urbach 能量，标志着带尾结构无序的程度，ΔE 越大，带尾越宽，结构越无序。

第 III 个区域为带隙态吸收区，此时 $\alpha < 10 \mathrm{cm}^{-1}$，对应于从价带到带隙态或从带隙态到导带的跃迁。本部分吸收可以提供带隙态的信息，此区域内，如果 α 低于 $1 \mathrm{cm}^{-1}$，则表明非晶硅材料具有较好的质量。

通过测量分析光吸收系数 $\alpha(h\nu)$ 曲线，可以得到材料的光学带隙，除了采用前述的 E_{04} 外，还有一种方法是通过式(4.1)计算，这种方法是由 Tauc 提出的，这样得到的光学带隙称为 Tauc 带隙[16,17]，记为 E_T：

$$\alpha(h\nu) = \left(\frac{A}{h\nu}\right)(h\nu - E_T)^2 \tag{4.1}$$

采用 Tauc 作图法计算得到的非晶硅带隙一般在 1.7eV 左右，这与非晶硅的具体制备条件紧密相关。

4.1.4　非晶硅的掺杂

掺杂是移动材料费米能级的有效办法。和晶体硅一样，非晶硅也可以通过掺入ⅢA族或ⅤA族元素来实现 p 型和 n 型掺杂，如硼 (B) 和磷 (P)[18]。但在非晶硅中实现有效掺杂要比在晶体硅中难很多。

以 P 原子为例，在晶体硅中，P 原子可以取代晶格中硅原子的位置，P 具有 5 个价电子，因此在具有"四重对称"的 Si 晶格中，有 4 个电子与近邻的硅原子成键。第 5 个自由电子占据了略微低于导带的能级态，即处于四配位态，这些杂质使费米能级升高到接近这个能级的水平。但如图 4.4 所示[19]，在非晶硅中，由于大多数 P 掺杂原子只与 3 个硅原子近邻，使它们处在"三重对称"的位置。P 原子刚好可以与 3 个硅原子成键（在 p 原子轨道上包含 3 个价电子），剩下的 2 个电子在 s 原子轨道成对，不再参与成键，紧密束缚在 P 原子上，这样就无法实现掺杂效果。只有少部分的 P 原子处于四配位态，起到一定的掺杂效果，主要是形成带正电荷的四重对称的 P_4^+ 和带负电的悬键 D^-。掺杂引起的负电悬键 D^- 反过来会成为俘获空穴的非常有效的陷阱，结果在掺杂层中吸收的光子无法产生光电流。由前面所介绍的在具有负相关能的非晶硅中，带负电的悬键 D^- 具有更低的能量，这意味着负相关能有利于实现 P 原子的有效掺杂。同理，对硼原子掺杂而言，会形成 B_4^- 和带正电的悬键 D^+。换句话说，在非晶硅中，掺杂会伴随悬键的增加[20]。这使得掺杂非晶硅中的缺陷态密度要比本征非晶硅的高 2～3 个数量级。此外，由于带尾态和带隙态的存在，通过掺杂移动费米能级，很难使其离价带和导带边的距离分别小于 0.3eV 和 0.15eV，这也限制了由掺杂层构建 pn 结所能形成的势垒大小，从而影响电池开路电压。有研究表明，未掺杂的非晶硅具有弱的 n 型导电性，掺入适当的硼可以进行补偿，使非晶硅变得更加本征，无论 p 型还是 n 型掺杂，都可以使非晶硅的室温暗电导率提升到 10^{-2}S/cm 的量级[18,19]。制备技术的改进使非晶硅的掺杂电导率可以有更进一步的提高，目前仍是一个重要的研究方向。

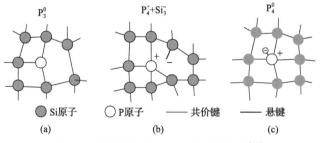

图 4.4　磷原子在非晶硅中的成键状态[19]

4.1.5　非晶硅的 S-W 效应

1977 年，Staebler 和 Wronski 发现非晶硅薄膜经过光照后，其暗电导率和光电导率随时间逐渐减小，并趋于饱和，但经过 150℃ 以上的温度退火 1～3h 后又可以恢复到原来的状态。这种非晶硅的光致亚稳变化称为 Staebler-Wronski(S-W) 效应[21]。光照引起非晶硅性能的下降称为光致衰退。

分析认为产生 S-W 效应的原因是光照在非晶硅中引起亚稳的悬键缺陷，这些缺陷的增加导致非晶硅次带吸收系数的增大[19]。对光照导致非晶硅内部亚稳悬键缺陷产生的微观机理，还没有形成比较一致的共识。

有研究认为，S-W 效应是由 Si—Si 弱键断裂引起的[22]。在 a-Si：H 中存在着体密度 $10^{18} \sim 10^{19} cm^{-3}$ 的 Si—Si 弱键，这些 Si—Si 弱键就是带尾态的来源。光照时，产生的电子-空穴对的直接无辐射复合提供的能量会使 Si—Si 弱键断裂，产生两个悬键。但是，这样产生的两个彼此相对的悬键是不稳定的，很容易发生重构而消失。在氢含量为 10% 的 a-Si：H 中，会有 1/5 的 Si—Si 弱键与氢相邻，邻近的 Si—H 键有可能同新生的悬键交换位置而使两个悬键分离，达到相对稳定的状态[22]。

有研究进一步认为，S-W 效应与体内运动的氢有关[23]。光生载流子的非辐射复合释放能量打断 Si—H 弱键，形成一个 Si 悬键和一个可运动的氢。氢在运动的过程中，不断地打断 Si—Si 键形成 Si—H 键和 Si 悬键，最后大部分运动的 H 原子重新陷落在一个不动的 Si 悬键缺陷中，形成 Si—H 键，小部分两个运动的 H 原子在运动的过程中相遇或发生碰撞，形成一个亚稳复合体 $M(Si-H)_2$，并在氢原子开始激发的位置留下悬键[23]。

光照还会引起非晶硅其他很多性质的变化，这表明在光照过程中，除了产生上述亚稳的悬键缺陷外，非晶硅的整个无规网络都发生了光致结构变化。因此，改善非晶硅的光照稳定性，应当从改善无序网络结构以及调节控制其中的氢含量入手，这与非晶硅的实际制备方法和具体制备工艺有关。

由于光致衰退在经过一定的照射时间后会趋于饱和，在非晶硅的实际应用过程中，可以通过加速衰减的办法来使其达到稳定，以避免或减弱在后续应用过程中可能发生的衰退。这样的过程被称为光老练(light soaking)。

4.1.6　硅薄膜材料的晶相转变

非晶硅短程有序的范围并不是一成不变的，沉积工艺条件的变化会使其内部短程有序的范围变大，这是硅薄膜从非晶态向结晶态转变的过程。正是由于材料内部结晶相状态不同，硅薄膜材料成为一大类材料的统称，而不是简单的一种材料。硅薄膜材料按照所含结晶相即晶粒尺寸的不同，主要分成如下类型。

非晶硅(amorphous silicon, a-Si)：不含结晶相，完全的非晶态。

初晶态硅(protocrystalline silicon, proto-Si)[24-26]：比非晶硅有序性增强，处于结晶相生成的起始态。

纳米晶硅(nanocrystalline silicon, nc-Si)[27-29]：晶粒尺寸在 100nm 以下，并含有较多非晶相。

多形态硅(polymorphous silicon, pm-Si)[30-32]：基本同纳米晶硅。

　　微晶硅(microcrystalline silicon, μc-Si)[33-35]：晶粒尺寸小于 1μm，非晶相含量少。

　　多晶硅(polycrystalline silicon, poly-Si)[36-38]：晶粒尺寸在 1～1000μm 之间，一般不含非晶相。

　　沉积生长的硅薄膜材料具体属于哪种类型不但与沉积制备工艺有关，而且还与生长的厚度有关，即已经生成的薄膜会对后续薄膜的生长产生影响[39]。如图 4.5 所示，生长条件氢稀释比(R)增加会促进硅薄膜晶化，非晶硅在生长过程中，随着生长厚度(d_b)的增加，其长程有序性会逐渐增强，直至在内部形成晶核并长出结晶相，结晶相含量以及晶粒尺寸都会逐渐增大，由此形成纳米晶硅、微晶硅等。

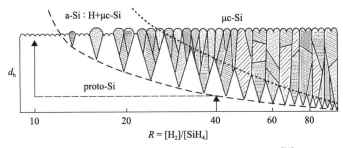

图 4.5　硅薄膜材料由非晶相向结晶相的转变[39]

　　随着硅薄膜材料从非晶态向微晶态转变，其光电性能也逐渐发生变化，主要表现在：①光学方面，带隙逐渐变窄，微晶硅的能带结构已与单晶硅的接近，即带隙变窄，同时变为间接带隙材料，吸收系数变小；②电学方面，电子和空穴迁移率增加，掺杂也变得越来越容易；③稳定性方面，S-W 效应逐渐弱化，稳定性变高。据此可以针对实际应用需求对硅薄膜类型进行合适的选择，即通过调节其中的晶相比和晶粒尺寸，满足器件在光、电特性方面的不同需要。

4.1.7　硅薄膜材料的合金化

　　无论硅薄膜材料的晶态如何，通过合金化往里面掺入其他元素，如 Ge、C、O、N，可以对其性能带来很大变化。最明显的，硅薄膜材料合金化可以作为调节材料带隙的有效方法。例如，往其中引入 C、O 元素，薄膜带隙会变宽，生成 SiO：H、SiC：H 薄膜[40-42]；引入锗(Ge)、锡(Sn)等元素，薄膜带隙会变窄，生成 SiGe：H、SiSn：H 等[43-45]；引入较大数量的 O、N，则会转变为具有很好钝化性能的介质膜 SiO_x：H 和 SiN_x：H[46,47]。但合金化的过程往往会导致材料内部缺陷态密度的增加，这主要源于合金化原子与硅原子之间的大小差异，即晶格失配度。在 PECVD 过程中，通过 Ge 元素的引入形成的 a-SiGe：H 材料的带隙和光敏性会随 GeH_4 气体的用量而发生变化[48]。光敏性定义为材料光电导率和暗电导率的比值，一般地，光敏性高，意味着光生载流子复合率低，材料内部缺陷密度小，材料质量好。随着 GeH_4 气体流量的增大，薄膜内部 Ge 含量增加，使薄膜材料带隙下降，但同时光敏性也下降明显[48]。所以，如何在实现硅薄膜材料合金化调节光学性能的同时，保持甚至改善材料的电学性能是实际制备过程中需要研究的重要内容。

4.2 等离子体增强化学气相沉积(PECVD)

4.2.1 PECVD 原理

图 4.6 给出了典型的电容耦合式 PECVD 腔室结构示意图[49]。最常用的是图 4.6(a) 中所示的双电极结构。将含有硅的气源，如硅烷和氢气的混合物，通入到用真空泵抽成真空的真空腔室中，在腔室中安装有两个平行电极板，在电极板上加载一个等离子体源，通过在电极板之间施加一定的电压，在一定的气压范围内产生等离子体。等离子体激发并分解气体产生自由激元和离子。将各种衬底固定在接地电极上，当这些自由激元扩散到衬底上时，就会在上面沉积生长成硅薄膜。所采用的电源可以是直流的、交流的，也可以是脉冲调制的，目前最常用的是频率为 13.56MHz 的射频(RF)电源。为了提高薄膜的沉积速率及改善沉积质量，特别是微晶硅，可以提高等离子体的频率，如 40.68MHz 等，称为甚高频(VHF)等离子体。已有的研究表明，沉积生长的硅薄膜的质量与生长速度有关，过大的沉积速率会使薄膜内部增加纳米尺度的孔洞和多氢聚合物，从而导致严重的 S-W 效应[50-52]。这种多孔结构产生的原因被认为是等离子体中形成的高阶硅自由激元以及含有多氢聚集的纳米颗粒进入了沉积生长的薄膜中[53,54]，为此，提出了如图 4.6(b) 所示的三电极结构[55]，一个网状电极起到过滤功能，有效改善所沉积的薄膜的致密性。但是，三电极结构的沉积速率很低，往往小于 10^{-1}nm/s，并没有获得较广泛的应用。

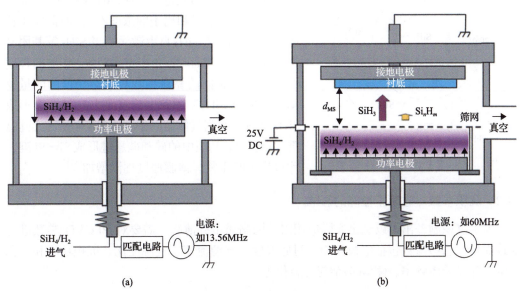

图 4.6 PECVD 腔室结构示意图[49]

(a)双电极；(b)三电极

PECVD 系统通常由几个主要部分组成：①供气系统，包括气瓶、压力调节器、质量流量控制器、引导气流的各种气体阀门；②沉积腔室，其中含有电极、衬底支架、衬底加热器以及等离子体电源接入器等；③真空系统，通常包括机械泵、分子泵等；④检测和控制腔室压力的压力控制系统，包括电容真空计、电离真空计、热偶真空计和/或者节流阀；⑤工艺气体排废系统，一般为化学冲洗中和系统以及"燃烧塔"热解系统。在多腔室沉积系统中，在真空系统内有传动系统将衬底通过合适的闸板阀在各个沉积腔室之间移动。

生长高质量硅薄膜的一个重要因素是减少污染物，如氧、碳、氮或者金属元素。由于非晶材料中成键网络的灵活性，a-Si∶H 对污染物的容忍程度要比晶体高。但纳米晶硅或微晶硅的制备则对清洁度有更高要求，甚至气源都需要进行过滤。

为理解和监控 PECVD 工艺中的薄膜生长，经常采用各种光谱工具，包括光发射谱、光吸收谱和残余气体分析仪等，来对反应室中的等离子体和各种物质的浓度进行测量。这些光谱工具对在生长过程中监测研究有源物和污染物从而有目的性地调节工艺参数非常有用。

在 PECVD 工艺中，薄膜生长包括如下几步：源气扩散、电子碰撞分解、气相化学反应、自由激元扩散、薄膜沉积生长。PECVD 利用等离子体源提供气源分解所需要的能量，气源分解形成的自由基沉降到衬底表面，通过表面吸附和扩散等过程，逐步生成所需要的薄膜材料，这里所需的气源通常是硅烷和氢气的混合气以及作为掺杂源的磷烷和硼烷等。

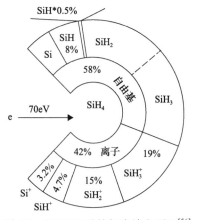

图 4.7　PECVD 硅烷辉光放电原理[56]

如图 4.7 所示，反应室中 SiH_4、H_2 等气体在等离子体电源的作用下分解为各种粒子和带电离子，这些粒子和离子的能量、寿命等都不相同，造成等离子体中各种粒子和离子的浓度不同。对薄膜生长起主要作用的是 SiH_3 自由激元。当 SiH_3 等基团到达薄膜的生长表面时，会在表面扩散，扩散的程度取决于其在表面的黏滞系数和能够获得的能量驱动力。部分 SiH_3 基团和生长表面的 H 原子会形成 SiH_4 重新返回到气体空间中，氢脱附位置形成硅悬键，其他 SiH_3 基团中的硅和硅悬键形成 Si—Si 键，此过程不断重复，薄膜厚度逐渐增加[57]。

4.2.2　沉积参数对硅薄膜性能的影响

为了沉积制备出可以满足实际应用需求的高质量硅薄膜，需要对 PECVD 参数进行细致优化，这些参数包括电极间距、衬底温度、气源流速、气源配比、沉积功率和沉积气压、等离子体频率、硼/磷掺杂与合金化等。

1. 电极间距

由于常用的 PECVD 普遍采用平行的双电极板，电极板间的等离子体具有层状分区结构，电极间距影响等离子体电场从而影响活性基团分布，导致沉积生长的薄膜性能发生改变。一般地，较小的间距有利于均匀沉积，而较大的间距容易维持等离子体。沉积非晶硅时电极间距可以较宽，但微晶硅的制备通常需要相对较小的电极间距。一般地，电极间距变大会导致薄膜生长速度下降，同时薄膜内部 Si—H 键的状态分布也会发生改变，从而使其在晶硅衬底上的钝化性能发生变化[58]。有研究给出了电极间距对硼掺杂硅薄膜层掺杂度、微结构和导电性能的影响，结果表明大的电极间距有利于硼原子的掺杂，从而提高了薄膜的电导率[58]。但是，调节电极间距涉及设备结构设计，在大面积产业化设备中较难实现，产业化 PECVD 设备基本均采用固定的电极间距，因此，需要针对镀膜的实际需求，如镀非晶硅膜还是镀微晶硅膜，来对合理的电极间距进行提前选择。

2. 衬底温度

PECVD 气源分解的能量来自等离子体，等离子体内产生的镀膜激元沉积吸附到衬底上，能否实现薄膜生长取决于这些镀膜激元在其上的吸附、扩散和脱附过程，这些过程需要能量，主要靠衬底温度提供。因此，衬底温度在成膜过程中起着非常重要的作用。

图 4.8 通过检测薄膜电阻率研究了沉积温度对磷掺杂硅薄膜的影响[59]，结果发现大致可以按温度高低分成三个区域，在温度较低的 I 区，温度越低，吸附到衬底上的含氢基团所能获得的能量越少，会有较多的氢进入薄膜中，薄膜内的 SiH_2 缺陷增多，电阻率升高，衬底温度过低（<150℃）还会加剧硅粉的产生。随着温度逐渐升高，热效应促进生长过程中吸附原子的表面扩散，薄膜结构网络变好，在 220℃左右的温度时可以获得最低的电阻率，此时薄膜内部缺陷最少。在 II 区，随着温度的升高，氢获得的能量增大，脱附和溢出现象越来越明显，导致薄膜内部氢含量不足，孔洞增多，缺陷增加，

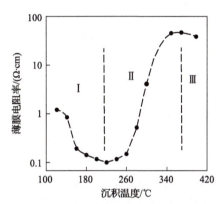

图 4.8　沉积温度对磷掺杂硅薄膜电阻率的影响[59]

电阻率变大。在 III 区，衬底具有足够高的温度，可以为硅原子结构的弛豫重排提供能量，薄膜开始逐渐晶化，电阻率重新下降，但此时的温度一般高于 350℃。由于硅薄膜内需要足够的氢来钝化悬键缺陷，因此沉积温度不能过高，选择在 200℃甚至更低的温度下沉积是合适的。

另外，研究表明硅薄膜的晶化也与氢原子的作用有关，所以，如果要制备微晶硅或者纳米晶硅，也需要在较低的衬底温度下进行，以抑制氢在生长表面的脱附，通过提高氢稀释比，可以利用氢刻蚀去除薄膜内的弱键缺陷，同时保持薄膜内足够的氢含量以减少体内缺陷。此时，由于衬底温度低，薄膜内的结晶相很难长大，薄膜具有较高的晶化率，但晶粒尺寸可以很小，由此可以产生量子尺寸效应而带来其他好处，如带隙展宽。很多研究通过这种方式在较低的甚至 100℃以下的温度下获得了高质量的纳米晶硅[60-62]。

3. 气源流速

增大气源流速是提高薄膜生长速度的有效办法，这是因为单位时间内往等离子体区内提供的气源增多了，但流速增加还有其他方面的效果，如有利于带走薄膜表面结合力

弱的基团，改善材料质量，同时流速增加意味着气源在等离子体区内的停留时间变短，可能会造成气源分解率下降，因此，生长速度不可能随流速一直增大，可能存在一个生长速度趋于饱和的流速，流速过大可能反而会导致生长速度下降。

有研究表明，气源流速增大带来薄膜生长速度提高的效果基本与其他沉积条件，如功率、气压等没有关系，大流速带来薄膜的快速沉积[63]。进一步测试气源流速变化对硅薄膜质量的影响，通过采用光敏性进行衡量，发现流速越大，薄膜暗电导越低，光敏性越高，意味着材料质量改善，内部缺陷减少[63]。这一材料质量改善的效果，源自材料晶化率的下降，体内非晶相增多，缺陷密集的结晶相界面减少。其他研究也获得了相似的结论[64,65]。所以，采用较大的气源流速，有利于快速沉积质量较好的非晶硅薄膜，如果需要生长微晶硅，则需要结合其他提高薄膜内部晶化率的办法。

4. 气源配比

对本征硅薄膜而言，气源配比指的是氢气与硅烷的流量配比，即氢稀释比 R，其定义为氢气和有源气体气流量之间的比值，即 $[H_2]/[SiH_4]$。研究表明，大氢稀释比在促进硅薄膜晶化方面起重要作用。已经发现，在硅烷气体混合物中采用大氢稀释比有助于提高短程和长程有序性，减少缺陷态密度，提高材料抗光致衰退的能力。有证据表明，在接近晶化的条件下沉积的非晶硅更加稳定，即初晶态硅。氢稀释比增大时，沉积速率会下降，当氢增加充分后，硅薄膜可以转变为纳米晶或微晶。

如图 4.5 所示，在特定条件下，当氢稀释比较小时($R<10$)，薄膜基本上只能是非晶态的，当厚度达到一定的临界值时，会发生"粗化"转变，即薄膜的生长表面会变得不稳定而使薄膜变粗糙，结构劣化。这个"粗化"转变会随氢稀释比的增大而受到抑制。对于较大的氢稀释比，所生成的薄膜首先仍是非晶的，但随着薄膜厚度的增加，在非晶基体中逐渐出现结晶(产生"混合相")，最终，薄膜变成完全的纳米晶或微晶。即使氢稀释比很大，上述过程基本上是无法避免的，只不过最初生成的非晶层厚度会变小，该层被称为非晶孵化层[66]。有效减小非晶孵化层厚度并保证材料质量，通常是微晶硅制备过程中需要解决的问题。

关于氢稀释比促进硅薄膜晶化的机理，目前主要有如下三种模型进行解释[67]：①高流量的原子氢促进表面吸附原子的扩散，使其移动到能量更加稳定的位置，形成更强的键，此为表面扩散模型；②原子氢刻蚀生长的薄膜，去除出现在能量不稳定位置上的有应力的弱键，此为选择性刻蚀模型；③原子氢渗入薄膜内部网络中，使不稳定的区域重构形成更加稳定的结构，此为化学退火模型。

显然地，硅薄膜从非晶态向微晶态转变也依赖于其他的沉积条件，氢稀释比并不是唯一的决定因素。在较高的衬底温度(高于 300℃)下，从非晶向微晶态转变需要较大的氢稀释比，除非发生衬底热效应引起的晶化。这种效应是由于随温度升高，氢在生长表面的黏滞系数降低。在低温(低于 250℃)下，要达到从非晶向微晶的转变同样需要大的氢稀释比，这个效应是由于此时氢的表面扩散低。大氢稀释比可诱发晶粒成核，低温则抑制晶粒生长，由此可得到具有更宽带隙的初晶态硅或纳米晶硅。

5. 沉积功率和沉积气压

尽管氢稀释比增大有利于硅薄膜晶化，但由于气源中的硅烷浓度降低，微晶硅生长速度很慢。要实现高质量微晶硅薄膜的高速生长，需要两个条件：要有足够的原子氢在薄膜生长表面上诱导结晶，同时要有足够的含 Si 自由激元输运到薄膜生长表面以提高生长速率。沉积功率和沉积气压共同决定了等离子体内的基团密度，影响单位时间内可以达到衬底表面的物质的量，同时影响带电粒子的能量及其对生长表面的刻蚀。一般地，沉积功率设定在 $10\sim100\text{mW/cm}^2$ 之间。功率过低，等离子体不稳定，难以维持。较高的功率有助于气源的充分分解，得到较高的淀积速率。但是，功率过高时，气体快速分解导致团聚反应在等离子体内发生而形成硅粉，进入生长的薄膜内诱发结构缺陷。为此，必须通过采用低沉积气压或大氢稀释比才可以解决。沉积气压低，基团在等离子体内扩散充分，有助于均匀沉积。沉积气压高，气体可能分解不充分，需要沉积功率同步匹配调节。有研究尝试揭示沉积功率和沉积气压同步调节对所得硅薄膜结构性能的影响[68]，将沉积功率和沉积气压的比定义为 C_{pp}，结果发现 C_{pp} 越大，薄膜中的氢含量越低，这可归因于高功率带来的对薄膜内弱键刻蚀效果的加剧；在折中的合适 C_{pp} 条件下，可以得到高质量的硅薄膜，此时薄膜内的氢含量大约在 8%。这充分说明了沉积功率和沉积气压配合调节的重要性。

为了提高微晶硅的生长速度，基于沉积气压和沉积功率控制，提出了一种称为高气压耗尽（high pressure depletion, HPD）的微晶硅沉积工艺[69]，该工艺通常将采用的<1Torr 的沉积气压提高到几 Torr 以上。气压提高使硅烷供给量增大，但硅烷会发生 $SiH_4 + H \longrightarrow SiH_3 + H_2$ 反应，这将消耗掉活性氢，降低晶化率，为此同时提高沉积功率，使 SiH_4 处于完全耗尽的状态，等离子体内缺少 SiH_4，上述反应被抑制，从而实现微晶硅的快速生长。在 1Torr 以下的低气压下，提高沉积功率会增大轰击生长表面的高能正离子浓度，破坏结晶，还会增大负离子浓度，在等离子体中聚集形成粉尘。但在高气压（>1Torr）下，等离子体可以通过碰撞降低离子能量，从而减小对生长表面的轰击。

6. 等离子体频率

尽管辉光放电通常采用的频率为 13.56MHz，但也对更宽频率（f）范围进行了探索，包括直流（DC, $f=0$）、低频（$f=30\sim300\text{kHz}$）、甚高频（$f=20\sim150\text{MHz}$）以及微波（MW）频率（$f = 2.45\text{GHz}$）等，结果发现等离子体频率对材料质量及其生长过程有重要影响，尤其是等离子体频率提高，可显著增大薄膜生长速度[70-73]。采用 VHF 等离子体可以使淀积 a-Si 薄膜的速度超过 10Å/s，而不会产生多氢化物的粉尘，这种情况在采用较低频率、通过提高沉积功率来提高沉积速率时会发生。如图 4.9 所示，等离子体频率提高，等离子体波长变短，这个与其他的具体沉积条件无关，此外，最主要的是，等离子体内的电子密度增大，电子能量降低，这个变化的具体量与实际的沉积条件有关[4, 74]。采用 VHF 等离子体可以高速无粉尘地沉积非晶硅，同样可以提高微晶硅的生长速度而不损害材料质量，被认为与等离子体中电子密度的提高有关，这有利于降低有害离子的能量，也有利于增大对生长薄膜有利的自由激元的密度(如原子氢和 SiH_x 前驱体),这些自由激元一方面可刻蚀掉疏松的无规非晶相,另一方面促进晶粒的快速生长。通过提高等离子体频率,可以使 HPD 工艺的效果得到进一步增强[75]。在沉积"器件质量"级微晶硅时,HPD 与 VHF 结合可以实现微晶硅 2~10nm/s 的高速生长[76]。

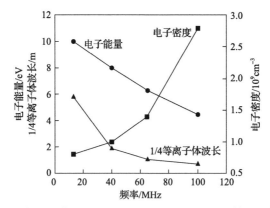

图 4.9　在特定沉积条件下,等离子体内的电子能量、电子密度和 1/4 等离子体波长与等离子体频率间的关系[4,74]

　　但将 VHF 工艺应用到生产中主要有两个难点:一是在大面积衬底上沉积得不均匀。当电极尺寸与等离子体半波长相近时,在电极上会形成等离子体的驻波分布,图 4.9 中已经表明,在 VHF 下等离子体波长变短,这种驻波效应更明显,由此影响镀膜均匀性。二是 VHF 的耦合,将从发生器中产生的 VHF 功率耦合到大面积电极上比 RF 要困难。这两个难点问题需要通过设备结构的改进来解决[77,78]。

　　7. 硼/磷掺杂与合金化

　　掺杂的目的是实现硅薄膜导电,并为制备 pn 结提供条件。如 4.1.5 节所述,非晶硅掺杂难度大,所以,掺杂层一般都需要晶化,即掺杂的纳米晶硅或微晶硅。硅薄膜晶化一方面可以提高掺杂效率,改善电导性,另一方面,如 4.1.7 节所述,晶化后吸收系数变小,也可以降低掺杂层的光学自吸收。硼掺杂一般采用 B_2H_6 或三甲基硼(TMB)实现,磷掺杂一般采用 PH_3 实现。未掺杂的本征非晶硅暗电导率在 10^{-10}~10^{-11}S/cm 量级,经掺杂后,可提升至 10^{-4}S/cm 量级,而纳米晶硅的暗电导率可以增加到 10^{-1}S/cm 量级,相比于 RF,采用 VHF 甚至可以使 nc-Si:H 的暗电导率达到 1~10S/cm[79]。并且,薄膜的导电性能随厚度增加逐步提高到一个稳定值,这与薄膜的生长状态有关,晶化率随厚度变大逐渐增加,掺杂效率逐渐提高[79]。相比于 RF,采用 VHF 制备的薄膜最终的晶化率要低一些,但却能在更薄的厚度下实现更大的电导率,这也凸显了 VHF 在提高硅薄膜掺杂效率方面的优势[79]。

　　与沉积本征硅薄膜相比,掺杂源的引入除了改善薄膜导电性外,也会带来一些其他方面需要注意的影响。无论硼掺杂还是磷掺杂,都会产生抑制晶化的作用,本征微晶硅因掺杂可能会转变为非晶硅,导致光电性能劣化[80,81]。所以,当进行硼/磷掺杂时,需要进一步采用一些促进薄膜晶化的措施，以减弱掺杂所带来的非晶化效果。此外，掺杂提升薄膜的导电性与掺杂剂用量有关，但并不是掺杂剂越多，导电性越好，而是存在一个折中的掺杂剂用量，原因是除了非晶化因素外，掺杂导致薄膜内部缺陷增多，掺杂剂激活率也会下降。

　　硅薄膜合金化同样带来薄膜微结构和性能的变化。对 SHJ 太阳电池而言，硅薄膜合金化主要是为了降低薄膜层材料的光学自吸收，因此重点关注硅氧(SiO：H)、硅碳(SiC：H)等宽带隙材料的合金化问题。一般地，SiO：H 的制备通过往气源中引入 CO_2 作为氧源实现，SiC：H 的制备通过往气源中引入 CH_4 或 CH_3SiH_3 作为碳源实现。对硅氧薄膜而言，氧含量增大，材料透明度增大，折射率降低，但随之带来的是晶化率的快速下降，导致电导率降低，结果只能得到宽带隙的掺杂 a-SiO：H[82]。针对硅氧薄膜掺杂，当 PH_3 流量较低时，其用量增加，会带来薄膜晶化率的提高，原因主要是 PH_3 抑制了掺氧效果，降低了薄膜中的氧含量[81]。得到高氧含量的宽带隙 μc-SiO：H 的难度较大[82]。采用掺碳合金化提供了一种可能的解决途径。μc-SiC：H 相比于 μc-SiO：H 具有更宽的带隙，因而透光率更高，同时晶化的 SiC 也更容易掺杂得到高的电导率，但同样也呈现出随碳含量增多，掺杂难度增大的问题，尤其是针对 p 型掺杂。对硅碳薄膜而言，n 型掺杂可以掺磷，也可以掺氧或掺氮，p 型掺杂可以掺硼，也可以掺铝[83,84]。无论采用哪种方式，相比于单纯的硅薄膜，由掺杂和碳合金化引起的问题都加大了工艺控制和调节的难度。

4.3　热丝化学气相沉积(HWCVD)

4.3.1　HWCVD 原理

　　如图 4.10 所示[85]，HWCVD 利用高温热丝将反应气体催化分解生成镀膜活性基团，这些活性基团沉积到衬底表面上发生吸附、扩散、成键、脱附等反应过程，最终成膜。以硅薄膜为例，与 PECVD 相似，同样采用 SiH_4 气体或 SiH_4 与其他气体如 H_2 或 He 的混合物通入腔室中，气体首先经过被加热到高温(1800～2000℃)的金属丝，金属丝的高温作用将气源催化激发或分解成自由分子或基团，然后，含硅自由基团在腔室中扩散，并发生一些气相反应，最终可以成膜的基团沉积到离金属丝一般几厘米并被加热到 150～450℃的衬底上，随后发生基团在衬底表面的成膜过程。由上面可以看到，HWCVD 和 PECVD 原理上的最大不同在于气源分解产生成膜活性基团所需的能量来源不同，PECVD 靠等离子体激发，HWCVD 则是依靠高温金属丝的催化加热，因此，HWCVD 也被称为 Cat-CVD。

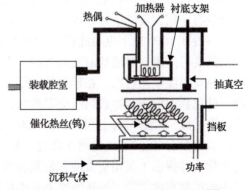

图 4.10　HWCVD 腔室结构示意图[85]

工作原理上的不同使 HWCVD 与 PECVD 相比具有一些特定优势。HWCVD 热丝催化气源分解率高、特气消耗量相对较低、薄膜沉积速率快。由于没有等离子体激发，不存在带电高能离子，不会对薄膜表面产生轰击损伤，有利于薄膜的高质量生长。热丝催化产生的原子氢能更好地起到钝化作用，使薄膜体内缺陷减少，光敏性更高。采用 HWCVD 沉积非晶硅，可以在达到 10nm/s 以上的高生长速度时，仍能够保持薄膜内部较低的氢含量和高达 10^5 量级的光敏性(光电导和暗电导的比值)[86]，证明生成的非晶硅薄膜内部含有较少的体内缺陷，材料稳定性也会获得改善[87]。在晶硅衬底上镀制非晶硅薄膜时，相比于采用 PECVD，采用 HWCVD 得到的 a-Si：H/c-Si 界面更清晰、更陡峭，表明其对晶硅衬底表面的损伤更少，生成的非晶硅薄膜质量更高[88]。当沉积微晶硅时，HWCVD 采用的气压更低、氢稀释比更小、生长速度也快[89]。有研究表明，采用 HWCVD，即使利用纯硅烷，在合适的条件下也能很容易地实现硅薄膜的晶化[87]。但 HWCVD 也有局限，主要与催化气源分解的热丝相关，表现为热丝状态变化快，使用寿命短，更换频次大，维护和使用成本高。

4.3.2　沉积参数对硅薄膜性能的影响

HWCVD 的沉积参数主要包括：热丝的表面积(S_{cat})、热丝到衬底的距离(D_{cs})、热丝温度(T_{cat})、沉积气压(P)、气源配比及流速、衬底温度等。

沉积气压、气源配比及流速、衬底温度等是与 PECVD 共同涉及的沉积参数，这些参数对薄膜性能的影响规律有相似之处，但由于 HWCVD 的高气源分解率，这些参数对性能的影响并不像 PECVD 中那样明显，并且由于 HWCVD 高生长速度的特点，通常采用的气压、气流量都要比 PECVD 小得多。一般地，沉积硅薄膜时，HWCVD 采用的气压在 0.1～10Pa 之间，氢稀释比不大于 100，低气压、小流量、较大的氢稀释比有利于提高硅薄膜晶化率。

与热丝相关的沉积参数对硅薄膜性能的影响更大。HWCVD 沉积非晶硅时，热丝温度、热丝表面积及沉积气压等对薄膜生长速率有重要影响[90]，热丝温度升高，生长速度增长较快；热丝表面积增大，同样会带来生长速度近乎等比例地增大；沉积气压增大，薄膜生长速度也会增大，这些基本都与热丝对气源的高催化分解特性有关。生长速度增大到一个特定值后不再增大，预示着主要气源硅烷已耗尽。薄膜生长速度过大，导致薄膜质量有一定程度的下降，为此，需要控制薄膜生长速度在一定的范围内，前述的沉积气压一般在 10Pa 以下也与此相关，热丝表面积受材料限制一般也不会太大，热丝变粗会使加热变得困难。对热丝温度的选择，不能只简单地考虑生长速度。

热丝温度不能过低，在较低的温度下，金属热丝会与硅反应，在热丝表面生成硅化物。硅化物的形成会导致热丝电阻增大，温度下降，寿命变短[91]。为避免在热丝表面的硅化物形成，一般热丝温度都要在 1700～1800℃以上。但也有研究发现，即使温度升高，热丝表面没有硅化物(硅化物在高温下分解挥发)，硅也会扩散进金属热丝体内，导致性能劣化；并提出了采用交流源如射频源替代直流源给热丝加热的方法，可以降低硅往热丝中的扩散程度[92,93]。另外的解决方法是热丝采用更稳定的金属合金，如碳化钨(WC)、碳化钽(TaC)等碳化物或者石墨[94,95]。

热丝温度也不能过高，尽管采用的热丝 W、Ta、Mo 等具有高的熔点和相对低的饱和蒸气压，温度过高时仍然会对沉积的薄膜产生污染。采用钨丝时，温度超过 2000℃，进入薄膜内的 W 的量就会显著增加[96]。此外，高的热丝温度还会导致对衬底的热辐射增大，使得衬底温度很快上升，对薄膜生长产生影响。例如，有研究将热丝温度设定为 1900℃，导致硅衬底温度从设定的 150℃很快上升到近 270℃[97]。为此，需要调节沉积气压或热丝到衬底的距离等来弱化高热辐射导致的影响。此外，热丝辐射在气源空间和衬底上的分布是影响薄膜均匀性的重要因素，这与热丝的结构包括表面积、根数、间距及其与衬底之间的距离都有很大的关系[98]，这些往往是在薄膜沉积过程中不可调节的参数，因此，在制造 HWCVD 设备时，就必须考虑镀膜工艺与性能需求，对这些参数进行合理设计。

4.4　本征硅薄膜钝化层沉积

4.4.1　本征硅薄膜在晶硅衬底表面的生长与钝化

本征硅薄膜沉积在晶硅衬底上，起到异质结界面钝化的作用，其真正获得的钝化效果与其微结构有密切关系。

研究表明，硅薄膜在衬底上的生长过程首先是从非致密的岛状生长开始的，即硅薄膜先在衬底上易于成核的位置生长，形成岛状结构，这些岛状结构并不能完全覆盖衬底的整个生长表面，导致生长表面的粗糙度变大。此阶段时间短，但表现出的薄膜生长较快，可以称为薄膜生长初期的快速生长期。之后，随着反应物沉积的一步步增加，这些岛状结构最终合并成为完全覆盖衬底表面的薄膜，薄膜进入稳态生长阶段，此时的生长速度比起始阶段的生长速度要低，因此可以称为薄膜稳态生长的慢速生长期[99]。有研究表明，在非晶硅薄膜开始生长之初，其中的氢含量很高，且主要是 Si—H₂ 的贡献，这预示着薄膜的非均匀生长所导致的内部孔洞及缺陷的增加，对应于薄膜生长之初的快速生长；随着薄膜厚度的持续增加，薄膜内部的 Si—H₂ 逐渐减少，Si—H 增加，表明薄膜质量变好，致密度增加，大约在 4 nm 的厚度时，氢含量不再变化，之后的生长达到了稳定态[100]。同时采用相应的不同厚度的非晶硅作为钝化层制作 SHJ 太阳电池，发现电池获得最大转换效率时薄膜刚好达到稳态生长时的状态，电池开路电压的变化与薄膜内氢含量的变化相一致，之后的效率下降来自厚度增加所导致的电池填充因子和短路电流密度的下降[100]。这说明非晶硅薄膜的钝化性能与薄膜内的氢含量，特别是生长初期的快速生长期内的氢含量有关，同时也表明，薄膜达到稳态生长后，薄膜厚度的增加不会带来薄膜整体氢含量的明显变化，因此采用较厚的硅薄膜代替较薄的硅薄膜进行一些定性分析研究是可以采用的，薄膜厚度增加有利于一些特定检测方法的实施。

显然，硅薄膜内部氢含量与其微结构之间有密切关系。采用 PECVD 工艺制备硅薄膜样品，可以通过拉曼(Raman)和傅里叶变换红外光谱(FTIR)测试，分析硅薄膜样品的内部微结构，并通过少子寿命测量检测这些硅薄膜对晶硅衬底的钝化效果。有关这些测试的具体内容可见本书第 8 章。研究表明，偏向于非晶硅的薄膜钝化效果最好，薄膜内部晶化率和结晶尺寸的增大会降低钝化性能[101]。分析认为非晶硅态中含有更多的氢原子，可以钝化晶硅表面的悬键；而结晶相含量越大，H 原子含量就会相应减少，并且晶粒边界缺陷降低钝化效果的可能性也会越来越大[101]。而非晶硅薄膜中，致密的非晶硅薄膜含有最多的 Si—H 键，疏松的非晶硅薄膜含有更多的 Si—H$_2$ 键。尽管前述分析表明薄膜初期生长在异质结界面上更多分布的是 Si—H$_2$ 键，但薄膜整体 Si—H$_2$ 键的增加会导致钝化性能变差，因为 Si—H$_2$ 键在薄膜内部出现的位置往往是在孔洞的表面或晶粒的界面上，Si—H$_2$ 键含量增大预示着薄膜内部缺陷增多，从而使钝化效果变差[101]。所以，如何获得在界面含有足够的氢，可以充分饱和悬键，同时在薄膜体内氢又以 Si—H 键为主要存在形式的微结构致密的非晶态硅薄膜是制备高性能硅薄膜钝化层的关键。

这样的硅薄膜材料通常是接近非晶/微晶相转变区域的材料，可以称为相变域材料。如前所述，调节氢稀释比是实现硅薄膜微结构调控的最有效办法，随着氢稀释比变大，硅薄膜内部的晶化率变大，预示着材料从非晶态向微晶态的转变，同时，对于不同的沉积条件，均呈现出钝化性能随氢稀释比变大先升高再下降的趋势，存在一个折中的氢稀释比使钝化效果最好，此时对应的硅薄膜刚好处于非晶微晶相转变的区域，硅薄膜内部具有较合适的氢含量，并且氢原子的存在状态以 Si—H 键为主[102,103]。

但是，在实际的硅薄膜沉积过程中，并不能只靠简单地调节氢稀释比来最优化硅薄膜的质量，还必须考虑其他的沉积参数，如气压、功率、衬底温度等。在复杂的沉积工艺优化过程中，找到一种可以判断所得材料是相变域材料的简单办法显然具有重要意义。有研究提供了一种根据等离子体中的硅烷浓度（c_p）进行判断的办法，不考虑具体沉积条件，沉积的硅薄膜处于相变域的条件是 c_p 处于 0.5%～1.2%之间[104]。

4.4.2 本征硅薄膜外延生长对钝化性能的影响

硅薄膜在晶硅衬底上沉积与在玻璃等非晶态衬底上沉积有很大不同，洁净的晶硅衬底硅原子排列有序，容易诱导硅薄膜中的硅原子在相变域材料沉积条件下在一些特定的区域内按照硅衬底原子的排布进行生长，从而产生局域的外延生长效应。但是，这种在低温下发生的外延是不理想的，不仅在界面上而且在外延层内部都会产生缺陷[105]。并且，外延不能一直进行，随着薄膜厚度的增加，外延层会往非晶相转变[106]。也就是说，这种在低温下诱导出的外延生长只在晶硅界面上发生，并且产生的区域是不均匀的，从而导致硅薄膜/晶硅异质结界面变得不平整，界面面积变大，另外，引入的新结构缺陷会使硅薄膜整体钝化效果劣化。正是硅薄膜在晶硅衬底上发生局部外延的不均匀性，导致原本陡峭很窄的 a-Si：H/c-Si 界面区变成包含外延层的不平整界面区，使得钝化变得更加困难[107]。

近期，通过对 a-Si：H/c-Si 界面的原子尺度结构特征进行精细研究，发现在 c-Si(111)面的 a-Si：H 钝化薄膜中不仅存在常规的外延生长，而且在 2～3nm 的外延层中还观察到大量纳米孪晶结构，包括自由式纳米孪晶和嵌入式纳米孪晶两种形态，其中嵌入式纳米孪晶被分析认为会在外延层中引入缺陷，是限制电池效率提升的主要原因[108]。通过对常规外延、自由式纳米孪晶和嵌入式纳米孪晶三种状态进行原子排布建模和能带结构计算，发现嵌入式纳米孪晶可以在能带带隙内产生附加的深能级缺陷和浅能级缺陷，分析认为，这些缺陷能级是外延导致钝化性能降低的重要原因[108]。当在晶硅衬底表面沉积带缓冲层的双层本征钝化层时，可以有效减少界面上产生的嵌入式纳米孪晶，晶硅衬底的有效寿命得到明显提高[108]。

硅薄膜发生外延的情况除了与晶硅衬底的表面状态有关外，与薄膜沉积条件中的沉积温度以及气源中的硅烷耗尽度（D）有很大关系。有研究表明，硅薄膜的外延生长在晶硅(100)晶面上比(111)晶面上更容易发生[109]。沉积温度影响反应物在衬底生长表面的吸附、扩散及脱附过程。硅烷耗尽度被认为与沉积的薄膜微结构有关，当硅烷含量高时，需要硅烷耗尽度较大才能使薄膜处于相变域状态，从而得到高钝化寿命，但如果硅烷耗尽度往高值偏离，就会导致薄膜晶化，发生界面外延[110]。所以，需要对抑制外延的工艺条件参数进行精细控制[111]。

4.4.3　本征硅薄膜沉积前处理与沉积后处理工艺

1. 前处理

沉积本征硅薄膜钝化层的主要目的是消除晶硅衬底表面上的悬键缺陷，为此，在对晶硅衬底进行清洗后、沉积本征钝化层之前，可以进行进一步减少硅衬底表面态的前处理。这样的前处理主要是氢处理和表面预氧化。

在采用 PECVD 沉积钝化层之前，对晶硅衬底表面进行合适工艺的氢处理可以使后续的薄膜钝化之后的寿命获得提高。氢处理可以进一步清洁硅衬底表面，如去除表面残余的氧化物等，并能钝化一定的表面缺陷；此外，晶硅表面氢处理还会对后续硅薄膜的沉积产生影响，合适时间的氢处理可以有效改善后续沉积硅薄膜的有序性，使其微结构因子 R^* 降低。硅薄膜的微结构因子 R^* 定义为 Si—H_2 键的量在 Si—H 键和 Si—H_2 键总量中所占的百分比[101]。氢处理时间过长，薄膜的微结构因子 R^* 重新变大，薄膜的钝化寿命下降明显，说明氢等离子体中存在的带电离子对表面的轰击损伤带来表面缺陷态密度的重新增加[112]。所以，晶硅衬底表面适度氢处理对制备高性能 SHJ 太阳电池有利。相比于 PECVD 可能产生带电离子对衬底表面的轰击，HWCVD 由于只产生原子氢，对衬底表面的损伤小，在氢处理方面具有一定优势。

为防止本征钝化层沉积制备易发生外延，可以对晶硅衬底表面进行预氧化处理，这个工艺通常采用湿化学方法，在含有一定浓度氧化剂（如 H_2O_2、HNO_3 等）的水溶液中进行[113, 114]，因此可以结合到晶硅衬底的清洗制绒步骤中。有研究采用 2% H_2O_2 水溶液对晶硅衬底进行预氧化，发现短时 30s 的预氧化处理即可使后续沉积硅薄膜钝化层后的钝化性能有明显提高，提升效果基本与硅薄膜钝化层的厚度无关[113]。进一步经退火处理后，钝化性能可以进一步改善。之后制备 n 型掺杂硅薄膜层，并对其与晶硅衬底之间的电阻行为进行测试，发现只要预氧化时间不是太长，二者之间的电阻就没有太大变化。这个结果说明，预氧化在晶硅衬底表面生成的氧化硅薄层能够有效提升后续硅薄膜的钝化性能，同时不会对需要通过的载流子输运产生影响。预氧化生成的超薄氧化层能够提升硅薄膜钝化效果的原因被认为是晶硅异质结界面上的氢含量提高，同时对后续硅薄膜在退火过程中可能发生的氢溢出有抑制作用[113]。

2. 后处理

由于硅薄膜沉积初期生成的是富含 Si—H$_2$ 的疏松多孔层,尽管其中含有的氢可以钝化表面悬键,但其自身缺陷仍需消除,因此,硅薄膜钝化层沉积后处理工艺是必要的。氢处理作为后处理的有效方式,已被广泛采用。提高等离子体功率有助于氢气分解,从而产生更多的氢,用于改善薄膜钝化;衬底温度提高有助于氢往薄膜内直至晶硅界面的扩散;而沉积气压和电极间距决定了氢原子在等离子体中的平均自由程,气压越高、间距越大,平均自由程越小,到达薄膜表面的氢原子就会减少,氢处理改善钝化性能的效果减弱。过长时间的氢处理同样会带来性能劣化,钝化膜会被刻蚀减薄[115]。

氢处理也可以在硅薄膜沉积的中间过程中进行,甚至可以进行多次。采用 PECVD 制备硅薄膜钝化层时,在其沉积前、中、后分别进行氢处理的多种组合情形下,薄膜的钝化性能均会有不同程度的改善[116]。不进行任何氢处理的参考样品的钝化寿命最短,后氢处理的效果要优于前氢处理的效果,相比于单一的后氢处理,前、后氢处理的组合以及前、中、后氢处理的组合都可以使钝化寿命获得进一步的改善,只是延长的幅度不太明显[116]。因此,从简化步骤的角度考虑,只需找到优化的后氢处理条件即可;但从性能最优的角度考虑,还需进一步优化前氢处理和中间氢处理过程。

对沉积后的薄膜进行热退火处理同样可以使富 Si—H$_2$ 的晶硅异质结界面发生结构弛豫重构,转变为结构更致密的 Si—H 态,一方面自身缺陷态密度降低,另一方面,释放的氢扩散到界面上中和硅悬键,使钝化性能获得改善。对于在较低的温度下沉积制备的硅薄膜,在相对较高的温度下进行热退火处理时,由于低温制备的硅薄膜在晶硅异质结界面上含有大量 Si—H$_2$,退火时间越长,其钝化性能的改善就越明显[117]。该退火改善硅薄膜钝化性能的规律可以采用如下热动力学公式进行表征[117]:

$$\tau_{\text{eff}}\left(t_{\text{ann}}\right) = \tau_{\text{eff}}^{\text{SS}}\left\{1 - \exp\left[-\left(\frac{t_{\text{ann}}}{\tau}\right)^{\beta}\right]\right\} \tag{4.2}$$

式中,$\tau_{\text{eff}}^{\text{SS}}$ 为饱和寿命;β 和 τ 分别为离散参数($0<\beta<1$)和有效时间常数。通过测量在一定温度下有效钝化寿命 τ_{eff} 随退火时间 t_{ann} 的变化,可以通过式(4.2)求得上述三个参数 $\tau_{\text{eff}}^{\text{SS}}$、$\beta$ 和 τ。显然,这三个参数的具体数值与硅薄膜材料的具体沉积工艺有关。

进一步对不同温度条件下制备的硅薄膜经不同温度退火处理后所呈现出的对晶硅衬底的钝化效果进行研究[118],发现在低温下沉积制备的硅薄膜,经退火处理后其钝化性能可以获得明显改善,退火温度越高,钝化效果越好,表面复合速率 S_{eff} 越低;随着沉积温度升高,热退火处理改善钝化的效果减弱,存在一个中间温度,在该温度下沉积制备的硅薄膜的钝化性能基本不受退火工艺的影响;沉积温度进一步升高,退火反而会使钝化性能下降,表面复合速率 S_{eff} 变大[118]。

这表明,硅薄膜材料对退火处理的响应不同与其内在微结构不同有关。低温沉积的硅薄膜内部氢含量大,并且 Si—H$_2$ 态较多,在退火处理过程中,薄膜结构弛豫重组,氢原子可转变为 Si—H 态,扩散移动的氢可消除缺陷态,因而改善钝化性能。但在高温下沉积的硅薄膜内氢含量少，退火条件下可能还会导致氢原子进一步溢出，结果氢含量更少，缺陷态反而增加。因此，在适当的低温下沉积结合后续优化的热退火处理工艺是获得高性能本征钝化层的有效办法。

在实际的 SHJ 太阳电池制备过程中，本征钝化层完成之后，后面仍有多步带温度的步骤需要完成，特别是丝网印刷制备金属电极的过程需要将电池进行较长时间的热处理固化，这些过程均会对钝化层起到热处理退火的效果。因此，生产上不会再另外设计热处理工艺，只需要结合这些后续工艺来优化钝化层在相对较低温度下的沉积制备条件即可。

4.4.4 本征硅薄膜合金化与多层复合钝化结构

由本征硅薄膜钝化的原理可知，薄膜内足量的氢是实现优异钝化的关键。相变域结构材料尽管自身体内缺陷态密度低，但氢含量不足，为此，高钝化性能的获得需要提高钝化层厚度，以能够往异质结界面上提供足够的氢[119]。但在实际的 SHJ 太阳电池中，钝化层厚度的增加会导致电池填充因子和短路电流密度的下降，具体原理可参见本书 2.3.3 节。尽管可以采用氢处理和热退火等方式对较薄的钝化层进行一定程度的改善，但无法实现钝化性能的最大化，并且工艺控制不当还会导致异质结界面发生外延，进而使钝化性能下降。

为解决上述问题，研究主要尝试了两种方案，一种是本征硅薄膜合金化，通过制备宽带隙合金层，在获得钝化性能的同时，降低钝化层自吸收，从而弱化电池短路电流下降的程度；另一种是开发多层复合钝化结构，如采用疏松富氢界面层与致密低缺陷隔离层相结合的双层钝化结构，前者为异质结界面提供足够的氢，后者避免后续掺杂层缺陷态的影响。

1. 本征硅薄膜合金钝化层

有很多研究围绕本征非晶硅氧(a-SiO：H)钝化层展开[120-123]。钝化层中的氧含量越高，硅氧薄膜的折射率越低，透光性越好，但同时带隙展宽，其与晶硅衬底之间的能带失配度会增大。这些材料结构和性能的变化最终带来 SHJ 太阳电池光电转换性能的改变。一般通过调节制备时气源中的 CO_2/SiH_4 比例来调节本征 a-SiO：H 钝化层中的氧含量，随氧含量增加，电池的开路电压呈现出增大至一个极值的趋势，短路电流密度也呈现出相近的规律，但电池的填充因子基本上是下降的[120]。这说明，硅薄膜中加入适当的氧不但可以降低薄膜的光吸收，而且对改善异质结界面的钝化性能也可以起到一定作用，但所带来的与晶硅衬底之间的能带失配度加大会明显限制载流子的输运，导致电池填充因子降低。所以，本征 a-SiO：H 钝化层的氧含量和厚度均需要折中控制。

另一种宽带隙的硅薄膜合金 a-SiC：H 也被研究[124-126]，基本得到与 a-SiO：H 相似的结论，C 含量的增加对 SHJ 太阳电池的性能表现出与 O 含量的增加近乎相同的影响规律。尽管硅薄膜合金化有使 SHJ 太阳电池填充因子降低的趋势，但同时，C、O 等合金元素的引入也提高了薄膜的结构稳定性，同 a-Si：H 钝化层相比，采用硅薄膜合金钝化层的电池表现出更好的抵抗后续较高温度退火的能力。采用 a-Si：H 钝化层的电池在 250℃ 以上的温度下热处理，就会导致钝化性能劣化，电池开路电压大大降低，而采用较高 C 含量的 a-SiC：H 钝化层的电池，即使在钝化层厚度很薄时，在 350℃左右的更高温度下也只表现出小幅度的性能下降[124]。合金元素的引入能够在一定程度上抑制薄膜晶化，从而可以有效避免在薄膜沉积及后续退火过程中在晶硅异质结界面上产生外延。由于高温处理对改善电池金属电极的导电性具有积极作用，电池抗高温稳定性的增加是值得关注的优势。

2. 多层复合钝化结构

研究发现 SHJ 太阳电池的开路电压在硅薄膜钝化层达到稳态生长时开始饱和[100]。这似乎说明对异质结界面起主要钝化作用的是紧邻界面区域的薄膜中的氢含量，尽管薄膜起始生长时含有的孔洞缺陷很多。本书 2.3.3 节中的理论研究结果也说明，只要能够将异质结界面上的缺陷态密度降低，很薄的钝化层内部即使体内缺陷密度很高，也基本对电池性能没有影响。有研究对采用相变域制备的高质量 a-Si：H 层和采用高气压制备的疏松多孔 a-Si：H 层分别作钝化层的 SHJ 太阳电池的性能进行了对比分析[127]。相变域非晶硅薄膜材料的钝化性能随厚度增加而不断改善，电池开路电压提高，但同时电池短路电流密度和填充因子下降，因此无法在一个钝化层厚度下同时实现电池多个特征参数的最大化，由于钝化层内氢含量不足，最优性能的电池开路电压仍低；而疏松多孔低质量非晶硅钝化层因其中氢含量高，可以提供大量的氢来饱和异质结晶硅界面上的悬键缺陷，所以在厚度很薄时即能获得很高的开路电压，但随着钝化层厚度的增加，电池的所有特征参数均呈下降趋势，这说明了钝化层体内缺陷所带来的负面影响[127]。

因此，采用超薄的疏松富氢界面层与略厚的致密低缺陷隔离层相结合的双层钝化结构，可以解决钝化层同时实现高氢含量和低体内缺陷密度的问题[128]。针对背面 pn 结结构的 SHJ 太阳电池，在 pn 结界面上采用约 1.5nm 厚的富氢界面调制层与约 8nm 厚的致密低缺陷非晶层相叠加的双层钝化结构。富氢界面调制层的微结构因子 (R^*) 和氢含量 (C_H) 会随沉积气压变化，当沉积气压较低时，其微结构因子和氢含量均较低，沉积气压提高导致微结构因子和氢含量增大，这意味着界面调制层实现了富氢目的，并且氢原子多以 Si—H$_2$ 态存在，薄膜呈现疏松多孔结构。当将其应用于 SHJ 太阳电池中时，最佳转换效率在折中的沉积气压获得，此时界面调制层的微结构因子 R^* 约为 55%，氢含量约为 25%；气压过低，氢含量不足，钝化效果不佳；气压过高，体内缺陷过多，复合率提高[128]。因此，在这种双层结构中，对界面调制层的微结构和厚度需要进行精细控制。已有大量研究证明了这种叠层结构的有效性[129-132]。为使调制更加精细，可以采用三层乃至更多层的渐变结构，只是工艺也变得复杂[133,134]。

4.5 掺杂硅薄膜发射极层与表面场层沉积

掺杂硅薄膜层在 SHJ 太阳电池中起到发射极层和表面场层的作用。在 p 型晶硅衬底上，需要 n 型掺杂硅薄膜层作发射极，p$^+$型掺杂硅薄膜层作表面场；在 n 型晶硅衬底上，需要 p 型掺杂硅薄膜层作发射极，n$^+$型掺杂硅薄膜层作表面场。一般的，p 型掺杂硅薄膜层掺杂难度大，往往需要较大的厚度，为此，现有技术普遍采用的做法是将 p 型掺杂硅薄膜层置于 SHJ 太阳电池的背光面，这样可以适度减小对其光学性能方面的要求，降低制备难度。所以，在 p 型晶硅衬底上制备的 SHJ 太阳电池一般具有前发射极背表面场结构；在 n 型晶硅衬底上制备的 SHJ 太阳电池一般具有背发射极前表面场结构。掺杂硅薄膜层作为 SHJ 太阳电池的构成主体，是光电转换所依赖的 pn 或 np 结及 pp$^+$或 nn$^+$高低结的来源，对 SHJ 太阳电池的光电转换性能起决定性作用。

4.5.1　掺杂硅薄膜的生长与缺陷态分布

如前面 4.1.4 节所述，与晶硅衬底相比，非晶硅薄膜掺杂难度大。掺杂原子要形成替位掺杂的四重配位结构，需要硅悬键参与，薄膜中含有的氢也会与掺杂原子形成配合物，导致有效掺杂失效。以磷、硼掺杂为例，每形成一个给出电子的磷正离子 P$^+$，就会对应形成一个得到电子的负电悬键 D$^-$，每形成一个给出空穴的硼负离子 B$^-$，就会对应形成一个得到空穴的正电悬键 D$^+$。掺杂度增加带来缺陷态密度增加，材料质量变差[135]。

有研究揭示了 n 型非晶硅薄膜体内缺陷和能级位置随磷掺杂的变化情况[136]，发现随着磷源用量增加，薄膜内部的缺陷越来越多，不但是带隙中间区域的悬键态，带尾态也变得越来越宽，这表明掺杂度提高同时带来了材料体内缺陷增加，质量变差。进一步发现，掺杂对薄膜带隙的影响较小，E_C–E_V 基本不变，但费米能级 E_F 的移动随掺杂增加越来越难，当进行 n 型掺杂时，E_F 从本征态时的距离 E_C 约 0.6eV 逐渐移动到距离 E_C 0.2～0.3eV 后就很难继续移动，这反映了高浓度缺陷对费米能级起到的钉扎作用，使进一步掺杂失效[136]。

相比于磷的掺杂，硼的掺杂效率更低。并且，有研究表明，体内缺陷的产生与费米能级位置有明显依赖关系，费米能级因掺杂往能带边移动，导致薄膜内氢溢出需要的扩散能(E_D)降低，这是薄膜内部缺陷增加的主要原因。相比于 n 型掺杂，p 型掺杂的硅薄膜中这种因费米能级的移动而引起的氢溢出更明显，这会导致 p 型掺杂硅薄膜内部的缺陷态密度更高[137]。

掺杂难度提高限制了非晶硅薄膜内的载流子浓度和导电性，影响载流子的传输和界面接触；缺陷态因掺杂而增加，导致非晶硅薄膜成为光学死层，吸光产生的光生载流子无法贡献光电流。鉴于此，结合硅薄膜沉积随生长条件能够发生相转变的特点，将掺杂硅薄膜层由非晶态转变为晶化态，制备掺杂微晶硅或纳米晶硅已成为普遍共识[138-140]。与非晶态相比，结晶相在光学和电学两个方面均表现出明显优势：吸收系数变小，透光性变好；掺杂效率提高，载流子浓度变大，同时，微晶硅和纳米晶硅具有更大的载流子迁移率，这些都使掺杂硅薄膜导电性变好。

将微晶硅或纳米晶硅应用于 SHJ 太阳电池的掺杂层时，是将其沉积在本征非晶态钝化层上，同时沉积厚度一般保持在 10nm 左右，这对高性能膜层的制备提出了几个需要解决的问题：微晶硅和纳米晶硅在非晶生长表面的形成都存在一个孵化层，需要使其在很薄的厚度内快速成核；需要在很小的厚度内提高晶化率和掺杂效率；需要保持整体电池结构的高钝化性能；需要提高膜层生长速度，缩短沉积时间；需要避免与导电电极之间的接触势垒并尽可能减小二者之间的接触电阻；需减少体内缺陷，提高透光率。

通常，为得到高性能的微晶硅或纳米晶硅，在提高氢稀释比基础上对沉积工艺进行优化是常规做法。一种逐层(layer by layer, LBL)沉积的方法具有使硅薄膜在薄层厚度内快速晶化的优势[141]。LBL 沉积方法是先用含硅等离子体在生长表面沉积硅薄层，然后采用氢等离子体对膜层表面进行处理，以此为周期进行循环沉积，逐层生长出所需厚度的硅薄膜。该方法利用氢等离子体的化学退火原理促进硅薄膜晶化，氢等离子体处理硅薄膜表面会使其中所含孔洞增多，当孔洞数量超过临界点时便会发生聚合晶化，此后薄膜质量逐步改善，孔洞减少。经过一定的循环次数，硅薄膜便会从孵化生长经快速成核达到结晶相的稳态生长，由于该方法中的孵化成核层很薄，在晶化过程中整个薄膜直至界面全部转变为微晶[141]。

4.5.2　掺杂硅薄膜对晶硅衬底表面钝化性能的影响

掺杂硅薄膜层制备在本征钝化层上，与其构成叠层共同对电池的整体钝化性能产生影响。尽管掺杂硅薄膜层自身含有的缺陷较多，但由于与晶硅衬底之间有本征钝化层隔离，通常不会带来钝化性能的下降。这也是在掺杂硅薄膜层和晶硅衬底之间插入本征钝化层所起的主要作用。由于本征钝化层微结构在掺杂层沉积过程中会受到一定影响而发生结构弛豫方面的变化，通过工艺控制，一般均能实现正面影响，即相比于只有本征钝化层时，掺杂层沉积完成后，整体的钝化效果会进一步提升。但由于 p 型掺杂层通常比 n 型掺杂层掺杂效率低、内含缺陷也多，从而使得 in 呈现出的钝化效果要远远好于 ip 呈现出的钝化效果。而且，由于 p 型掺杂层的氢溢出所需扩散更低，在后续的温度处理工艺，如 TCO 电极沉积和银栅线电极的丝印固化过程中，其性能会进一步劣化。本征层钝化的晶硅衬底和本征层与 n 型掺杂层共同钝化的衬底的钝化性能经适当的热退火处理都表现出改善的趋势，并且相比于单一的本征层，本征层/n 掺杂层叠加进一步使钝化性能获得提高，这一方面归因于 n 层沉积过程中本征层结构的弛豫优化，另一方面 n 掺杂层起到很好的场钝化效果；但本征层与 p 层叠加尽管初始也有提升，但却无法经受后续温度工艺过程[142,143]。这种劣化不但来源于 p 层自身缺陷密度的增加，而且也会导致下面 i 层中的氢溢出，使其钝化性能同步下降[143]。因此，如何避免 p 掺杂层可能带来的钝化劣化是研究的重点。

实践表明，通过控制 p 层制备工艺，特别是使 p 层晶化转变为微晶硅或纳米晶硅可以有效避免 p 层沉积所带来的性能劣化，这被归因于微晶硅或纳米晶硅氢含量减少，带隙变窄，性能趋于稳定[52]。采用微晶硅 p 层代替非晶硅 p 层，电池开路电压有一定提升，而短路电流密度提升明显，随微晶硅厚度增加，晶化率和掺杂度提高，微晶硅与电极之间的接触明显改善，电池填充因子提高，最终 SHJ 太阳电池的转换效率普遍高于采用非晶硅掺杂层的电池[138]。

4.5.3　掺杂硅薄膜沉积前处理与沉积后处理工艺

与沉积本征钝化层相似，在沉积掺杂硅薄膜之前和之后都可以开发适当的工艺来对其微结构及性能进行改良。

1. 前处理

氢处理是常用的一种前处理方式，通过氢等离子体或原子氢处理本征层的表面，使其诱导晶核产生，从而利于后续的晶化掺杂层生长[144,145]，但必须控制不会给本征层带来损伤，不会破坏钝化性能，也可以尝试氩等离子体处理[145]。

另一种被较多采用的方式是二氧化碳等离子体处理[146-148]。合适条件的 CO_2 等离子体处理可以改进本征钝化层的钝化性能，分析原因是处理过程为本征钝化层内的聚集氢分解和扩散提供了能量，提高了氢原子钝化缺陷的程度，过度处理导致氢原子溢出，材料结构变差，钝化性能下降[148]。结合进一步的热退火处理，钝化性能可以更好。在 CO_2 等离子体处理后，在其上沉积 p 型掺杂薄膜层，发现随 CO_2 等离子体处理时间的延长，薄膜内部的 Si^{4+} 键态原子逐渐增加，说明薄膜致密性、有序性提高，表明薄膜晶化率获得提高，这进一步反映在薄膜电性能的改善上，随着处理时间延长，薄膜的导电性提高了近 4 个数量级，掺杂激活能降低了超过 50%，这表明薄膜晶化率提高，掺杂效率获得了极大改善，对本征钝化层的 CO_2 等离子体处理极大地促进了后续 p 型掺杂纳米晶硅或微晶硅层的成核晶化[148]。分析认为，CO_2 等离子体处理过程中，氧原子进入膜层表面使 Si—Si 键产生应变，在后续掺杂层沉积时，这些应变位置易发生结构弛豫而成核晶化，由此促进掺杂层的快速晶化[149]。

2. 后处理

氢处理依然是一种促进掺杂硅层进一步晶化的方法，经过一定时间的氢处理，掺杂非晶硅层可转变为纳米晶硅层，其导电性有几个数量级的提高[150]。

尽管单独的非晶硅层经光照处理存在 S-W 效应，光敏性下降，只沉积本征钝化层的晶硅衬底也存在经光照钝化性能下降的问题，但在沉积掺杂层之后却表现出钝化性能提升的趋势，这与热退火处理相结合，近来已成为提升 SHJ 太阳电池性能的有效办法。

只沉积本征钝化层的晶硅衬底在光照下呈现出光衰减特性，有效寿命随光辐照时间的延长而降低，但经退火处理后，钝化效果会恢复到原值；而在本征钝化层上进一步沉积了掺杂层的样品，无论沉积的是 p 层还是 n 层，均呈现出光辐照下钝化性能提升的效果，但在进一步进行热退火处理时，性能变化不明显，当掺杂层为 p 层时，呈现出小幅度下降[151]。这些结果说明，光辐照改善钝化性能的机理与热退火不同，并且与掺杂层有必然的内在联系。这种光照处理可以实现最终 SHJ 太阳电池的效率提升，效率提升主要归因于电池开路电压和填充因子的提高[152]。并且发现，这种光辐照提效与所采用的光波长及光辐照强度均没有特别的依赖关系，在晶硅衬底有响应的 400～1000nm 的宽光谱范围内均有相近的效果，并且光辐照强度小到 0.02 个太阳，与 1 个太阳相比，所改善的幅度也基本没有不同[152]。分析认为，光辐照改善钝化性能的原因是晶硅衬底吸光产生的光生载流子在掺杂层内的复合。这种钝化改善因与掺杂层有关，应该既包含了化学钝化，又包含了场钝化方面的改善。近期的研究发现掺杂硅薄膜层中使掺杂原子如硼、磷失活的氢原子，在光照条件下如果能够获得 0.88eV 以上的能量，可以从与掺杂原子形成的复合体上分开，并在晶格中发生扩散或跳跃，进而重新激活 B、P 原子，使掺杂硅薄膜的暗电导率显著上升。由此，光辐照可使掺杂硅薄膜层的掺杂效率提升，有效掺杂浓度更大，导电性更好[153]。所述发现与 SHJ 太阳电池在光辐照处理下的效率提升呈现出基本一致的规律，被认为是光辐照提效可能的内在作用机理[153]。

尽管内在作用机理还不是完全清晰，但光辐照结合热退火对 SHJ 太阳电池的提效幅度非常明显，因此已成为业界重点关注的后处理方式。提效处理后电池性能在使用过程中呈现出的衰减问题还需进一步研究。

4.5.4 掺杂硅薄膜合金化与多层复合掺杂结构

1. 合金化

掺杂硅薄膜作为载流子选择性取出接触层，通过合金化实现宽带隙可以带来如下优势：宽带隙透光性更好，利于减少自吸收，提高电池短路电流密度；通过高掺杂可与晶硅衬底之间形成内建势垒更高的结电场，利于电池实现高开路电压；进一步通过晶化提高掺杂效率，既能提高导电性，又能改善与金属电极之间的界面接触，降低电池串联电阻。

掺杂硅薄膜合金化通常选择掺氧制备硅氧薄膜，掺杂微晶或纳米晶硅氧是研究的重点[154-157]。采用 PECVD 制备时，一般采用 CO_2 作氧源，CO_2、H_2、B_2H_6 或 PH_3 的气源配比在掺杂微晶或纳米晶硅氧薄膜制备过程中起到关键作用。CO_2、B_2H_6 或 PH_3 的引入都有促使薄膜向非晶化转变的趋势，但 B_2H_6 或 PH_3 的引入可能会抑制 CO_2 的掺氧效果。而 H_2 比例提高，可以促进晶化，但同时也会提高 CO_2 的掺氧效果。为得到高晶化率、高掺杂效率的晶化硅氧薄膜，对这些气源配比进行协同优化是必需的。

对经工艺优化得到的掺杂非晶硅氧(a-SiO：H)、纳米晶硅氧(nc-SiO：H)、纳米晶硅(nc-Si：H)等薄膜的关键光电性能参数进行比较[154]，总体上 n 型掺杂薄膜的导电性要优于 p 型掺杂薄膜的导电性，所以，n 型硅氧可以适当地提高掺氧量，从而得到更宽的带隙和更小的折射率。无论 n 型还是 p 型，纳米晶硅氧的导电性都要远远好于非晶硅氧的导电性。如图 4.11 所示，研究发现，纳米晶硅氧的内部微结构是纳米晶硅颗粒镶嵌于非晶硅氧的基体中，该微结构是随着薄膜晶化率的提高逐渐形成的[155]，同所有的硅薄膜生长一样，硅氧薄膜开始生长的最初也是非晶孵化层，为非晶硅氧镶嵌于非晶硅中，之后非晶硅中产生纳米晶粒并逐渐长大，非晶硅相变少，非晶硅氧增多，最终形成纳米晶硅镶嵌于非晶硅氧基体中的结构[155]。该结构说明，纳米晶硅氧的导电性主要由内部镶嵌的纳米晶硅决定，而非晶硅氧基体给薄膜提供宽光学带隙，从而实现优异的透光性。所以，纳米晶硅氧的导电性可能低于纳米晶硅，但其透光性更好，用于太阳电池时寄生吸收更弱，电池短路电流密度更大。

采用掺杂微晶硅氧代替非晶硅作 SHJ 太阳电池迎光面发射极，带来电池短路电流密度变化[156]。非晶硅发射极因自身吸收引起的光电流损失很大，而微晶硅氧发射极可以将该电流损失降低超过 50%，并且由于折射率匹配，引起的反射电流损失也小。结果发现，采用微晶硅氧作电池发射极时，可以采用较大的厚度，从而减小制备难度[156]。相比于微晶硅发射极，微晶硅氧发射极在光学方面表现出较好优势，电池短路电流密度获得了很

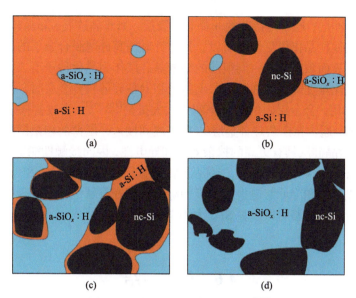

图 4.11 纳米晶硅氧模型示意图[155]

大提高，从电池的量子效率测试可以明显看到电池在光谱响应度方面的改善[157]。基本上，微晶硅氧薄膜中的氧含量越高，透光性越好，电池短路电流密度就越大。由此，存在一个折中的氧含量，电池效率对应最佳值，与采用不含氧的微晶硅发射极相比，效率有较大提升。

掺杂微晶硅碳（μc-SiC∶H）是另一种研究较多的合金化方式[158-161]。相比于掺杂微晶硅氧，其预期提升 SHJ 太阳电池的性能更好，只是高性能膜层的制备难度略大，特别是 p 型掺杂层。其性能优异的原因仍然与其内部微结构有关，与微晶硅氧不同，微晶硅碳内部生成的结晶相与碳含量有关，碳含量较低时，其微晶结构仍然是微晶硅或纳米晶硅颗粒镶嵌于非晶硅碳基体中，但当碳含量较大时，通过沉积工艺控制，可以获得真正的碳化硅晶粒，其晶相可以是立方相，也可以是六方相，带隙宽度相比于微晶硅进一步拉大，透光性提高更多。但宽带隙碳化硅掺杂难度比微晶硅要大，这是高性能掺杂微晶硅碳对制备工艺要求更高的原因。特别是对 p 型掺杂而言，可以掺铝也可以掺硼，但因一般要用到高氢稀释比、高沉积功率或高热丝温度，对生长表面的刻蚀程度较大，如何保护底层材料性能免受掺杂微晶硅碳沉积过程中所产生的刻蚀破坏是要关注的重点[158-161]。

2. 多层复合

掺杂硅薄膜层通过微晶化和合金化，能够使 SHJ 太阳电池在光学性能方面获得较大的提升已是共识，但这些膜层制备工艺控制不当又会在电学方面对 SHJ 太阳电池性能造成影响，这主要表现在两个方面，一是，微晶化过程需要时间，为促进晶化往往需要一些不太温和的工艺条件，由此给本征钝化层/掺杂层界面带来损伤；二是，合金化增大了掺杂难度，在薄层厚度范围内掺杂度和导电性均降低，带来掺杂层/电极层之间存在接触势或接触电阻大的问题。为解决这些问题，引入多层复合掺杂层结构。

为减小或避免微晶掺杂层沉积对本征钝化层表面产生损伤，一种办法是在二者之间插入一层超薄缓冲层，通常是掺杂的非晶态薄膜层，如非晶硅氧、非晶硅碳等[162,163]。但如此微晶掺杂层往往晶化得更慢。所以，目前针对提高硅薄膜合金层的晶化率，采用更多的是在钝化层表面预先制备一层很薄的纳米晶硅层作为晶化种子层。由于没有合金化元素，硅薄膜晶化难度降低，在种子层上再沉积制备硅薄膜合金层时，因有种子层内晶化颗粒的诱导作用，合金层内的晶化率就会大大提高[164,165]。为改善掺杂硅合金层与电极间的接触性能，通常在掺杂硅合金层/电极层之间插入一层薄的掺杂微晶硅层作为接触层[165,166]。掺杂微晶硅层具有更高的掺杂效率和导电性，因而接触性能更好。无论是硅氧薄膜沉积前制备的 nc-Si(n)种子层，还是硅氧薄膜沉积后制备的 nc-Si(n)接触层，均对提高硅氧薄膜晶化率和降低与电极间的接触电阻有较好贡献，种子层、掺杂微晶硅合金层、接触层三者结合能够明显改善 SHJ 太阳电池的性能[166,167]。

4.6 总　结

硅薄膜材料作为构成 SHJ 太阳电池结构的主体，在决定电池性能方面起着关键作用，这与其自身的内部微结构和光电性能有关。

一般地，硅薄膜材料通过低温沉积工艺制备，最常用的是 PECVD 和 HWCVD，这两种方法制备的薄膜通常具有非晶态，即硅原子在材料内部的排布具有短程有序、长程无序的结构，这种无序结构导致非晶硅与单晶硅相比，带隙展宽，并且呈现出准直接带隙特性，吸收系数变大，但同时也产生了与 Si—Si 键应变有关的指数状带尾态及与 Si 悬键相关的带隙态。带隙态因接近带隙的中央，而成为限制其光电性能的 SRH 复合中心。PECVD 和 HWCVD 成为制备硅薄膜材料的常用方法的重要原因是，二者均能提供氢原子与 Si 悬键结合，有效降低带隙态，从而改善硅薄膜光电性能。

硅薄膜内的原子排布与沉积参数密切相关，伴随沉积工艺调节或沉积时间延长，硅原子排布的短程有序性会逐渐扩大范围，直至成核晶化，晶粒之后会逐渐长大。由此，硅薄膜由非晶态向微晶态转变，中间存在一个晶粒成核的相变域，在该相变域内的硅薄膜通常具有较致密的非晶硅网络结构，内部氢原子存在形态以 Si—H 态为主，薄膜质量较好，性能稳定。非晶硅薄膜掺杂难度较大，伴随其往微晶态转变，掺杂变得逐渐与单晶相近，吸收系数也减小，所以硅薄膜微晶化适合用来制备高透光率的掺杂层材料。另一种弱化薄膜光吸收的方法是往其内部引入可以展宽其带隙的合金元素，如氧和碳，由此产生了关注度较高的硅氧薄膜和硅碳薄膜，其同样既可以是本征的，又可以是掺杂的。

影响硅薄膜内部微结构和性能的 PECVD 参数主要包括电极间距、衬底温度、等离子体频率及功率、沉积气压、气源配比及流量等，HWCVD 参数主要包括：热丝的表面积、热丝到衬底的距离、热丝温度、沉积气压、气源配比及流速、衬底温度等。尽管二者为气源分解提供激发能量的方式不同（PECVD 靠强电场激发等离子体，HWCVD 靠热丝催化气源的高温分解），但硅薄膜沉积的内在机理基本相同，含硅自由基元和氢原子基元在其中起到重要作用。含硅基元往生长表面的吸附、扩散、成键和脱附过程受氢原子冲击提供能量的影响，由此产生薄膜生长与刻蚀的竞争，薄膜的晶化也与此相关。

SHJ 太阳电池需要用本征硅薄膜钝化层来消除晶硅衬底表面态，从而确保硅薄膜/晶硅异质结界面具有低的缺陷态密度，同时钝化层还起到将掺杂层缺陷与晶硅衬底隔离的作用，但是由于本征钝化层刚好处于电池的结区内部，其自身所含缺陷也构成结内空间电荷区中的复合中心。所以，对本征硅薄膜钝化层需要考虑三方面的影响，一是能否提供足够的氢用于钝化界面缺陷；二是自身内部缺陷是否足够少，不会对电池产生过大的结内复合；三是其与晶硅衬底和掺杂层之间的能带匹配是否合理，是否能够对载流子通过异质结界面的输运不产生阻碍。大量研究表明，处于非晶微晶相变域内的硅薄膜材料呈现好的钝化性能，但因其内部氢含量不足，高钝化性能需要钝化层具有相当大的厚度，由此导致电池开路电压可以很高，但填充因子和短路电流密度下降。为了解决这个问题，在相变域材料沉积之前，先采用纯硅烷沉积一层超薄的富氢界面钝化层以提供足够的钝化氢原子，这被认为是一种有效的方法，尽管该层自身疏松多孔、缺陷含量高，但在后续各膜层沉积过程中，其结构会发生弛豫重构，缺陷减少，钝化性能提高。叠层钝化结构可以使电池在钝化层厚度较小时同时实现高开路电压和高填充因子，自吸收所导致的光电流下降也不太明显，由此提高了电池最终的光电转换效率。在本征钝化层沉积前后均有一些处理方法可以改善所得到的钝化性能，钝化层沉积前可以对晶硅衬底表面进行氢等离子体预处理、氧化预处理，钝化层沉积后可以对钝化层进行氢等离子体处理、退火热处理等。

针对硅薄膜发射极层和表面场层的沉积，采用微晶或纳米晶硅及其硅氧、硅碳等宽带隙合金化材料是目前的优选方向。硅薄膜材料结晶化，吸收系数减小，寄生吸收弱化，同时掺杂效率提升，进一步通过掺氧、掺碳合金化，材料带隙宽度加大，光透过率可以进一步改善。但合金化对膜层的晶化率和掺杂度都有影响，为解决此问题，提出了晶化种子层/掺杂合金层/导电接触层的三叠层结构，从而使 SHJ 太阳电池的开路电压、填充因子和短路电流密度三个特征参数基本能够同时获得改善。掺杂层沉积前后同样有一些可以提高性能的处理方法，掺杂层沉积前可以对本征钝化层表面进行氢等离子体预处理、CO_2 等离子体预处理，掺杂层沉积后可以对掺杂层进行氢等离子体处理、光辐照处理、退火热处理等。

参 考 文 献

[1] Chittick R C, Alexander J H, Sterling H F. The preparation and properties of amorphous silicon. Journal of Electrochemical Society, 1969, 116(1): 77-81.

[2] Le Comber P G, Spear W E. Electronic transport in amorphous silicon films. Physical Review Letters, 1970, 25(8): 509-511.

[3] Madan A, Ovshinsky S R. Properties of amorphous Si：F：H alloys. Journal of Non-Crystalline Solids, 1980, 35-36: 171-181.

[4] Schiff E A, Hegedus S, Deng X. Amorphous Silicon-based Solar Cells. New York: John Wiley & Sons, Ltd., 2011.

[5] Jackson W B, Tsai C C, Thompson R. Diffusion of paramagnetic defects in amorphous silicon. Physical Review Letters, 1990, 64(1): 56-59.

[6] Zafar S, Schiff E A. Hydrogen and defects in amorphous silicon. Physical Review Letters, 1991, 66(11): 1493-1496.

[7] Urbach F. The long-wavelength edge of photographic sensitivity and electronic absorption of solids. Physical Review, 1953, 92: 1324-1326.

[8] Street R A, Mott N F. States in the gap in glassy semiconductors. Physical Review Letters, 1975, 35: 1293-1296.

[9] Cody G D, Tiedje T, Abeles B, et al. Disorder and the optical-absorption edge of hydrogenated amorphous silicon. Physical Review Letters, 1981,47(20): 1480-1482.

[10] Schiff E A. Drift-mobility measurements and mobility edges in disordered silicons. Journal of Physics: Condensed Matter, 2004, 16: 5265-5275.

[11] Gu Q, Schiff E A, Chevrier J B, et al. High-field electron-drift measurements and the mobility edge in hydrogenated amorphous silicon. Physical Review B, 1995, 52(8), 5695-5707.

[12] Mott N F, Davis E A. Electronic Processes in Non-Crystalline Materials. Oxford: Clarendon Press, 1979.

[13] Lee J K, Schiff E A. Modulated electron-spin-resonance measurements and defect correlation energies in amorphous silicon. Physical Review Letters, 1992, 68(19): 2972-2975.

[14] Hama S T, Okamoto H, Hamakawa Y, et al. Hydrogen content dependence of the optical energy gap in a-Si：H. Journal of Non-Crystalline Solids, 1983, 59-60: 333-336.

[15] Shah A V, Schade H, Vanecek M, et al. Thin-film silicon solar cell technology. Progress in Photovoltaics, 2004, 12: 113-142.

[16] Tauc J, Grigorovici R, Vancu A. Optical properties and electronic structure of amorphous germanium. Physica Status Solidi, 1966, 15: 627-637.

[17] Tauc J. Optical properties and electronic structure of amorphous Ge and Si. Materials Research Bulletin, 1968, 3: 37-46.

[18] Spear W E, Le Comber P G. Electronic properties of substitutionally doped amorphous Si and Ge. Philosophical Magazine, 1976, 33(6): 935-949.

[19] Zeman M. Advanced amorphous silicon solar cell technologies// Capper P, Kasap S, Willoughby A, et al. Thin Film Solar Cells. New York: John Wiley & Sons, Ltd, 2006.

[20] Street R A. Doping and the Fermi energy in amorphous silicon. Physical Review Letters, 1982, 49: 1187-1190.

[21] Staebler D L, Wronski C R. Reversible conductivity changes in discharge-produced amorphous Si. Applied Physics Letters, 1977, 31(4): 292-294.

[22] Street R A. Hydrogenated Amorphous Silicon. Cambridge: Cambridge University Press, 2005.

[23] Branz H M. Hydrogen collision model of light-induced metastability in hydrogenated amorphous silicon. Solid State Communications, 1998, 105(6): 387-391.

[24] Ahn J Y, Lim K S. Amorphous silicon solar cells with stable protocrystalline silicon and unstable microcrystalline silicon at the onset of a microcrystalline regime as i-layers. Journal of Non-Crystalline Solids, 351(8-9): 748-753.

[25] Jiang Y L, Chen C Y, Kuo T C, et al. Improvement of photodegradation of silicon thin-film solar cells by pc-Si：H/a-Si：H multilayers. Energy Procedia, 2012, 15: 248-257.

[26] Myong S Y, Kwon S W, Lim K S, et al. Inclusion of nanosized silicon grains in hydrogenated proto-crystalline silicon multilayers and its relation to stability. Applied Physics Letters, 2006, 88: 083118.

[27] Chowdhury A, Mukhopadhyay S, Ray S. Fabrication of thin film nanocrystalline silicon solar cell with low light-induced degradation. Solar Energy Materials and Solar Cells, 2009, 93(5): 597-603.

[28] Yuan Y J, Zhao W, Ma J, et al. Structural evolution of nanocrystalline silicon in hydrogenated nanocrystalline silicon solar cells. Surface & Coatings Technology, 2017, 320: 362-365.

[29] Yan B J, Yue G Z, Yang J, et al. On the bandgap of hydrogenated nanocrystalline silicon intrinsic materials used in thin film silicon solar cells. Solar Energy Materials and Solar Cells, 2013, 111: 90-96.

[30] Hamui L, Remolina A, García-Sánchez M F, et al. Deposition, opto-electronic and structural characterization of polymorphous silicon thin films to be applied in a solar cell structure. Materials Science in Semiconductor Processing, 2015, 30: 85-91.

[31] Soro Y M, Abramov A, Gueunier-Farret M E, et al. Polymorphous silicon thin films deposited at high rate: transport properties and density of states. Thin Solid Films, 2008, 516(20): 6888-6891.

[32] Veschetti Y, Muller J C, Damon-Lacoste J, et al. Optimisation of amorphous and polymorphous thin silicon layers for the formation of the front-side of heterojunction solar cells on p-type crystalline silicon substrates. Thin Solid Films, 2006, 511-512: 543-547.

[33] Lei C, Peng C W, Zhong J, et al. Phosphorus treatment to promote crystallinity of the microcrystalline silicon front contact layers for highly efficient heterojunction solar cells. Solar Energy Materials and Solar Cells, 2020, 209: 110439.

[34] Michard S, Meier M, Grootoonk B, et al. High deposition rate processes for the fabrication of microcrystalline silicon thin films. Materials Science and Engineering B, 2013, 178 (9) : 691-694.

[35] Sergeev O, Neumüller A, Shutsko I, et al. Doped microcrystalline silicon as front surface field layer in bifacial silicon heterojunction solar cells. Energy Procedia, 2017, 124: 371-378.

[36] Reiter S, Koper N, Reineke-Koch R, et al. Parasitic absorption in polycrystalline Si-layers for carrier-selective front junctions. Energy Procedia, 2016, 92: 199-204.

[37] Tao Y G, Varlamov S, Jin G Y, et al. Effects of annealing temperature on crystallisation kinetics and properties of polycrystalline Si thin films and solar cells on glass fabricated by plasma enhanced chemical vapour deposition. Thin Solid Films, 2011, 520 (1) : 543-549.

[38] Nemeth B, Young D L, Page M R, et al. Polycrystalline silicon passivated tunneling contacts for high efficiency silicon solar cells. Journal of Materials Research, 2016, 31: 671-681.

[39] Collins R W, Ferlauto A S, Ferreira G M, et al. Evolution of microstructure and phase in amorphous, protocrystalline, and microcrystalline silicon studied by real time spectroscopic ellipsometry. Solar Energy Materials and Solar Cells, 2003, 78: 143-180.

[40] Shyam S, Das D. Spectroscopic studies of low-temperature synthesized nanocrystalline silicon oxy-carbide thin films. Materials Today: Proceedings, 2022, 62 (8) : 5053-5056.

[41] Mazzarella L, Kirner S, Gabriel O, et al. Nanocrystalline silicon oxide emitters for silicon hetero junction solar cells. Energy Procedia, 2015, 77: 304-310.

[42] Zheng J M, Yang Z H, Lu L N, et al. Blistering-free polycrystalline silicon carbide films for double-sided passivating contact solar cells. Solar Energy Materials and Solar Cells, 2022, 238: 111586.

[43] Nagai T, Kaneko T, Liu Z X, et al. Influence of hydrogen dilution on a-SiSn：H film growth and solar cell properties. Journal of Non-Crystalline Solids, 2014, 386: 85-89.

[44] de Vrijer T, Roodenburg K, Saitta F, et al. PECVD Processing of low bandgap-energy amorphous hydrogenated germanium-tin (a-GeSn：H) films for opto-electronic applications. Applied Materials Today, 2022, 27: 101450.

[45] Dey A, Das D. Optoelectronic and structural properties of Ge-rich narrow band gap nc-Si$_x$Ge$_{1-x}$ absorber layer for tandem structure nc-Si solar cells. Journal of Physics and Chemistry of Solids, 2021, 154: 110055.

[46] Cheng X M, Marstein E S, Haug H, et al. Double layers of ultrathin a-Si：H and SiN$_x$ for surface passivation of n-type crystalline Si wafers. Energy Procedia, 2016, 92: 347-352.

[47] Wolf A, Egle J, Mack S, et al. Revised parametrization of the recombination velocity at SiO$_2$/SiN$_x$-passivated phosphorus-diffused surfaces. Solar Energy Materials and Solar Cells, 2021, 231: 111292.

[48] Yan B J, Zhao L, Zhao B D, et al. Effect of Ge incorporation on hydrogenated amorphous silicon germanium thin films prepared by plasma enhanced chemical vapor deposition. Advanced Materials Research, 2012, 569: 27-30.

[49] Matsui T, Sai H, Bidiville A, et al. Progress and limitations of thin-film silicon solar cells. Solar Energy, 2018, 170: 486-498.

[50] Nishimoto T, Takai M, Miyahara H, et al. Amorphous silicon solar cells deposited at high growth rate. Journal of Non-Crystalline Solids, 2002, 299-302: 1116-1122.

[51] Melskens J, Schouten M, Mannheim A, et al. The nature and the kinetics of light-induced defect creation in hydrogenated amorphous silicon films and solar cells. IEEE Journal of Photovoltaics, 2014, 4: 1331-1336.

[52] Smets A H M, Kessels W M M, van de Sanden M C M. Vacancies and voids in hydrogenated amorphous silicon. Applied Physics Letters, 2003, 82: 1547-1549.

[53] Koga K, Kaguchi N, Shiratani M, et al. Correlation between volume fraction of clusters incorporated into a-Si：H films and hydrogen content associated with Si-H$_2$ bonds in the films. Journal of Vacuum Science & Technology A, 2004, 22: 1536-1539.

[54] Fehr M, Schnegg A, Rech B, et al. Metastable defect formation at microvoids identified as a source of light-induced

degradation in a-Si：H. Physical Review Letters, 2014, 112: 066403.

[55] Matsuda A, Kaga T, Tanaka H, et al. Lifetime of dominant radicals for the deposition of a-Si：H from SiH$_4$ and Si$_2$H$_6$ glow discharges. Journal of Non-Crystalline Solids, 1983, 59-60: 687-690.

[56] Schmitt J P M. Fundamental mechanisms in silane plasma decompositions and amorphous silicon deposition. Journal of Non-Crystalline Solids, 1983, 59: 649-657.

[57] Niikura C, Itagaki N, Matsuda A. Guiding principles for obtaining high-quality silicon at high growth rates using SiH$_4$/H$_2$ glow-discharge plasma. Japanese Journal of Applied Physics, 2007, 46: 3052-3058.

[58] Brinkmann N, Gorgulla A, Bauer A, et al. Influence of electrodes' distance upon properties of intrinsic and doped amorphous silicon films for heterojunction solar cells. Physica Status Solidi A, 2014, 211 (5)：1106-1112.

[59] Miri A M, Chamberlain S G, Nathan A. Effects of deposition power and temperature on the properties of heavily doped microcrystalline silicon films. MRS Proceedings, 1996, 420: 307.

[60] Kim S, Iftiquar S M, Shin C, et al. Investigation of p-type nanocrystalline silicon oxide thin film prepared at various growth temperatures. Materials Chemistry and Physics, 2019, 229: 392-401.

[61] Lei Q S, Wu Z M, Geng X H, et al. Effect of substrate temperature on the growth and properties of boron-doped microcrystalline silicon. Chinese Physics, 2006, 15: 213-218.

[62] Anutgan T, Uysal S. Low temperature plasma production of hydrogenated nanocrystalline silicon thin films. Current Applied Physics, 2013, 13 (1)：181-188.

[63] Chowdhury A, Mukhopadhyay S, Ray S. Effect of gas flow rates on PECVD-deposited nanocrystalline silicon thin film and solar cell properties. Solar Energy Materials and Solar Cells, 2008, 92: 385-392.

[64] Mai Y H, Klein S, Carius R, et al. Microcrystalline silicon solar cells deposited at high rates. Journal of Applied Physics, 2005, 97: 114913.

[65] Niikura C, Kondo M, Matsuda A. Preparation of microcrystalline silicon films at ultra high-rate of 10 nm/s using high-density plasma. Journal of Non-Crystalline Solids, 2004, 338-340: 42-46.

[66] Wronski C R, Collins R W. Phase engineering of a-Si：H solar cells for optimized performance. Solar Energy, 2004, 77 (6)：877-885.

[67] Matsuda A. Microcrystalline silicon. Growth and device application. Journal of Non-Crystalline Solids, 2004, 338-340: 1-12.

[68] Guo W W, Zhang L P, Bao J, et al. Defining a parameter of plasma-enhanced CVD to characterize the effect of silicon-surface passivation in heterojunction solar cells. Japanese Journal of Applied Physics, 2015, 54: 041402.

[69] Guo L H, Kondo M, Fukawa M, et al. High rate deposition of microcrystalline silicon using conventional plasma-enhanced chemical vapor deposition. Japanese Journal of Applied Physics, 1998, 37: 1116-1118.

[70] Halliop B, Salaun M F, Favre W, et al. Interface properties of amorphous-crystalline silicon heterojunctions prepared using DC saddle-field PECVD. Journal of Non-Crystalline Solids, 2012, 358: 2227-2231.

[71] Platz R, Wagner S, Hof C, et al. Influence of excitation frequency, temperature, and hydrogen dilution on the stability of plasma enhanced chemical vapor deposited a-Si：H. Journal of Applied Physics, 1998, 84: 3949.

[72] Li X L, Jin R M, Li L H, et al. Effect of deposition rate on the growth mechanism of microcrystalline silicon thin films using very high frequency PECVD. Optik, 2019, 180: 104-112.

[73] Gu J D, Chen P L. Low-temperature fabrication of silicon films by large-area microwave plasma enhanced chemical vapor deposition. Thin Solid Films, 2006, 498 (1-2)：14-19.

[74] Takatsuka H, Noda M, Yonekura Y, et al. Development of high efficiency large area silicon thin film modules using VHF-PECVD. Solar Energy, 2004, 77: 951-960.

[75] Fukawa M, Suzuki S, Guo L H, et al. High rate growth of microcrystalline silicon using a high-pressure depletion method with VHF plasma. Solar Energy Materials and Solar Cells, 2001, 66: 217-223.

[76] Smets A H M, Matsui T, Kondo M. High-rate deposition of microcrystalline silicon p-i-n solar cells in the high pressure depletion regime. Journal of Applied Physics, 2008, 104: 034508.

[77] Schade K, Stahr F, Kuske J, et al. High temperature line electrode assembly for continuous substrate flow VHF PECVD. Thin Solid Films, 2006, 502 (1-2): 59-62.

[78] Takeuchi Y, Nawata Y, Ogawa K, et al. Preparation of large uniform amorphous silicon films by VHF-PECVD using a ladder-shaped antenna. Thin Solid Films, 2001, 386 (2): 133-136.

[79] Umishio H, Sai H, Koida, T, et al. Nanocrystalline-silicon hole contact layers enabling efficiency improvement of silicon heterojunction solar cells: impact of nanostructure evolution on solar cell performance. Progress in Photovoltaics, 2021, 29 (3): 344-356.

[80] Fathi E, Vygranenko Y, Vieira M, et al. Boron-doped nanocrystalline silicon thin films for solar cells. Applied Surface Science, 2011, 257: 8901-8905.

[81] You J C, Zhao L, Diao H W, et al. Synergistic effect of CO_2 and PH_3 on the properties of n-type nanocrystalline silicon oxide prepared by plasma-enhanced chemical vapor deposition. Journal of Materials Science: Materials in Electronics, 2021, 32: 2814-2821.

[82] Stuckelberger M, Biron R, Wyrsch N, et al. Review: progress in solar cells from hydrogenated amorphous silicon. Renewable and Sustainable Energy Reviews, 2017, 76: 1497-1523.

[83] Pomaska M, Richter A, Lentz F, et al. Wide gap microcrystalline silicon carbide emitter for amorphous silicon oxide passivated heterojunction solar cells. Japanese Journal of Applied Physics, 2017, 56: 022302.

[84] Chen T, Köhler F, Heidt A, et al. Hot-wire chemical vapor deposition prepared aluminum doped p-type microcrystalline silicon carbide window layers for thin film silicon solar cells. Japanese Journal of Applied Physics, 2014, 53: 05FM04.

[85] Matsumura H. Formation of silicon-based thin films prepared by catalytic chemical vapor deposition (Cat-CVD) method. Japanese Journal of Applied Physics, 1998, 37: 3175-3187.

[86] Nelson B P, Xu Y, Mahan A H, et al. Hydrogenated amorphous-silicon grown by hot-wire CVD at deposition rates up to 1μm/minute. Materials Research Society Symposium Proceedings, 2000, 609: A22.8.

[87] Matsumura H. Summary of research in NEDO Cat-CVD project in Japan. Thin Solid Films, 2001, 395: 1-11.

[88] Matsumura H, Higashimine K, Koyama K, et al. Comparison of crystalline-silicon/amorphous-silicon interface prepared by plasma enhanced chemical vapor deposition and catalytic chemical vapor deposition. Journal of Vacuum Science & Technology B, 2005, 33: 031201.

[89] Matsumura H. Formation of polysilicon films by catalytic chemical vapor deposition (Cat-CVD) method. Japanese Journal of Applied Physics, 1991, 30: 1522-1524.

[90] Matsumura H, Umemoto H, Gleason K K, et al. Catalytic Chemical Vapor Deposition: Technology and Applications of Cat-CVD. Weinheim: Wiley-VCH Verlag GmbH & Co. KGaA, 2019.

[91] Honda K, Ohdaira K, Matsumura H. Study of silicidation process of tungsten catalyzer during silicon film deposition in catalytic chemical vapor deposition. Japanese Journal of Applied Physics, 2008, 47: 3692-3698.

[92] Grunsky D, Kupich M, Hofferberth B, et al. Investigation of the tantalum catalyst during the hot wire chemical vapor deposition of thin silicon films. Thin Solid Films, 2006, 501: 322-325.

[93] Hrunski D, Scheib M, Mertz M, et al. Problem of catalyst ageing during the hot-wire chemical vapour deposition of thin silicon films. Thin Solid Films, 2009, 517: 3370-3377.

[94] Cheng S M, Gao H P, Ren T, et al. Carbonized tantalum catalysts for catalytic chemical vapor deposition of silicon films. Thin Solid Films, 2012, 520 (6): 5155-5160.

[95] Adachia M M, Kavanagh K L, Karim K S, et al. Structural and electrical characteristics of microcrystalline silicon prepared by hot-wire chemical vapor deposition using a graphite filament. Journal of Vacuum Science & Technology A, 2007, 25: 464.

[96] Horbach C, Beyer W, Wagner H. Investigation of the precursors of a-Si：H films produced by decomposition of silane on hot tungsten surfaces. Journal of Non-Crystalline Solids, 1991, 137&138: 661-664.

[97] Karasawa M, Masuda A, Ishibashi K, et al. Development of Cat-CVD apparatus: A method to control wafer temperatures under thermal influence of heated catalyzer. Thin Solid Films, 2001, 395: 71-74.

[98] Zhang Q, Zhu M, Wang L, et al. Influence of heated catalyzer on thermal distribution of substrate in HWCVD system. Thin Solid Films, 2003, 430: 50-53.

[99] Fujiwara H, Koh J, Rovira P I, et al. Assessment of effective-medium theories in the analysis of nucleation and microscopic surface roughness evolution for semiconductor thin films. Physical Review B, 2000, 61: 10832.

[100] Fujiwara H, Kondo M. Effects of a-Si：H layer thicknesses on the performance of a-Si：H/c-Si heterojunction solar cells. Journal of Applied Physics, 2007, 101: 054516.

[101] Zhao L, Diao H W, Zeng X B, et al. Comparative study of the surface passivation on crystalline silicon by silicon thin films with different structures. Physica B, 2010, 405(1): 61-64.

[102] Das U K, Burrows M Z, Lu M, et al. Surface passivation and heterojunction cells on Si(100) and (111) wafers using dc and rf plasma deposited Si：H thin films. Applied Physics Letters, 2008, 92: 063504.

[103] Ge J, Ling Z P, Wong J, et al. Analysis of intrinsic hydrogenated amorphous silicon passivation layer growth for use in heterojunction silicon wafer solar cells by optical emission spectroscopy. Journal of Applied Physics, 2013, 113: 234310.

[104] Strahm B, Howling A A, Sansonnens L, et al. Plasma silane concentration as a determining factor for the transition from amorphous to microcrystalline silicon in SiH_4/H_2 discharges. Plasma Sources Science & Technology, 2007, 16: 80-89.

[105] Schwarzkopf J, Selle B, Bohne W, et al. Disorder in silicon films grown epitaxially at low temperature. Journal of Applied Physics, 2003, 93: 5215.

[106] Teplin C W, Iwancziko E, To B, et al. Breakdown physics of low-temperature silicon epitaxy grown from silane radicals. Physical Review B, 2006, 74: 235428.

[107] Gielis J J H, van den Oever P J, van de Sanden M C M, et al. a-Si：H/c-Si heterointerface formation and epitaxial growth studied by real time optical probes. Applied Physics Letters, 2007, 90: 202108.

[108] Qu X L, He Y C, Qu M H, et al. Identification of embedded nanotwins at c-Si/a-Si：H interface limiting the performance of high-efficiency silicon heterojunction solar cells. Nature Energy, 2021, 6: 194-202.

[109] Levi D H, Teplin C W, Iwaniczko E, et al. Realtime spectroscopic ellipsometry studies of the growth of amorphous and epitaxial silicon for photovoltaic applications. Journal of Vacuum Science & Technology A, 2006, 24: 1676-1683.

[110] Descoeudres A, Barraud L, Bartlome R, et al. The silane depletion fraction as an indicator for the amorphous/crystalline silicon interface passivation quality. Applied Physics Letters, 2010, 97: 183505.

[111] Fujiwara H, Kondo M. Impact of epitaxial growth at the heterointerface of a-Si：H/c-Si solar cells. Applied Physics Letters, 2007, 90: 013503.

[112] Wang F Y, Zhang X D, Wang L G, et al. Role of hydrogen plasma pretreatment in improving passivation of the silicon surface for solar cells applications. ACS Applied Materials & Interfaces, 2014, 6: 15098-15104.

[113] Gotoh K, Wilde M, Ogura S, et al. Impact of chemically grown silicon oxide interlayers on the hydrogen distribution at hydrogenated amorphous silicon/crystalline silicon heterointerfaces. Applied Surface Science, 2021, 567: 150799.

[114] Ohdaira K, Oikawa T, Higashimine K, et al. Suppression of the epitaxial growth of Si films in Si heterojunction solar cells by the formation of ultra-thin oxide layers. Current Applied Physics, 2016, 16: 1026-1029.

[115] Mews M, Conrad E, Kirner S, et al. Hydrogen plasma treatments of amorphous/crystalline silicon heterojunctions. Energy Procedia, 2014, 55: 827-833.

[116] Zhang L P, Guo W W, Liu W Z, et al. Investigation of positive roles of hydrogen plasma treatment for interface passivation based on silicon heterojunction solar cells. Journal of Physics D: Applied Physics, 2016, 49: 165305.

[117] de Wolf S, Olibet S, Ballif C. Stretched-exponential a-Si：H/c-Si interface recombination decay. Applied Physics Letters, 2008, 93: 032101.

[118] de Wolf S, Kondo M. Abruptness of a-Si：H/c-Si interface revealed by carrier lifetime measurements. Applied Physics Letters, 2007, 90: 042111.

[119] Deligiannis D, Marioleas V, Vasudevan R, et al. Understanding the thickness-dependent effective lifetime of crystalline silicon passivated with a thin layer of intrinsic hydrogenated amorphous silicon using a nanometer-accurate wet-etching method.

Journal of Applied Physics, 2016, 119: 235307.

[120] Sritharathikhun J, Yamamoto H, Miyajima S, et al. Optimization of amorphous silicon oxide buffer layer for high-efficiency p-type hydrogenated microcrystalline silicon oxide/n-type crystalline silicon heterojunction solar cells. Japanese Journal of Applied Physics, 2008, 47 (11)：8452-8455.

[121] Mueller T, Schwertheim S, Fahrner W R. Crystalline silicon surface passivation by high-frequency plasma-enhanced chemical-vapor-deposited nanocomposite silicon suboxides for solar cell applications. Journal of Applied Physics, 2010, 107: 014504.

[122] Einsele F, Beyer W, Rau U. Analysis of sub-stoichiometric hydrogenated silicon oxide films for surface passivation of crystalline silicon solar cells. Journal of Applied Physics, 2012, 112: 054905.

[123] Ding K, Aeberhard U, Finger F, et al. Optimized amorphous silicon oxide buffer layers for silicon heterojunction solar cells with microcrystalline silicon oxide contact layers. Journal of Applied Physics, 2013, 113: 134501.

[124] Boccard M, Holman Z C. Amorphous silicon carbide passivating layers for crystalline-silicon-based heterojunction solar cells. Journal of Applied Physics, 2015, 118: 065704.

[125] Ferre R, Martín I, Vetter M, et al. Effect of amorphous silicon carbide layer thickness on the passivation quality of crystalline silicon surface. Applied Physics Letters, 2005, 87: 202109.

[126] Donercark E, Sedani S H, Kabaçelik I, et al. Interface and material properties of wide band gap a-SiC$_x$：H thin films for solar cell applications. Renewable Energy, 2022, 183: 781-790.

[127] Liu W, Zhang L, Chen R, et al. Underdense a-Si：H film capped by a dense film as the passivation layer of a silicon heterojunction solar cell. Journal of Applied Physics, 2016, 120: 175301.

[128] You J C, Liu H, Qu M H, et al. Hydrogen-rich c-Si interfacial modification to obtain efficient passivation for silicon heterojunction solar cell. Journal of Materials Science: Materials in Electronics, 2020, 31: 14608-14613.

[129] Ru X N, Qu M H, Wang J Q, et al. 25.11% Efficiency silicon heterojunction solar cell with low deposition rate intrinsic amorphous silicon buffer layers. Solar Energy Materials and Solar Cells, 2020, 215: 110643.

[130] Sai H, Hsu H J, Chen P W, et al. Intrinsic amorphous silicon bilayers for effective surface passivation in silicon heterojunction solar cells: A comparative study of interfacial layers. Physica Status Solidi A, 2021, 218: 2000743.

[131] Luderer C, Kurt D, Moldovan A, et al. Intrinsic layer modification in silicon heterojunctions: balancing transport and surface passivation. Solar Energy Materials and Solar Cells, 2022, 238: 111412.

[132] Duan W Y, Lambertz A, Bittkau K, et al. A route towards high-efficiency silicon heterojunction solar cells. Progress in Photovoltaics, 2022, 30: 384-392.

[133] Morales-Vilches A B, Wang E C, Henschel T, et al. Improved surface passivation by wet texturing, ozone-based cleaning, and plasma-enhanced chemical vapor deposition processes for high-efficiency silicon heterojunction solar cells. Physica Status Solidi A, 2020, 217: 190051.

[134] Lee S, Ahn J, Mathew L, et al. Highly improved passivation of c-Si surfaces using a gradient i a-Si：H layer. Journal of Applied Physics, 2018, 123: 163101.

[135] Stutzmann M, Biegelsen D, Street R. Detailed investigation of doping in hydrogenated amorphous silicon and germanium. Physical Review B, 1987, 35: 5666-5701.

[136] Korte L, Schmidt M. Investigation of gap states in phosphorous-doped ultra-thin a-Si：H by near-UV photoelectron spectroscopy. Journal of Non-Crystalline Solids, 2008, 354: 2138-2143.

[137] de Wolf S, Kondo M. Nature of doped a-Si：H/c-Si interface recombination. Journal of Applied Physics, 2009, 105: 103707.

[138] Nogay G, Seif J P, Riesen Y, et al. Nanocrystalline silicon carrier collectors for silicon heterojunction solar cells and impact on low-temperature device characteristics. IEEE Journal of Photovoltaics, 2016, 6 (6)：1654-1662.

[139] Tao K, Zhang D X, Zhao J F, et al. Low temperature deposition of boron-doped microcrystalline Si：H thin film and its application in silicon based thin film solar cells. Journal of Non-Crystalline Solids, 2010, 356: 299-303.

[140] Sharma M, Panigrahi J, Komarala V K. Nanocrystalline silicon thin film growth and application for silicon heterojunction

solar cells: a short review. Nanoscale Advances, 2021, 3, 3373-3383.

[141] van Sark W G J H M, Korte L, Roca F. Physics and Technology of Amorphous-crystalline Heterostructure Silicon Solar Cells. Berlin: Springer-Verlag, 2012.

[142] Schüttauf J W A, van der Werf C H M, Kielen I M, et al. Improving the performance of amorphous and crystalline silicon heterojunction solar cells by monitoring surface passivation. Journal of Non-Crystalline Solids, 2012, 358: 2245-2248.

[143] de Wolf S, Kondo M. Boron-doped a-Si：H/c-Si interface passivation: degradation mechanism. Applied Physics Letters, 2007, 91: 112109.

[144] Vetterl O, Hülsbeck M, Wolff J, et al. Preparation of microcrystalline silicon seed-layers with defined structural properties. Thin Solid Films, 2003, 427: 46-50.

[145] Neumüller A, Sergeev O, Vehse M, et al. Structural characterization of the interface structure of amorphous silicon thin films after post-deposition argon or hydrogen plasma treatment. Applied Surface Science, 2017, 403: 200-205.

[146] Vaucher N P, Rech B, Fischer D, et al. Controlled nucleation of thin microcrystalline layers for the recombination junction in a-Si stacked cells. Solar Energy Materials and Solar Cells, 1997, 49: 27-33.

[147] Mazzarella L, Kirner S, Gabriel O, et al. Nanocrystalline silicon emitter optimization for Si-HJ solar cells: substrate selectivity and CO_2 plasma treatment effect. Physica Status Solidi A, 2017, 214 (2): 1532958.

[148] Yan L L, Huang S L, Ren H Z, et al. Bifunctional CO_2 plasma treatment at the i/p interface enhancing the performance of planar silicon heterojunction solar cells. Physica Status Solidi (RRL), 2021, 15 (12): 122100010.

[149] Fujiwara H, Kondo M, Matsuda A. Stress-induced nucleation of microcrystalline silicon from amorphous phase. Japanese Journal of Applied Physics, 2002, 41 (5R): 2821-2828.

[150] Patra C, Das D. Controlling superior crystallinity and conductivity in ultra-thin doped nc-Si layers via H_2-plasma treatment for applications in nc-Si/c-Si heterojunction solar cells. AIP Conference Proceedings, 2020, 2244: 110006.

[151] Kobayashi E, de Wolf S, Levrat J, et al. Light-induced performance increase of silicon heterojunction solar cells. Applied Physics Letters, 2016, 109: 153503.

[152] Kobayashi E, de Wolf S, Levrat J, et al. Increasing the efficiency of silicon heterojunction solar cells and modules by light soaking. Solar Energy Materials and Solar Cells, 2017, 173: 43-49.

[153] Liu W Z, Shi J H, Zhang L P, et al. Light-induced activation of boron doping in hydrogenated amorphous silicon for over 25% efficiency silicon solar cells. Nature Energy, 2022, 7: 427-437.

[154] Zhao Y F, Mazzarella L, Procel P, et al. Doped hydrogenated nanocrystalline silicon oxide layers for high-efficiency c-Si heterojunction solar cells. Progress in Photovoltaics, 2020, 28 (5): 425-435.

[155] Richter A, Zhao L, Finger F, et al. Nano-composite microstructure model for the classification of hydrogenated nanocrystalline silicon oxide thin films. Surface & Coatings Technology, 2016, 295: 119-124.

[156] Mazzarella L, Kirner S, Stannowski B, et al. p-type microcrystalline silicon oxide emitter for silicon heterojunction solar cells allowing current densities above 40 mA/cm^2. Applied Physics Letters, 2015, 106: 023902.

[157] Ding K, Aeberhard U, Smirnov V, et al. Wide gap microcrystalline silicon oxide emitter for a-SiO$_x$：H/c-Si heterojunction solar cells. Japanese Journal of Applied Physics, 2013, 52: 122304.

[158] Ma W, Lim C C, Saida T, et al. Microcrystalline silicon carbide — New useful material for improvement of solar cell performance. Solar Energy Materials and Solar Cells, 1994, 34: 401-407.

[159] Yoshida N, Terazawa S, Hayashi K, et al. A narrow process window for the preparation of polytypes of microcrystalline silicon carbide thin films by hot-wire CVD method. Journal of Non-Crystalline Solids, 2012, 358 (17): 1987-1989.

[160] Hamashita D, Kurokawa Y, Konagai M. Preparation of p-type hydrogenated nanocrystalline cubic silicon carbide/n-type crystalline silicon heterojunction solar cells by VHF-PECVD. Energy Procedia, 2011, 10: 14-19.

[161] Miyajima S, Irikawa J, Yamada A, et al. High-quality nanocrystalline cubic silicon carbide emitter for crystalline silicon heterojunction solar cells. Applied Physics Letters, 2010, 97: 023504.

[162] Qu X L, Jin J, Jin Q, et al. Improved photoelectric properties of p-μc-Si：H/p-a-SiO$_x$：H window layer deposited by

RF-PECVD. Materials Science in Semiconductor Processing, 2017, 71: 54-60.

[163] Han M K, Mastsumoto Y, Hirata G, et al. Characterization of boron doped μc-SiC/c-Si heterojunction solar cells. Journal of Non-Crystalline Solids, 1989, 115 (1-3): 195-197.

[164] Pham D P, Kim S, Kim S, et al. Ultra-thin stack of n-type hydrogenated microcrystalline silicon and silicon oxide front contact layer for rear-emitter silicon heterojunction solar cells. Materials Science in Semiconductor Processing, 2019, 96: 1-7.

[165] Qiu D P, Duan W Y, Lambertz A, et al. Front contact optimization for rear-junction SHJ solar cells with ultra-thin n-type nanocrystalline silicon oxide. Solar Energy Materials and Solar Cells, 2020, 209: 110471.

[166] Kirner S, Mazzarella L, Korte L, et al. Silicon heterojunction solar cells with nanocrystalline silicon oxide emitter: Insights into charge carrier transport. IEEE Journal of Photovoltaics, 2015, 5 (6): 1601-1605.

[167] Mazzarella L, Morales-Vilches A B, Korte L, et al. Ultra-thin nanocrystalline n-type silicon oxide front contact layers for rear emitter silicon heterojunction solar cells. Solar Energy Materials and Solar Cells, 2018, 179: 386-391.

第 5 章

电池制备步骤三：透明导电电极沉积

SHJ 太阳电池的发射极和背场是厚度极薄的掺杂硅薄膜层，其低导电性阻碍了载流子的横向传输，因此需要在上面沉积一层透明导电电极 (TCO) 薄膜以起到横向导电的作用，另外折射率匹配的同时可以起到表面减反射的作用，减少表面的光反射损失。TCO 薄膜还起到阻挡层的作用，避免银等金属扩散进硅层。应用于 SHJ 太阳电池的 TCO 薄膜要具有高电导率、高载流子迁移率及高透光率，同时要调控功函数，满足其与界面接触的要求。

TCO薄膜是一种宽带隙半导体材料，按照多数载流子的类型可以分为 n 型和 p 型。TCO 薄膜最先出现于 20 世纪初，1907 年 Badeker 第一次制备了 CdO 透明导电薄膜[1]，从而开始了对 TCO 薄膜的制备和利用。20 世纪 50 年代研制出 SnO_2 基和 In_2O_3 基 TCO 薄膜。随后 80 年代又出现了 ZnO 基 TCO 薄膜。

在 TCO 薄膜材料中，In_2O_3 基薄膜由于含有稀有金属 In，价格昂贵，资源储量少，而 SnO_2 和 ZnO 基薄膜成本低廉，在某些应用中具有替代 In_2O_3 基 TCO 薄膜的潜力。目前 ZnO 基 TCO 薄膜在薄膜太阳电池中具有较多应用，而 In_2O_3 基 TCO 薄膜因高透光率、低电阻率和易制备的优势在 SHJ 太阳电池中应用广泛。为降低生产成本，将 ZnO 基 TCO 薄膜用于 SHJ 太阳电池的制备也是重要的研究方向。

5.1 TCO 薄膜材料的结构与性能

5.1.1 氧化铟基及氧化锌基 TCO 薄膜材料的结构

In_2O_3 晶体是方铁锰矿结构，如图 5.1 所示。其晶格常数是 1.0117nm，密度为 $7.12g/cm^3$，显示出萤石相关的超晶格结构，In^{3+} 处于两种不等价的位置，其中 8

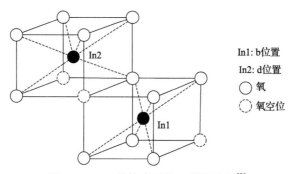

图 5.1　In_2O_3 结构中两种 In 原子位置[2]

个 In^{3+} 处于三角形扭曲的氧八面体间隙中心（b 位置），剩下的 24 个 In^{3+} 处于扭曲程度更大的氧八面体间隙中心（d 位置）[2]。在掺杂 In$_2$O$_3$ 基的 TCO 薄膜中，掺杂原子更容易取代 b 位置的 In^{3+}，b 位置的晶格有所膨胀。

未掺杂的 In$_2$O$_3$ 直接带隙为 3.75eV，其导带电子的有效质量 $m_c^* \approx 0.35m_e$，m_e 为自由电子的质量。对于未掺杂的材料，费米能级 E_F 位于导带和价带中间。导带主要来自 In 的 5s 轨道上的电子，价带来自 O 的 2p 轨道上的电子。在 In$_2$O$_3$ 中掺入 Sn 等掺杂原子后，在导带底下面形成了 n 型施主杂质能级，费米能级 E_F 转移到导带底和施主能级之间。继续增大 Sn 掺杂量，提高施主的态密度，费米能级继续上移，当费米能级上移至导带底时所对应的载流子浓度即为临界掺杂浓度 n_c，其大小可根据莫特（Mott）公式计算得到：

$$n_c^{1/3} a_0 \approx 0.25 \tag{5.1}$$

式中，有效玻尔半径 a_0 约为 1.3nm，计算得到 $n_c = 7.1 \times 10^{18}\,\text{cm}^{-3}$。在临界密度以上，费米能级 E_F 由导带的最高占据态决定：

$$E_F = \left(\frac{\hbar^2}{2m_c^*} \right) k_F^2 \tag{5.2}$$

$$k_F = \left(3\pi^2 n_e \right)^{1/3} \tag{5.3}$$

式中，n_e 为自由电子密度。TCO 由于重掺杂，费米能级 E_F 深入导带中，除发生从价带 E_V 到导带 E_C 的跃迁外，还会发生导带内的带内跃迁[3]。

ZnO 常见的两种晶体结构：六方纤锌矿结构和立方闪锌矿结构。纤锌矿结构稳定性最高。其中每个 Zn 原子周围有 4 个 O 原子，同时每个 O 原子周围有 4 个锌原子，如图 5.2 所示[4]。每个 Zn 原子与周围的 4 个 O 原子组成以 Zn 原子为中心的四面体结构，构成 Zn-O^{6-} 负离子配位四面体，在 c 轴方向 Zn-O 四面体以顶角相连。通常 ZnO 单晶或薄膜是在真空中制备的，所以总是含有过剩的锌同时欠缺氧。由于 Zn 的原子半径远小于 O 的原子半径，ZnO 晶体中总是含有间隙锌和氧空位，使 ZnO 呈现 n 型导电性。同时，ZnO 作为 Ⅱ-Ⅵ族化合物半导体，存在着本征点缺陷补偿和残留杂质补偿，使 p 型 ZnO 的制备难度较大。

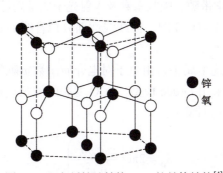

●锌
○氧

图 5.2　六方纤锌矿结构 ZnO 的晶体结构[4]

5.1.2 TCO 薄膜材料的性能

透光率和电导率是 TCO 的两个主要性能参数。从物理学角度看，二者是矛盾的，为了使 TCO 材料具有高导电性，就必须使其费米球的中心偏离动量空间原点，也就是说，按照能带理论在费米球及附近的能级分布很密集，被电子占据的能级和空能级之间能隙很小，这样当有入射光进入时，很容易产生内光电效应，光由于激发电子而被吸收。所以，从透光性的角度不希望产生内光电效应。因此要求禁带宽度必须大于光子能量。宽带透明导电氧化物半导体要保持良好的可见光透光性，其等离子体频率就要小于可见光频率，而要保持一定的导电性就需要一定的载流子浓度，因此等离子体频率与载流子浓度要呈一定比例。薄膜的禁带宽度大于可见光子能量时，在可见光照射下不能引起本征激发，从而对可见光透明。另外，TCO 薄膜的导电性能主要是通过氧空位和掺杂来提高，其导电性由载流子浓度和迁移率决定[5]。

TCO 的光学、电学及功函数等性能在很大程度上影响太阳电池的输出功率。在 TCO 制备过程中，其性能是相互制约的，所以需要相互兼顾进行优化。

1. 光学性能

TCO 薄膜透明的原因在于可见光光子能量小于材料本身的带隙，无法激发价电子越过能隙进入导带中，所以在可见光范围内的能量大部分不被吸收。随着入射光的波长降到某一范围时，薄膜的透光率发生陡峭变化的现象，此即为光学吸收边，这是薄膜光学带隙的依据。

对于抛物线状的能带结构，在吸收边附近，可通过吸收系数和入射光子能量来确定材料的带隙大小：

$$\alpha h\nu = C_{\mathrm{d}}\left(h\nu - E_{\mathrm{g}}^{\mathrm{d}}\right)^{1/2} \tag{5.4}$$

$$\alpha h\nu = C_{\mathrm{i}}\left(h\nu - E_{\mathrm{g}}^{\mathrm{i}}\right)^{2} \tag{5.5}$$

式 (5.4) 和式 (5.5) 分别对应于直接带隙和间接带隙。式中，$h\nu$ 为光子能量；C_{d} 和 C_{i} 为常数；α 为吸收系数；$E_{\mathrm{g}}^{\mathrm{d}}$ 和 $E_{\mathrm{g}}^{\mathrm{i}}$ 分别为直接和间接带隙大小。$\mathrm{In_2O_3}$ 基及 ZnO 基薄膜材料是宽直接带隙材料，其光学带隙、吸收系数及入射光子能量满足式 (5.4)。通过 Tauc 作图法，将吸收光谱按照 $(\alpha h\nu)^2$-$h\nu$ 作图，曲线线性部分拟合线的延长线在横轴上的截距就是薄膜材料的光学带隙值 E_{g}。

Drude 模型是用来描述金属中自由电子对电介质函数贡献的模型。掺杂半导体的很多性质和金属很类似，可采用 Drude 模型。TCO 薄膜的波长透过极限可用等离子体波长 λ_{p} 来表征，其大小用式 (5.6) 计算：

$$\lambda_{\mathrm{p}} = 2\pi c \left(\frac{\varepsilon_0 \varepsilon_\infty m_{\mathrm{c}}^*}{n_{\mathrm{e}} e^2}\right)^{1/2} \tag{5.6}$$

式中，ε_∞ 为高频介电常数；ε_0 为自由空间介电常数；m_c^* 为载流子有效质量；n_e 为载流子浓度；e 为基本电荷；c 为光速。λ_p 的大小与载流子浓度成反比。

2. 电学性能

TCO 薄膜电阻率可用式 (5.7) 计算。

$$\rho = \frac{1}{en_e\mu} \tag{5.7}$$

式中，ρ 为薄膜电阻率；n_e 及 μ 分别为载流子浓度及迁移率。ρ 的大小与 n_e 成反比，n_e 越大，ρ 越小，但 n_e 越大，又较大程度降低了薄膜在长波区的透光率，因此通常通过提高 μ 来减小 ρ。对于太阳电池来讲，希望 μ 值最大化。

电子迁移率取决于其有效质量 m^* 和弛豫时间 τ，采用式 (5.8) 计算。

$$\mu = \frac{e\tau}{m^*} \tag{5.8}$$

其值与温度、缺陷密度、晶粒尺寸及杂质浓度等密切相关，杂质浓度、缺陷密度及晶界越少，弛豫时间越长，则迁移率越大。对于抛物线型导带的 n 型半导体，m^* 为常数。

散射是影响 TCO 薄膜迁移率的重要因素之一。在 TCO 中主要的散射机理包括晶界散射、中性杂质散射、晶格振动散射及带电粒子散射等。

（1）晶界散射。晶界处高界面态密度会使载流子在晶界处聚集，形成空间电荷区。晶界处不规则原子排列和累积电荷形成的势场都对载流子有散射作用。晶粒尺寸越大，晶界散射越小，晶界势越大，晶界散射越大。

（2）中性杂质散射。中性杂质来自没有进入晶格的掺杂原子，这些杂质处于浅施主态，在室温条件下未被激活。在低温时，未激活的杂质占比较高，中性杂质散射是主要散射机理。

（3）晶格振动散射。晶格振动以格波的形式在晶体中传播，晶格振动的能量是量子化的准粒子，即声子，所以晶格振动散射也称声子散射。声子散射可以用载流子与声子之间的碰撞来描述。

（4）带电粒子散射。没有附加势，自由载流子均匀分布。掺杂后，电离施主或受主周围形成一个库仑势场，形成附加势，从而导致载流子在电离杂质中心附近偏离均匀分布。对 n 型半导体，电子在电离杂质附近的势能较低，所以当浓度较高时，引起的附加电荷密度对电离杂质有明显屏蔽作用。载流子浓度越高，受到散射的概率越大。有研究揭示了不同类型 TCO 薄膜的迁移率与载流子浓度间的关系，发现迁移率随载流子浓度的增加而降低[6]。

5.1.3　TCO 薄膜材料的掺杂

大部分 TCO 薄膜都是 n 型半导体，代表性的包含 In_2O_3、SnO_2 和 ZnO 基三大体系。

对于 In_2O_3 基 TCO 薄膜，金属元素的掺杂通常满足的条件是：①价态高于 3，满足施主掺杂要求；②掺杂原子的离子半径接近于 In^{3+}。常被用作掺杂的元素有 B、Al、Ga、Ti、Zr、Sn、Hf 等[7-13]。

研究表明，不同元素掺杂的 In_2O_3 基 TCO 薄膜的电阻率及载流子浓度与掺杂原子类型及其与铟原子数量的比例有关，薄膜电阻率随掺杂原子和铟原子数量比例的增大而逐渐降低，载流子浓度逐渐增大，在一定掺杂比例时达到饱和状态[14]。

采用多元素共掺杂可以调控薄膜的能带结构、功函数及载流子浓度等，通过优化组合的方式，使薄膜性能达到满足应用的要求。Al-Ti、Al-Ga 和 Ga-B 等共掺杂 ZnO 基 TCO 薄膜显示出低电阻率和高透光率，具有广阔的应用前景[15-17]。

p 型 TCO 薄膜的研究主要有两类：一类是以铜铁矿结构为主的 $CuMO_2$ 透明薄膜为代表，通过对主体结构进行化学成分调整，获得对可见光透明且导电的宽带隙氧化物，如 $CuAlO_2$ 薄膜[18]；另一类是对宽带隙氧化物进行有效的受主 p 型掺杂。但 p 型 TCO 材料制备难度较大，已在较长一段时间里未获得显著进展。在氧化物中，氧离子存在电负性，价带边缘会使空穴面临较大局域化的问题。要使空穴可以在晶体中自由运动，必须去除氧原子所带来的限制。

5.2 TCO 薄膜的制备技术

制备 TCO 薄膜的方法很多，分为真空沉积和非真空沉积，非真空沉积法如超声喷雾及溶胶-凝胶法[19]等；真空沉积如金属有机化学气相沉积（MOCVD）[20]、磁控溅射（MS 或 PVD）[21,22]、反应等离子体沉积（RPD）[23]及原子层沉积（ALD）等。在硅异质结太阳电池中，PVD 和 RPD 是应用较广泛的 TCO 薄膜制备方法。此两种技术制备 TCO 薄膜的过程中，掺杂元素、气体流量、沉积气压、温度、电极间距及功率等沉积参数决定了薄膜的结构、电学及光学性能等。

5.2.1 磁控溅射

磁控溅射（magnetron sputtering, MS）技术是一种成熟的薄膜沉积技术，包括直流、射频和反应磁控溅射等。利用此技术制备 H 和铈（Ce）共掺杂的 In_2O_3 薄膜（ICOH），其迁移率高达 $130cm^2/(V \cdot s)$[24]。

1. MS 原理

MS 是物理气相沉积（PVD）的一种[25-28]。MS 沉积系统中，靶材为阴极，沉积薄膜的衬底为阳极，向腔室中通入气源，如氩气等。当在阴阳极之间施加电场时，氩气辉光放电产生的电子在电场作用下由阴极飞向阳极，在此过程中与氩气原子发生碰撞，使其电离产生更多的 Ar^+ 正离子和新的电子；新电子飞向阳极衬底，Ar^+ 离子在电场作用下加速飞向阴极靶材轰击其表面，溅射出的中性靶原子或分子沉积在衬底上形成薄膜。MS 利用磁场与电场的交互作用，使电子在阴极靶表面附近做螺旋状摆线运动，从而增大电子撞击氩气产生 Ar^+ 离子的概率，在靶材附近电离出的大量 Ar^+ 轰击靶材，从而提高薄膜的沉积速率。

MS 制备金属等高导电性的材料相对较容易，一般采用直流溅射技术。在薄膜沉积过程中，气源除氩气外，通常通入氧气等反应气体，使金属靶材溅射出的金属粒子与反应气体发生反应生成氧化物，从而实现金属氧化物半导体薄膜的制备。例如，选择金属铟/锡靶材通入氧气来实现 ITO 的制备。若溅射的是绝缘体，轰击靶材时表面的离子电荷无法中和，这将导致靶面电位升高，外加电压几乎都加在靶上，两极间的离子加速与电离的机会变小，导致不能连续放电。因此，针对绝缘靶材或导电性较差的靶材，一般采用射频溅射。射频溅射会在靶材处形成负偏压，从而使溅射过程持续进行。

目前制备应用于 SHJ 太阳电池的 In_2O_3 基 TCO 薄膜主要采用 MS 技术，靶材采用 SnO_2 掺杂 In_2O_3 陶瓷靶，通入氩气、氧气或者氢气等气源。在薄膜沉积过程中，由于衬底直接暴露在等离子体中，对硅片表面产生一定的轰击作用。对于 SHJ 太阳电池，其非晶硅钝化层和掺杂层较薄，因此等离子体轰击可能会造成电池性能的下降或不稳定。

2. 沉积参数对 TCO 薄膜性能的影响

MS 制备 TCO 薄膜的过程中，靶材的种类及掺杂成分的比例、氧气流量、沉积压力及功率等影响了薄膜的结构、薄膜透光率及反射率等光学性能、电阻率及迁移率等电学性能。

溅射沉积过程中，气体分压会影响沉积速率、粒子能量、薄膜均匀性及其光电性能。气体分压的增加会提高电子浓度，从而提高原子离化率。原子离化率会影响刻蚀速率和沉积速率。当气压较低时，大部分溅射原子都可以携带足够高的能量到达衬底表面，沉积速率随气压升高而增大；当气压升高时，溅射原子的碰撞平均自由程降低，此时沉积速率开始降低。溅射气压影响 TCO 薄膜的电学特性。在一个制备 ITO 薄膜的研究中，ITO 中的载流子浓度随着气压升高先增大后减小，电阻率先减小后增大。在溅射气压为 10mTorr 时，制备得到最小的电阻率 $1.7 \times 10^{-4} \Omega \cdot cm$，最大的载流子浓度 $9.2 \times 10^{20} cm^{-3}$ 及最大的迁移率 $40 cm^2/(V \cdot s)$ [29]。

衬底温度决定了薄膜表面原子的迁移能力，同样影响薄膜光电性能。有研究采用 MS 技术沉积 CeO_2 掺杂的 In_2O_3 基 TCO 薄膜，在薄膜沉积过程中，仅通入氩气，随着衬底温度升高，由于薄膜晶化程度的改善，薄膜电阻率逐渐减小及迁移率逐渐增大。减小的氧空位浓度使薄膜载流子浓度逐渐减小[30]。

薄膜沉积过程中，功率过低，起辉较难。随着功率增大，溅射原子的能量增大，部分高能量的溅射原子会使薄膜产生较多缺陷，降低薄膜电学性能。有研究针对 ITO:Zr 薄膜，研究了电阻率、载流子浓度及迁移率随功率的变化关系[31]。随着功率从 35W 增大到 50W，薄膜电阻率逐渐增大，载流子浓度从 $6.38 \times 10^{19} cm^{-3}$ 减小到 $4.90 \times 10^{19} cm^{-3}$，迁移率从 $36.12 cm^2/(V \cdot s)$ 减小到 $12.19 cm^2/(V \cdot s)$ [31]。在薄膜沉积过程中，一定量的 Sn^{4+} 及 Zr^{4+} 替代了 In^{3+}，理论上会增大薄膜载流子浓度，然而过量的掺杂会形成载流子的俘获中心，使载流子浓度减小。对于重掺杂的半导体材料，电离杂质的散射机理影响载流子的输运，从而减小载流子迁移率。载流子浓度及迁移率的减小使薄膜电阻率逐渐增大。

氧气流量对 TCO 薄膜结构的影响通常采用 X 射线衍射谱进行分析。对于 ITO，晶化的薄膜显示出 (211)、(222)、(400)、(411)、(440) 及 (622) 衍射峰，随着氧气流量增大，氧空穴浓度的变化会改变薄膜的择优方向，使 (222) 峰强度逐渐降低，(400) 峰强度逐渐升高[9]。

不同氧气及氢气流量对 ITO 薄膜的方块电阻、载流子浓度及迁移率有重要的影响。在一个具体的研究中[32]，氢气的加入使 ITO 方块电阻和载流子浓度的变化趋势与通氧气时相反，而迁移率变化趋势保持一致，都是先增大后减小。方块电阻随氧气流量增大从 $50\Omega/\square$ 逐渐增大到 $650\Omega/\square$，而氢气的通入，使方块电阻从 $260\Omega/\square$ 降到 $44\Omega/\square$。随着氧气流量增大，ITO 薄膜中氧空位浓度逐渐减小，其载流子浓度从 $6.8\times10^{20}cm^{-3}$ 减小到 $7.1\times10^{19}cm^{-3}$；过量的氧带来晶界等缺陷，产生更多散射中心，使高氧流量时载流子迁移率减小；而随着氢气流量增大，载流子浓度从 $1.22\times10^{20}cm^{-3}$ 增大到 $6.1\times10^{20}cm^{-3}$[32]。薄膜沉积过程中，氢作为施主贡献了载流子浓度。少量氢掺杂或许钝化晶界内部的缺陷，降低了载流子间势垒，增强了其运输，从而增大了迁移率。过量氢的掺杂又会增加载流子的散射中心，使载流子迁移率减小。氧气流量影响 TCO 薄膜的载流子浓度，从而调控薄膜的光学带隙及近红外区的透光率。小氧气流量时，随着氧气流量的增大，薄膜的透光率逐渐增大，但氧气流量达到一定浓度时，薄膜的透光率不再随氧气流量增大而增大[9]。载流子浓度随氢气流量增大而增大，使 ITO 薄膜在长波范围内的吸收增强。ITO 薄膜在短波段的吸收随着氢气流量增大先降低再升高，主要原因是载流子浓度影响了费米能级的位置，过高的载流子浓度使费米能级进入导带，从而影响了薄膜带隙，引起了 Burstein-Moss 效应[32]。

在溅射过程中通入适量的氧，还可以调节薄膜的功函数。例如，针对 SnO_2 和 ZrO_2 共掺杂的 In_2O_3 薄膜的一项研究，随着氧气流量的逐渐增大，薄膜的功函数先从 5.09eV 增加到 5.13eV，然后减少到 5.03eV[33]。

5.2.2　反应等离子体沉积

反应等离子体沉积 (RPD) 是一种低温、低等离子体损伤、高沉积速率制备 TCO 薄膜的技术。RPD 可以用来制备多晶硅、ITO、ZnO 及掺镓氧化锌 (GZO) 等薄膜[34,35]。采用 CeO_2 及 H 共掺杂 In_2O_3，通过 RPD 获得了迁移率高达 $145cm^2/(V\cdot s)$ 的 ICOH 薄膜[36]。

1. RPD 原理

典型的 RPD 系统结构如图 5.3 所示[37]，由腔室结构单元、冷却水系统、压缩空气系统、真空系统、电子枪、等离子体束、等离子体束控制系统及靶材等部分组成。气体从电子枪前端进入，放电形成的等离子体在两级中间电极形成的磁场的约束下到达等离子体束控制线圈区域，在等离子体束控制线圈形成的磁场的控制下偏向腔体下侧。放电初始阶段和靶材周围的辅助阳极形成回路，待放电稳定后切换到靶材回路，将等离子体的动能转换为热能，使靶材加热蒸发，稳定后开始镀膜。RPD 沉积速率较高。通过向等离子体中通入反应气体，如氧气，可以与蒸发出的物质发生反应，从而调节所制备薄膜的性能。RPD 近似一种等离子体辅助蒸发技术。

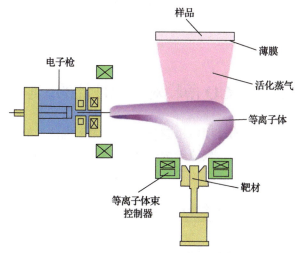

图 5.3　RPD 系统结构示意图[37]

RPD 相比于 MS，对衬底的轰击损伤低，靶材是通过升温蒸发而不是溅射生成沉积薄膜的活性基元，几乎不存在高能粒子对衬底表面的轰击损伤，镀膜质量更容易控制，这也减小了晶硅异质结电池非晶硅钝化层表面的损伤，有利于改善电池性能。

基于 RPD 类似蒸发的原理，可以制备的材料种类受到限制，高蒸发温度的材料难用 RPD 进行镀膜。适合 RPD 制备的 TCO 材料主要有掺镓氧化锌（GZO）、掺锡氧化铟（ITO）、掺钨氧化铟（IWO）及掺铈氧化铟（ICO）等，其中 IWO 和 ICO 相比于 ITO，具有相对更高的载流子迁移率。相比于 MS，为便于实现蒸发，RPD 所采用的靶材结构相对疏松，致密度小。

2. 沉积参数对 TCO 薄膜性能的影响

有研究采用 RPD 制备了 GZO 薄膜，所用陶瓷靶成分为 Ga_2O_3、ZnO（质量比 3∶97），发现随着氧气流量增加，GZO 的载流子浓度单调递减，迁移率先增大后减小；GZO 薄膜在波长 400～1000nm 范围内透光率达到 90%以上，由于 Burstein-Moss 效应，随着载流子浓度的增加，薄膜吸收边发生蓝移；随载流子浓度增加，等离子体吸收导致薄膜在近红外光波段（>1200nm）透光率减小[38]。

有研究采用 RPD 在室温条件下制备 WO_3 和 H_2O 共掺杂 In_2O_3（IWOH）薄膜，发现退火前后，各电学参数随水流量的变化趋势基本相同，但退火可以使载流子浓度减少，迁移率提高到 60cm^2/(V·s)以上，电阻率相比退火前先减小后增大；薄膜沉积过程中通入适量的水，可以提高薄膜晶化率，降低晶界散射概率，从而改善薄膜电学性能，增强了薄膜的透光性[39]。

另外有研究通过 RPD 在室温及加热到 150℃时采用不同氧气流量制备了 IWTO（TiO$_2$ 和 WO$_3$ 共掺杂 In$_2$O$_3$）薄膜，发现在两种沉积条件下，薄膜的光学性能的变化趋势相似，反射率在整个波段随着氧气流量逐渐增大，在短波段和近红外波段，薄膜中载流子吸收随着氧气流量降低，其透光率逐渐增大；然而在可见光区，中值大小的氧气流量所制备的薄膜的透光率较小[40]。

5.3 TCO 薄膜对电池性能的影响

表 5.1 给出了一些 TCO 作透明电极制备的 SHJ 太阳电池性能的代表结果。AZO 的电阻率在 $10^{-3}\sim10^{-4}\Omega\cdot cm$ 量级，载流子浓度在 $10^{20}cm^{-3}$，ITO 的电阻率在 $10^{-4}\Omega\cdot cm$ 量级，载流子浓度在 $10^{19}\sim10^{20}cm^{-3}$。

表 5.1　采用不同 TCO 作透明电极的晶硅异质结太阳电池代表性结果

TCO 电极		迁移率/[cm^2/(V·s)]	电池效率/%	TCO 制备技术	参考文献
前电极	背电极				
ITO	AZO		20.3		[41]
ITO/IO：H		55/132	20.4	MS	[42]
ITO			20.8	MS	[43]
IWO	IWO	89	20.8	RPD	[23]
ITO	ITO	17.9	23.6	MS	[44]
IWTO	AZO	92.1	23.8	RPD	[40]
ITO：H	ITO：H	36.3	22.97	MS	[32]
ICO：H		141	24.1	RPD	[36]
ITO	ITO	32.2	24.34	MS	[9]
ITO	ITO		25.11	MS	[45]

TCO 薄膜在 SHJ 太阳电池上扮演着导电层及减反射层的双重作用。作为减反射层，TCO 薄膜的折射率一般在 2 左右，根据波长在 600nm 时反射率最小进行测算，TCO 薄膜的厚度大约在 75nm。TCO 薄膜的载流子浓度及厚度会影响太阳电池的载流子输运和电流导出的效率，由此带来电池功率的损失[46]。TCO 薄膜载流子浓度过小，TCO 导电性变差，串联电阻引起载流子输运的功率损失，TCO 薄膜载流子浓度过大，会产生严重的自吸收效应，这导致光电流变小，引起电池功率损失；TCO 薄膜厚度过大或过小，都会引起光学失配，造成电池表面光反射增加；TCO 薄膜厚度较小时，其电阻也大，载流子传输损失较大，而厚度较大时同样增大了光学吸收方面导致的电流损失[46]。因此，TCO 电极的导电性和厚度必须进行综合优化。

5.3.1　TCO 薄膜导电性对电池性能的影响

在 SHJ 太阳电池中，非晶硅薄膜大的带隙导致的非晶硅与晶硅界面不连续所产生的势垒及掺杂非晶硅薄膜与 TCO 间的势垒影响了载流子输运，除此之外，TCO 与低温银浆等制备的金属电极之间的接触电阻影响电池的串联电阻，进而影响电池的填充因子等性能。在 TCO 沉积过程中，必须提高 TCO 迁移率，降低自由载流子的吸收，在维持良好的电学和光学特性的同时调控其合适的功函数，降低 TCO 与掺杂非晶硅层的接触界面上可能存在的肖特基势垒和接触电阻。

有研究分析了不同氧气流量及退火温度得到的 ITO/a-Si：H(n 或 p) 界面上的比接触电阻(ρ_c)，发现随着氧气流量的不断增大，比接触电阻总体趋向于增大。与金属/a-Si：H 界面的比接触电阻相比，TCO/a-Si：H 界面的比接触电阻相对要高一些[47]。

5.3.2　TCO 薄膜透光性对电池性能的影响

ITO 带隙为 3.5～4.3eV。紫外光区的吸收阈值大约为 3.75eV，相当于 330nm 的波长，因此紫外光区 ITO 薄膜的透光率极低。同时近红外区由于载流子的等离子体振动现象而产生反射，所以近红外区 ITO 薄膜的透光率也低，但由于 ITO 材料本身特定的物理化学性能，在可见光区的透光率较高。

ITO 薄膜有害的寄生吸收将导致 SHJ 太阳电池的电流密度损失。随着氧气流量的增大，ITO 薄膜电阻率线性增大，电流损失逐渐降低；然而，随着氢气流量的增大，薄膜载流子浓度的增大提高了薄膜本身对入射光的吸收能力，从而降低太阳电池的短路电流[32]。SHJ 太阳电池光电流损失中蓝光吸收损失和红外吸收损失较大，而 TCO 层的吸收在其中均占有较大的比例[48]。

5.3.3　TCO 薄膜功函数对电池性能的影响

TCO 薄膜作为电极需要与掺杂薄膜硅层之间形成良好的欧姆接触。TCO 可以视为金属，形成欧姆接触的一种方法是将掺杂薄膜硅层的掺杂浓度提高，提高载流子在 TCO/薄膜硅肖特基结区的隧穿能力。但由于薄膜硅层的掺杂效率远低于晶体硅，此种方法实现起来有一定难度。因此，就需要对 TCO 的功函数进行调控，因为 TCO 的功函数决定了其费米能级的位置，从而决定了 TCO/薄膜硅层肖特基结区内的电场方向，这个方向必须与薄膜硅/晶体硅结区电场的方向一致，否则会严重影响电池的性能。通过较详细研究 TCO/薄膜硅肖特基结对晶硅异质结太阳电池的影响，发现为了获得较好的太阳电池性能，需要对 TCO 功函数、薄膜硅掺杂浓度与厚度进行综合优化，一般地，在 p 型薄膜硅上 TCO 要具有较大的功函数，在 n 型薄膜硅上 TCO 要具有较小的功函数[49,50]。

有研究采用 AFORS-HET 软件模拟了 a-Si：H(p) 层的掺杂浓度及其与 TCO 间功函数不匹配度对 TCO/a-Si：H(p)/c-Si(n) 异质结太阳电池填充因子的影响[51]。如图 5.4 所示，当 TCO 的功函数小于 a-Si：H(p) 层的功函数时，在界面处甚至 a-Si：H(p) 层体内出现耗尽区或反型层，这将会影响空穴的收集，进而影响电池填充因子。在耗尽区或反型区，不同程度掺杂的 a-Si：H(p) 层因与 TCO 接触层的功函数不匹配，均会使电池填充因子下降，但高掺杂浓度有利于改善填充因子下降的幅度。在平带区时，因接触层功函数匹配，pn 结性能主要受 a-Si：H(p) 掺杂浓度的影响，同样表现为高掺杂浓度会带来较大的电池填充因子。在积累区，TCO 具有比 a-Si：H(p) 层更高的功函数，a-Si：H(p) 掺杂浓度的变化基本对接触性能没有影响，使得电池填充因子此时基本与 a-Si：H(p) 的掺杂浓度无关[51]。

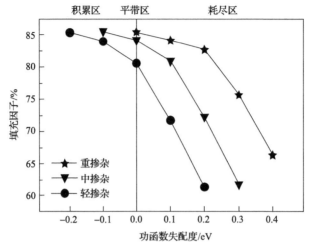

图 5.4　不同掺杂浓度 a-Si：H(p) 层与 TCO 功函数匹配状态对 SHJ 太阳电池填充因子的影响[51]

5.4　总　　结

基于 SHJ 太阳电池中常用的 In_2O_3 及 ZnO 基 TCO 薄膜，分析了 TCO 薄膜的结构、掺杂及制备技术，对其常用制备技术 MS 及 RPD，从沉积原理到参数对其薄膜特性的影响做了较详细的表述，最后给出了 TCO 薄膜的光学、电学特性及功函数对 SHJ 太阳电池性能的影响规律。

TCO 薄膜在 SHJ 太阳电池中起着导电、减反射及阻挡层的作用。为得到高电导率，如果提高载流子浓度，会导致其近红外光波段的透光率降低，为此，从提高迁移率入手，选择合适的金属元素掺杂剂及制备技术是制备高导电 TCO 薄膜的关键。TCO 薄膜的产业化制备技术需满足高效率、低成本的需求，目前主要是 MS 及 RPD 技术。TCO 薄膜作为电极，需要与掺杂薄膜硅之间形成良好的欧姆接触，由于薄膜硅层的掺杂效率远低于晶体硅，因此需要对 TCO 的功函数进行调控，与 p 型非晶硅掺杂层接触的 TCO 要具有高功函数，而与 n 型非晶硅掺杂层接触的 TCO 要具有低功函数。

目前用于 SHJ 太阳电池的 TCO 薄膜多是单层结构，在单层 TCO 基础上进行结构改进，如增加盖层或采用多层复合结构等，有潜力获得 TCO 薄膜整体性能的改进，是未来提高 SHJ 太阳电池效率、降低成本并改善其稳定性的一个研发方向。

参 考 文 献

[1] Lewis B G, Paine D C. Applications and processing of transparent conducting oxides. MRS Bulletin, 2000, 25: 22-27.

[2] Qiao Z. Fabrication and study of ITO thin films prepared by magnetron sputtering. Duisburg: Universität Duisburg-Essen, Fakultät für Physik, 2003.

[3] Medvedeva J E. Combining Optical Transparency with Electrical Conductivity: Challenges and Prospects. New York: John

Wiley & Sons Ltd., 2010.

[4] Coleman V A, Jagadish C. Basic Properties and Applications of ZnO. Netherlands: Elsevier Ltd., 2006.

[5] 李玉增, 赵谢群. 氧化铟锡薄膜材料开发现状与前景. 稀有金属, 1996, 20: 455-458.

[6] Cruz A, Wang E C, Morales-Vilches A B, et al. Effect of front TCO on the performance of rear-junction silicon heterojunction solar cells: insights from simulations and experiments. Solar Energy Materials and Solar Cells, 2019, 195: 339-345.

[7] Yu J, Bian J, Duan W, et al. Tungsten doped indium oxide film: ready for bifacial copper metallization of silicon heterojunction solar cell. Solar Energy Materials and Solar Cells, 2016, 144: 359-363.

[8] Parthiban S, Gokulakrishnan V, Ramamurthi K, et al. High near-infrared transparent molybdenum-doped indium oxide thin films for nanocrystalline silicon solar cell applications. Solar Energy Materials and Solar Cells, 2009, 93: 92-97.

[9] Gong W B, Wang G H, Gong Y B, et al. Investigation of $In_2O_3:SnO_2$ films with different doping ratio and application as transparent conducting electrode in silicon heterojunction solar cell. Solar Energy Materials and Solar Cells, 2022, 234: 111404.

[10] Khokhar M Q, Hussain S Q, Pham D P, et al. ITO:Zr bi-layers deposited by reactive O_2 and Ar plasma with high work function for silicon heterojunction solar cells. Current Applied Physics, 2020, 20: 994-1000.

[11] Paeng S H, Park M W, Sung Y M. Transparent conductive characteristics of Ti:ITO films deposited by RF magnetron sputtering at low substrate temperature. Surface & Coatings Technology, 2010, 205: 210-215.

[12] Bedia F Z, Bedia A, Aillerie M, et al. Influence of Al-doped ZnO transparent contacts deposited by a spray pyrolysis technique on performance of HIT solar cells. Energy Proceida, 2014, 50: 853-861.

[13] Shi J H, Meng F Y, Bao J, et al. Surface scattering effect on the electrical mobility of ultrathin Ce doped In_2O_3 film prepared at low temperature. Materials Letters, 2018, 225: 54-56.

[14] Kanai Y. Electrical properties of In_2O_3 single crystals doped with metallic donor impurity. Japanese Journal of Applied Physics, 1984, 23: 127.

[15] Jiang M, Liu X. Structual, electrical and optical properties of Al-Ti codoped ZnO (ZATO) thin films prepared by RF magnetron sputtering. Applied Surface Science, 2008, 255: 3175-3178.

[16] Lee W, Shin S, Jung D R, et al. Investigation of electronic and optical properties in Al-Ga codoped ZnO thin films. Current Applied Physics, 2012, 12: 628-631.

[17] Abduev A K, Akhmedov A K, Asvarrov A S. The structual and electrical properties of Ga-doped and Ga, B codoped ZnO thin films: the effects of additional boron impurity. Solar Energy Materials and Solar Cells, 2007, 91: 258-260.

[18] Kawazoe H, Yasukawa M, Hyodo H, et al. P-type electrical conduction in transparent thin films of $CuAlO_2$. Nature, 1997, 389: 939-942.

[19] Eo I S, Hwangbo S, Kim J T, et al. Photoluminescence of chemical solution-derived amorphous ZnO layers prepared by low-temperature process. Current Applied Physics, 2010, 10: 1-4.

[20] Gorla C R, Emanetoglu N W, Liang S, et al. Structural, optical, and surface acoustic wave properties of epitaxial ZnO films grown on (01$\bar{1}$2) sapphire by metalorganic chemical vapor deposition. Journal of Applied Physics, 1999, 85: 2595-2602.

[21] Chang J F, Hon M H. The effect of deposition temperature on the properties of Al-doped zinc oxide thin films. Thin Solid Films, 2001, 386: 79-86.

[22] Sh. K, Fekri A L, Behzadi P G. Investigation of nanostructure and optical properties of flexible AZO thin films at different powers of RF magnetron sputtering. Nano, 2018, 13: 1850062.

[23] Meng F, Shi J, Liu Z, et al. High mobility transparent conductive W-doped In_2O_3 thin films prepared at low substrate temperature and its application to solar cells. Solar Energy Materials and Solar Cells, 2014, 122: 70-74.

[24] Koida T, Fujiwara H, Kondo M. Hydrogen-doped In_2O_3 as high-mobility transparent conductive oxide. Japanese Journal of Applied Physics, 2007, 46: 685-687.

[25] Sakata H, Nakai T, Baba T, et al. 20.7% highest efficiency large area (100.5cm^2) HIT^{TM} solar cell//28th IEEE Photovoltaic Specialists Conference, Anchorage, 2000: 7-12.

[26] Han C, Zhao Y F, Mazzarella L, et al. Room-temperature sputtered tungsten-doped indium oxide for improved current in

silicon heterojunction solar cells. Solar Energy Materials and Solar Cells, 2021, 227: 111082.

[27] Chen X L, Wang F, Geng X H, et al. Natively textured surface Al-doped ZnO-TCO layers with gradual oxygen growth for thin film solar cells via magnetron sputtering. Applied Surface Science, 2012, 258: 4092-4096.

[28] 江锡顺. ITO 透明导电薄膜的组分、微结构及其光电特性研究. 合肥: 安徽大学, 2006.

[29] Das D, Karmakar L. Further optimization of ITO films at the melting point of Sn and configuration of Ohmic contact at the c-Si/ITO interface. Applied Surface Science, 2019, 481: 16-24.

[30] Dey K, Aberle A G, Eek S V, et al. Superior optoelectrical properties of magnetron sputter-deposited cerium-doped indium oxide thin films for solar cell applications. Ceramics International, 2021, 47: 1798-1806.

[31] Li Y T, Chen D T, Han C F, et al. Effect of the addition of zirconium on the electrical, optical, and mechanical properties and microstructure of ITO thin films. Vacuum, 2021, 183: 109844.

[32] Qiu D P, Duan W Y, Lambertz A, et al. Effect of oxygen and hydrogen flow ratio on indium tin oxide films in rear-junction silicon heterojunction solar cells. Solar Energy, 2022, 231: 578-585.

[33] Hussain S Q, Kim S, Ahn S, et al. Influence of high work function ITO:Zr films for the barrier height modification in a-Si：H/c-Si heterojunction solar cells. Solar Energy Materials and Solar Cells, 2014, 122: 130-135.

[34] Yoshida M, Saida T, Okada S, et al. Polycrystalline silicon thin films grown by dc arc discharge ion plating. Thin Solid Films, 1998, 335: 127-129.

[35] Hasegawa H, Yoshida M, Nakamura S, et al. ZnO：Ga conducting-films grown by DC arc-discharge ion plating. Solar Energy Materials and Solar Cells, 2001, 67: 231-236.

[36] Kobayashi E, Watabe Y, Yamamoto T, et al. Cerium oxide and hydrogen co-doped indium oxide films for high-efficiency silicon heterojunction solar cells. Solar Energy Materials and Solar Cells, 2016, 149: 75-80.

[37] Kitami H, Miyashita M, Sakemi T, et al. Quantitative analysis of ionization rates of depositing particles in reactive plasma deposition using mass-energy analyzer and Langmuir probe. Japanese Journal of Applied Physics, 2014, 54: 01AB05.

[38] Shirakata S, Sakemi T, Awai K, et al. Electrical and optical properties of large area Ga-doped ZnO thin films prepared by reactive plasma deposition. Superlattices and Microstructures, 2006, 39: 218-228.

[39] Huang W, Shi J H, Liu Y Y, et al. Effect of crystalline structure on optical and electrical properties of IWOH films fabricated by low-damage reactive plasma deposition at room temperature. Journal of Alloys and Compounds, 2020, 843: 155151.

[40] Huang W, Shi J H, Liu Y Y, et al. High-performance Ti and W co-doped indium oxide films for silicon heterojunction solar cells prepared by reactive plasma deposition. Journal of Power Sources, 2021, 506: 230101.

[41] Lachaume R, Favre W, Scheiblin P, et al. Influence of a-Si：H/ITO interface properties on performance of heterojunction solar cells. Energy Procedia, 2013, 38: 770-776.

[42] Scherg-Kurmes H, Körner S, Ring S, et al. High mobility In₂O₃：H as contact layer for a-Si：H/c-Si heterojunction and μc-Si：H thin film solar cells. Thin Solid Films, 2015, 594: 316-322.

[43] Kim S, Iftiquar S M, Lee D, et al. Improvement in front-contact resistance and interface passivation of heterojunction amorphous/crystalline silicon solar cell by hydrogen-diluted stacked emitter. IEEE Journal of Photovoltaics, 2016, 6: 837-845.

[44] Wu Z P, Duan W Y, Lambertz A, et al. Low-resistivity p-type a-Si：H/AZO hole contact in high-efficiency silicon heterojunction solar cells. Applied Surface Science, 2021, 542: 148749.

[45] Ru X N, Qu M H, Wang J Q, et al. 25.11% Efficiency silicon heterojunction solar cell with low deposition rate intrinsic amorphous silicon buffer layers. Solar Energy Materials and Solar Cells, 2020, 215: 110643.

[46] Cruz A, Erfurt D, Wagner P, et al. Optoelectrical analysis of TCO+silicon oxide double layers at the front and rear side of silicon heterojunction solar cells. Solar Energy Materials and Solar Cells, 2022, 236: 111493.

[47] Luderer C, Tutsch L, Messmer C, et al. Influence of TCO and a-Si：H doping on SHJ contact resistivity. IEEE Journal of Photovoltaics, 2021, 11: 329-336.

[48] Holman Z C, Descoeudres A, De Wolf S, et al. Record infrared internal quantum efficiency in silicon heterojunction solar cells with dielectric/metal rear reflectors. IEEE Journal of Photovoltaics, 2013, 3: 1243-1249.

[49] Zhao L, Zhou C L, Li H L, et al. Design optimization of bifacial HIT solar cells on p-type silicon substrates simulation. Solar Energy Materials and Solar Cells, 2008, 92: 684-692.

[50] Zhao L, Zhou C L, Li H L, et al. Role of the work function of transparent conductive oxide on the performance of amorphous/crystalline silicon heterojunction solar cells studied by computer simulation. Physica Status Solidi A, 2008, 105: 1215-1221.

[51] Bivour M, Reichel C, Hermle M, et al. Improving the a-Si：H(p) rear emitter contact of n-type silicon solar cells. Solar Energy Materials and Solar Cells, 2012, 106: 11-16.

第6章

电池制备步骤四：金属栅线电极制备

与其他晶硅太阳电池一样，SHJ 太阳电池同样需要通过金属电极来收集光生载流子并输送至外部电路，且 SHJ 太阳电池的金属电极要满足有良好的导电性能、与 TCO 薄膜接触紧密且具有较高的收集效率等要求，因此用于制作 SHJ 太阳电池的电极材料通常都是银、铜等金属。

目前，在 SHJ 太阳电池生产中被广泛采用的电极制备技术是丝网印刷与烧结相结合的方法，通过丝网印刷将导电浆料转移到太阳电池的表面，再经过烘干烧结将导电浆料转变为金属电极。SHJ 太阳电池一般都设计为双面发电，其正背面都需要接收入射光，所以正背面的电极都采用"H"形结构，分为细栅和主栅电极。细栅电极主要起着收集太阳电池产生的光生载流子的作用，而主栅电极则将细栅上收集到的载流子汇集起来输送到外部电路。随着 SHJ 太阳电池结构的改变和电池效率的提升，金属电极的参数也在不断改进，如电极的宽度、高度、间距等都随着电池结构的变化而改变。为了减小载流子在电池表面的横向传输距离，电池主栅的数量越来越多而宽度越来越窄。同时为了降低电极的遮光效应，电池细栅的宽度也在不断减小。由于金属电极结构的改进，电极的制备工艺及制作电极浆料的要求也越来越高。

本章将依次介绍丝网印刷、电镀、激光转印、喷墨打印等几种适用于 SHJ 太阳电池的金属电极制备技术，其中对被广泛使用的丝网印刷和电镀技术将展开重点介绍。

6.1　丝网印刷技术

丝网印刷作为一种厚膜制备技术，具有工艺简单、成本低廉、适应性强等优点，是太阳电池制备金属电极的首选技术方案。

6.1.1　丝网印刷原理

1. 印刷过程

导电浆料的丝网印刷过程主要是通过刮刀运动将丝网上的浆料通过网版开口挤压到硅片表面[1]。在印刷过程中，刮刀与硅片保持一定的角度并与丝网和硅片形成线接触，同时未与硅片接触的丝网始终保持分离状态，从而保证印刷图形的精准及避免浆料蹭脏硅片。当刮刀从网框的一端移动至另一端后抬起，丝网与硅片同时分开即完成一个电极印制过程。

丝网印刷得到的栅线形貌主要由网版参数、印刷工艺及浆料的性能决定。由于网版的开口是由方形小孔组成，当浆料通过网版开口转移到硅片时，先形成的也是小的方柱。方柱的宽度为丝网间距(W)，方柱的高度为丝网厚度(S)，方柱的间距为丝网宽度(d)，方柱的总量为网版的过墨量。同时由于浆料的流动性，方柱形成后会迅速向四周流动并连接起来，最终形成浆膜。成膜的浆料经过烧结后就会形成金属电极。在烧结过程中，浆料中的有机组分会挥发，导电颗粒(银颗粒)会往一起聚集。因此，烧结完的金属电极厚度(S')小于丝网印刷的浆膜厚度(S)，其中丝网宽度、网版开口率和过墨量及浆料成分等因素对最终形成的金属电极厚度有较大影响[2]。

2. 网版参数

丝网印刷网版的主要参数包括丝网的目数、厚度、张力、材料，以及网版开口等。其中，丝网的目数是指丝网在单位面积内含有的网孔数量，反映了丝线与丝线之间的疏密程度。目数越大，网孔越小，印刷图案的精准度也会越高，但浆料的通过率就会越小；反之目数越小，网孔越大，浆料的通过率就越大，但容易造成浆料渗漏，会降低印刷图案的清晰度。丝网的厚度是指丝网上表面与下表面之间的距离，是网纱厚度与感光胶厚度之和。丝网的张力则与丝网目数、丝网线径及材料有关。当丝网张力过大时，丝网的开口扩大变形，导致印刷出的图案也会发生变形；当丝网张力过小时，丝网松弛而影响丝印的质量。通常经过多次使用的丝网，张力也会逐渐变小从而出现丝网松弛，因此理想的丝网需具有在高强拉力下不易变形的特点。目前，晶硅太阳电池采用的丝网基本是不锈钢丝网。丝网的开口率是指在单位面积内网孔面积占总面积的百分比，这主要由丝网的线径和孔径决定。通常开口率越大，越有利于浆料的过网，但印刷图案的清晰度会降低。网版的过墨量是指网版在印刷中能转移的油墨量(浆料量)。

丝网在绷网时根据网线与网版夹角角度的不同分为斜交绷网和正绷网。采用斜交绷网时，网版网线与网框呈一定的斜角，一般为15°、22.5°、30°和45°。其中，采用22.5°斜角的网版印刷出的栅线线条最为平直光滑，因此在太阳电池制造中最常用的网版即是绷网角度为22.5°的网线斜交绷网的网版[3]，采用这种斜交绷网网版印刷栅线电极时，在栅线开口区浆料会受到丝网网结的阻挡，在栅线宽度较大时，由于浆料的流动性，这种影响不太明显。但近年来，为了追求更小的遮光损失和更大的电极高宽比，网版的开口宽度越来越小，栅线电极宽度越来越细，网结对浆料过网的阻挡就变得越来越明显。由此发展出无网结网版。

无网结网版采用正绷网技术，此时，网版的网线与网框的夹角为 90°。栅线开口置于两个相邻的网线之间，从而在开口区域内消除网结。根据不同的网纱工艺，无网结网版又可分为抽丝和比网格两种[4,5]。抽丝的无网结网版是在保持纵向网布网纱不变的情况下，在栅线开口的区域将原本存在网结的位置上的横向网布纱线抽除。抽丝无网结网版的优点是能兼容现有的网版制备工艺，且成品率高，对细栅的偏移容忍度也大。但缺点是所要印制的细栅必须处于抽去纱线的位置，因而必须根据栅线版图进行定制加工。比网格无网结网版是将细栅的开口位置放入网版的横向网格中，使细栅开口的宽度小于网线的横向间距。比网格无网结网版的优点是能兼容现有丝印设备且对细栅的具体位置没有要求。但缺点是只能采用低目数的网纱，即网版的网孔相对较大，印制出的细栅线形貌容易受到影响。

无网结网版的开口宽度能减小到20μm内，所印制出的栅线电极宽度也能达到30μm，因此能显著降低太阳电池的遮光损失，提高电池电流密度。同时无网结网版所印刷出的电极线条平整度和线型比常规网版更好，能有效改善断栅、虚印等丝印过程中常遇到的问题。因此，无网结网版目前已经取代了常规的网纱网版，被大规模推广到了电池批量生产中。相应地，无网结网版对丝印浆料的要求也比常规网版更高，需要浆料具有更好的流平性、过墨性和可塑性。

3. 印刷工艺

除了网版参数外，丝网印刷工艺对金属电极的形貌也有较大影响。印刷工艺参数包括：网版间距、刮刀压力、刮刀角度以及刮刀速度等。

网版间距指在无压力的条件下网版与硅片之间的距离，此间距决定了刮刀划过后丝网能上移的高度。如果间距过大，印刷时丝网的形变就会增大，使得网版张力降低及使用寿命缩短，同时还会造成刮刀与硅片的接触不够，从而印制出的图案不全。如果网版间距过小，丝网与硅片之间的距离不足，使得浆料在印刷后还不能完全脱离丝网而导致硅片和网版粘连。

刮刀压力指在印刷时刮刀施加到网版的恒定压力，包括使刮刀与硅片接触的向下压力和使刮刀匀速运动的向前推力。当刮刀压力过大时，硅片碎裂和丝网破损；当刮刀压力过小时，浆料在通过网版开口时受到的挤压力不足而导致印制出的图案不全，同时在丝网上未能通过开口的残余浆料还会造成开口的堵塞。通常刮刀压力需要与网版和浆料的参数匹配，一般在 10～15N/cm 之间。

刮刀角度指刮刀与硅片之间的夹角，刮刀夹角可以改变刮刀压力的方向，调节刮刀向下和向前力度，这也同样需要根据网版参数和浆料性能进行调整。

刮刀速度指在印刷过程中刮刀的运动速度。通常刮刀速度也会影响浆料的黏度，刮刀速度越大，浆料所受的剪切应力也会越大，从而使其黏度变小，更有利于浆料通过网版开口。但相应地，浆料通过网版开口的时间也会缩短。因此，印刷到硅片上的浆料重量(湿重)会随着刮刀速度的增大先增大后减小。在某个特定的刮刀速度下，硅片上的浆料重量(湿重)能够达到最大。

6.1.2 低温银浆的构成与流变性

除网版参数和印刷工艺外，低温银浆的丝印特性对电极形貌也有较大影响。与常规的晶硅太阳电池结构相比，在 SHJ 太阳电池表面的是 TCO 薄膜，金属栅线电极不需要穿透而是直接与 TCO 薄膜表面黏结，因此，在 SHJ 太阳电池用低温银浆中不含能刻蚀钝化减反层的玻璃粉，而是含有有机树脂作为电极与 TCO 薄膜之间的黏结剂，低温银浆的烧结温度不超过 200℃，因此低温银浆的成分和烧结机理与常规的高温银浆有很大差异。此外，低温银浆还需满足如下要求：优良的印刷特性、优异的导电性能、杰出的与 TCO 薄膜的电接触特性和黏附性、良好的可焊性以及电极的长期稳定性等。

1. 低温银浆的构成

SHJ 太阳电池用低温浆料主要由银粉、有机树脂、溶剂、固化剂及添加剂等组分构成。由于 SHJ 太阳电池的栅线电极需要具有高导电性，因此低温浆料通常选择银粉作为导电相，并在银浆的配比中占 90wt%以上。同时，由于低温银浆的烧结温度必须在 200℃以下，因此一般采用纳米级银粉作为低温浆料的银粉原料以有助于浆料在低温下烧结。为了提高低温浆料及栅线电极的致密度和导电性，通常还会选择几种不同粒径和形貌的银粉混合来进行浆料制备。

在低温银浆中，通常采用有机树脂作为浆料的黏结剂，通过低温(<200℃)固化使浆料(栅线电极)与 TCO 薄膜连接起来。目前，低温银浆常用的有机树脂主要是环氧类树脂与相应的固化剂。环氧类树脂是指分子中含有两个及以上的环氧基团、分子量较低的高分子化合物，在其分子链中间还有羟基、醚基等结构官能基团。其中环氧基团较为活泼，能与金属表面的游离键形成化学键；羟基和醚基的极性较大，能与相邻界面产生较强的分子间作用力。同时，环氧树脂在未固化前是热塑性的线型结构，具有流变性；在固化后能转变成三维网状结构的大分子，成为稳定的热固性材料。但环氧树脂在未加入固化剂的情况下是不会发生固化反应的，既不能转变为稳定的三维网状结构，也呈现不出强度。固化剂是指能将可溶、可熔的线型结构高分子化合物转变为不溶、不熔的体型结构的一类物质，同时固化剂也是一种有机树脂。在低温银浆中，有机树脂的含量越高，固化后栅线电极与 TCO 薄膜的黏附力也越大。但由于有机树脂都是高绝缘材料，在电极中会降低电极的导电性。因此，低温银浆中有机树脂的含量需要考虑电极的黏附力与导电性的平衡。

低温银浆中的添加剂按其功能可分为分散剂、稀释剂、触变剂、增稠剂和表面活性剂等。其中，分散剂的作用是防止银粉在浆料中出现团聚。分散剂通常都含有极性的酸功能团，在分散过程中分散剂的极性酸功能团通过化学作用锚固在银颗粒表面，从而将两个银颗粒相互隔离。稀释剂的作用是调节浆料的流动性和印刷性，通过调节银颗粒在浆料中的黏性，从而改变浆料的流动性。触变剂的作用是调节浆料的流变特性，即剪切变稀的能力，以提高浆料快速通过网版开口的性能。增稠剂的作用是调节浆料的黏度，防止浆料中的银颗粒出现凝聚、结块和沉淀的现象，并在印刷和干燥过程中维持电极的形貌不发生改变。表面活性剂的作用是降低银颗粒在浆料中的表面张力，以减少浆料中有机溶剂的用量，提高浆料的固含量，同时使银颗粒均匀分散在浆料中并提高浆料对硅片的润湿性，便于丝网印刷。

2. 低温银浆的流变性

在浆料的丝印特性中，流变特性对栅线电极的形貌控制起着最为关键的作用。浆料的流变特性包括触变性、黏弹性和蠕变性。在印刷过程中，当浆料的触变性较差时，浆料就不容易通过网版开口造成栅线电极出现较多断栅和网版开口堵塞。当浆料的触变性太大时，浆料在通过网版开口时黏度又会过小，使得印制出的电极高宽比太小。因此，浆料的流变性是浆料性能的一个重要参数，是评判浆料是否适用于丝网印刷的一个重要指标。

　　浆料的触变性指浆料在受到剪切力后其黏度会由高变低，并在撤去剪切力后又能恢复高黏度的性能。研究浆料的触变性有助于了解印刷过程中浆料黏度的变化及印刷出的栅线保形性。具有触变性的流体在受到剪切力时不仅能够呈现出取向性，同时在流体内的颗粒或分子还能通过氢键发生相互作用，使颗粒或分子产生团聚或静电吸引等现象。这种特性使流体内部的颗粒能键合形成三维的网络结构，称为"凝胶"。但由于这些氢键的结合力相对较弱，在受到外力的剪切时易于断裂，从而使浆料的黏度也随剪切力的作用而逐渐降低。浆料的黏度会随着剪切时间的延长达到一个稳定的最低值，在这个最低黏度值状态下的流体，称为"溶胶"。通常触变性流体在受到剪切力后其网络结构能快速被破坏而达到溶胶状态，但撤去剪切力后再恢复到凝胶的状态则需要相对较长的时间。这种流体状态的具体转化时间主要取决于流体的触变性能和环境温度。

　　浆料的黏弹性指材料在外力作用下表现出介于固体和液体之间的一种特性，即当浆料在不受到外力作用时能像固体一样保持一定形状；当受到微弱的外力作用后能发生弹性变形，呈现出固体的弹性特性，同时此时的应力与应变服从胡克定律。但当施加外力增大后，浆料又会发生形变和流动。对于黏弹性的材料，应力与应变之间会出现相位角，一般相位角越大，黏性越大，相位角越小，弹性越大。该类材料具有黏弹性主要是由于物质中各组分的分子之间相互作用形成了链状的网络结构。当受到的剪切力较小时，浆料在链状网络限制内反抗形变，表现出类似于固体的阻力。随着剪切力的增大，浆料中相互缠绕的链状结构发生弹性拉伸，使链状分子开始解除缠绕并呈现取向性，最终朝着剪切力的方向排列并产生不可逆的流动而表现出黏性。

　　浆料的蠕变性指材料在恒定应力作用下，其应变随时间的延长而逐渐增加的现象，它的直接表现是浆料的黏弹性[6]。只要作用时间足够长，没有达到弹性极限也会出现蠕变。浆料的蠕变特性可以从分子链的微观运动角度来分析[6]。在给浆料施加应力时，无定形的分子链开始发生伸展，同时分子链内部的键长和键角也会发生变化。随着应力作用时间的延长，分子链被伸展到一定的程度，浆料中的固体颗粒就会发生旋转并呈现出一定的取向，同时分子链滑移前的拉伸以及键长和键角的变化在应力撤去后都能够回复。随着应力作用时间的继续延长，部分长分子链在进一步被拉伸的同时开始解除缠绕，并发生互相的滑移，产生一些不可恢复的应变。浆料的蠕变与温度、应力以及应力施加的次数都有关系，而蠕变的速率主要由浆料中聚合物的黏性决定。因此，在丝网印刷过程中浆料会受到循环的剪切应力作用，在撤去外部应力后会发生蠕变回复，但只有一部分的蠕变可以回复。同时浆料在循环剪切的过程中，这种不可回复的蠕变会逐渐累加，但第一次形成的不可回复蠕变是最大的。如果浆料的蠕变-回复能力不足，频繁的剪切作用会使浆料累积大量不可回复的蠕变，从而导致浆料结构的破坏。

6.1.3　低温银浆的烧结与导电机理

　　一般而言，导电浆料都需要经过烧结才能形成金属电极。同时，浆料的烧结过程对于太阳电池也是一个重要的工序，它对栅线电极与电池片的接触质量和电学性能以及太阳电池的整体性能都有较大影响。对于常规的晶硅太阳电池，在烧穿之前，浆料的烧结温度越高，时间越短，电极的导电性就会越高且与硅片的接触及黏附性也越好，同时太阳电池的填充因子和转换效率也会越高。但由于 SHJ 太阳电池受到其结构的限制，烧结温度高于 200℃左右后会严重影响电池的硅薄膜性能，反而使 SHJ 太阳电池的整体性能出现明显下降。因此，低温银浆只能在大约 200℃以下的温度进行烧结，其烧结过程主要是有机树脂的固化过程和纳米银粉的黏结过程。为了使有机树脂充分固化，低温浆料的烧结时间一般在 30min，但产业发展有缩短烧结时间的需求。与此同时，浆料中的纳米银粉也会由于其他有机溶剂的挥发和热作用变得越来越致密。

1. 环氧树脂的固化

一般情况下，低温银浆中环氧树脂只有在适当的温度下才能与固化剂发生固化反应。固化后的环氧树脂形成交联的网状结构并表现出优异的力学性能，能将银粉和 TCO 薄膜紧密地黏接起来，使栅线电极具有良好的电学性能。不同的固化剂、固化温度和固化时间都能对环氧树脂的固化程度、固化产物以及固化性能产生极大影响。目前在低温银浆中常用的固化剂有酸酐类、咪唑类和双氰胺类等固化剂。

1) 酸酐类固化剂

酸酐类固化剂在环氧树脂中的应用十分广泛，其挥发性小、毒性低、收缩率小，耐热性、机械性和电学性能都较为优异，并且具有与环氧树脂的配合量大、混合后黏度低等优点。但酸酐类固化剂也存在固化温度高、固化时间长、容易受潮且吸湿后固化性能下降，固化后的产物耐酸碱性能相对较差等缺点。

酸酐类固化剂的固化反应机理如下：环氧树脂的羟基先是在酸酐、含羟基化合物和微量水的作用下开环，生成的羧基又与环氧基加成形成酯基，同时酯化反应形成的羟基在高温条件下能继续使树脂上的环氧基开环，进一步发生醚化反应；这样的开环-酯化-醚化反应不断循环，直到环氧树脂完全交联固化[7]。

2) 咪唑类固化剂

咪唑类固化剂也是环氧树脂常用的一类固化剂，具有用量少、挥发性小、毒性低、化学稳定性优异和改善树脂固化体系性能等优点。但咪唑类固化剂同样存在一些不足，如与环氧树脂的相容性较差，混合工艺操作困难等。因此，通常会将单一的咪唑化合物改性为新型咪唑衍生物以提高与环氧树脂的相容性。但改性后的咪唑衍生物都会含有较大的侧基基团，会造成咪唑衍生物活性点的空间位阻，从而降低固化时的反应活性。

咪唑类固化剂与环氧树脂的固化机理如下：由于咪唑类固化剂的分子基本都含有两个基团：仲胺基和叔胺基，因此咪唑类固化剂与环氧树脂的固化反应可分为两个阶段。先是咪唑分子的仲胺基团上的氢原子与树脂的环氧基发生加成反应，再是叔胺基团与聚合后的环氧树脂通过高温催化发生均聚反应[8]。

3) 双氰胺类固化剂

双氰胺也是环氧树脂常用的一类固化剂，与酸酐类固化剂相比，它具有更优异的室温存储性，一般在室温下可储存 6 个月以上。但双氰胺易与银粉反应，在其表面上形成一层绝缘物质，使得浆料的导电性能变差。

双氰胺类固化剂与环氧树脂的固化机理如下：双氰胺类固化剂的分子上除了含有 4 个活泼的氢原子能参与反应外，固化剂中的氰基在高温下也能与树脂的羟基或环氧基反应，具有催化型固化剂的作用。同时，当双氰胺分子的氢原子与环氧树脂发生反应时，双氰胺分子自身也在进行分解形成单氰胺分子并产生大量热能，这些热量能促使单氰胺分子与环氧基加速发生加成反应，直至环氧树脂完全交联。此外，在含有叔胺催化剂的条件下，环氧树脂的固化反应过程还会发生双氰胺分子的氨基与环氧基的加成反应以及环氧基的醚化反应。当反应温度低于 140℃时，只有双氰胺分子的伯胺基能进行反应且反应的速率很慢；当反应温度高于 140℃时，不仅双氰胺分子的仲胺基能够参与加成反应，它的氰基也可以与羟基或环氧基发生反应，从而可以加快固化反应的速率[9]。

近年来，一些能够快速低温固化环氧树脂的新方法陆续被报道出来，如微波固化技术、光固化技术和化学热源固化技术等，其中光固化技术已被用到太阳电池的金属化工艺中。光固化技术的原理主要是在环氧树脂中加入阳离子引发剂，使环氧树脂在紫外光的照射下能够开环聚合以促成固化交联反应。由于这种固化反应对温度没有选择性，因此能够使环氧树脂在更低的温度下实现快速固化。

2. 银颗粒的烧结过程

有机树脂在发生固化反应时，浆料中的纳米银粉在高温作用下也在进行固相烧结，变得越来越致密。银颗粒的烧结过程是粉末体系的自由能降低，晶格畸变能减小，晶粒长大及晶界逐渐形成，最终形成致密块材的过程。关于银粉末的固相烧结机理主要有两种解释[10,11]，一种是粉末体系的表面自由能自发地从高能态向低能态转变的驱动力，另一种是相邻两银颗粒间产生的应力作为驱动力。这两种驱动力都是由粉末体系中总自由能的自发降低而产生的，从热力学上看银颗粒的烧结过程是一个不可逆的过程。对于银颗粒的表面自由能而言，在银颗粒烧结前其剩余表面自由能越高，其烧结的驱动力就越大，烧结活性就越好，烧结反应也越容易。同时，当银颗粒的粒径越小时，其表面自由能和晶格畸变能就越大，在烧结过程中释放出的能量也越多，相应地，银晶粒的生长及致密化速度也越快。因此，银颗粒的粒径越小，其所需的烧结温度也越低，烧结时间越短，但体积的收缩率也越大。所以浆料的烧结过程还需考虑有机载体的挥发量和银粉的收缩率，避免造成电极的剧烈收缩而产生裂纹，这样反而会降低电极的导电性。

图 6.1 是粉末微观结构在烧结中演变的模拟示意图。在烧结前，粉末中的孔隙或孔洞是随机排列的等球体，两个球形颗粒间形成的是圆形的晶界。在粉末烧结初期，颗粒间的圆形晶界开始膨胀，如图 6.1(a)所示。在粉末烧结的中期，颗粒间连通的孔洞被捏断，导致孔隙封闭，如图 6.1(b)和(c)所示。在烧结的后期，封闭的孔隙收缩并最终消失，同时还伴随着晶粒的长大，如图 6.1(d)所示。在微观上，烧结过程是颗粒的表面运动和晶界运动共同作用的结果，使得粉末体系的表面自由能和晶界能之和最小化。在宏观上，烧结过程被描述为粉末的致密化，即粉末容重增加和孔隙减小的过程。

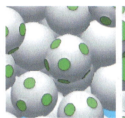 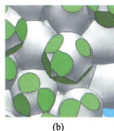 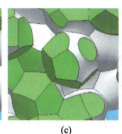 

图 6.1　粉末在烧结过程中不同时间的微观结构模拟示意图[12]

(a)烧结初期；(b)，(c)烧结中期；(d)烧结后期

3. 低温浆料的导电机理

低温浆料的导电机理对提高金属电极的导电性有重要指导作用。目前，经典的浆料导电机理有：渗流理论、隧道导电理论和场致发射理论。

渗流理论认为体系中的导电粒子是通过相互连接成链从而形成电流通路。当导电粒子的浓度达到一个特定值时，体系的电阻率会发生突变，这种现象称为渗流效应，该状态下的导电粒子浓度称为渗流阈值[13, 14]。例如，当低温银浆中银颗粒的比例达到一定浓度时，银颗粒之间会相互连接形成网络，构成导电通道，银颗粒的浓度即为渗流阈值。此时低温银浆的导电是没有方向性的，称为各向同性导电浆料。当银颗粒的浓度低于渗流阈值时，浆料体系内不能形成有效的导电通道。但在某一方向施加一定压力后，可促使银浆的体积在这个方向上缩小，同样也能形成导电通道，而这样形成的导电通道是具有方向性的，称为各向异性导电浆料。渗流理论主要是解释导电粒子与浆料电阻率之间的关系，从宏观上解释了复合流体的导电现象。

隧道导电理论认为当一个运动的自由电子在遇到高于自身动能的势垒时，仍有一定的概率越过势垒，这在量子力学上称为隧道效应[15,16]。在导电浆料中，并非所有的导电粒子都能连接起来形成有效的导电通道，总有一些导电颗粒受到有机黏结剂(绝缘体)的阻挡，但当绝缘层的厚度小到一定程度时，导电颗粒的自由电子也能通过隧道效应穿过绝缘层而形成电流通路。但隧道效应仅在两个导电颗粒的距离非常近时才会发生，当有机黏结剂的含量过大导致导电颗粒相距较远时是不能满足隧穿条件的。隧道效应是从量子力学的角度来研究材料中导电粒子与其电阻率的关系，与导电粒子的浓度和环境温度都有关系。隧道效应能够解释聚合物基体与其中导电粒子呈现海岛结构的复合体系的导电行为。但隧道效应理论所涉及的各物理量都与导电粒子的间隙宽度及其分布状况有关，所以隧道导电理论只能在体系中的导电粒子含量处于某一浓度范围内时对复合材料的导电行为进行分析和讨论。

场致发射理论是在隧道导电理论基础上的进一步延伸，其认为当导电粒子的距离足够小时，彼此间的电场强度就足够大，可产生发射电场使电子能够跃迁过聚合物的绝缘层，产生电流而形成导电通路[17]。由于场致发射理论受温度及导电填料浓度的影响较小，因此相对于渗流理论具有更广的应用范围，且可以合理地解释许多复合材料的非欧姆特性。

以上三种导电理论都不能完全解释所有复合材料体系的导电行为，对于不同体系的复合材料应选择与之相应的理论来解释。

由于低温浆料的导电性主要依靠其导电相来实现，因此导电相选用的金属材料的导电性直接影响浆料的导电性能，常见的导电金属及其电阻率如表 6.1 所示[18]。相比于其他的金属材料，银的电阻率是最低的且化学性能稳定，因此常被用作导电浆料的导电相。目前，在低温银浆中常用的银粉有球状和片状两种形貌。由于片状银粉具有更好的导电性，而球状银粉能够填充到片状银粉的间隙中提高浆料的致密度且还能减少片状银粉间的滑移以降低电极的接触电阻，因此在低温银浆中通常采用两种形貌的银粉配合使用，使栅线电极具有更好的导电性能。

表 6.1 几种常见金属及其电阻率（20℃）

种类	Ag	Cu	Au	Al	Zn	Ni
电阻率/(μΩ·cm)	1.59	1.68	2.40	2.65	5.20	6.84

此外，有机溶剂的挥发和有机树脂的交联收缩都能使纳米银粉在固化过程中接触更紧密，所以，有机树脂的交联缩合能力、对银粉的黏结能力以及本身的导电能力对电极的导电性能有较大影响[19]。其中，氯醋树脂和丙烯酸树脂在固化时具有较大的收缩率，因此制备出的电极电阻率较低。而聚氨酯、环氧树脂、聚酯树脂等树脂，由于含有羧基、氨基、环氧基、羟基等强极性基团和共轭结构，在固化过程中能使树脂的分子链变长，导致收缩率较小，所制备出的电极电阻率较大。同时，浆料中的有机溶剂起着溶解和分散有机树脂，调节浆料黏度和改善流动性，使浆料具有优异印刷性的作用，因此有机溶剂对浆料的导电性能也有一定的影响。

6.1.4 银栅线电极对电池性能的影响

对于 SHJ 太阳电池，电极接触对其转换效率的影响主要包括：①透明导电电极 TCO 电阻在电流传输过程中产生的功率损失 P_{TCO}；②金属电极与 TCO 薄膜之间的接触电阻对电池造成的功率损失 $P_{接触}$；③载流子在细栅电极上的横向传输产生的功率损失 $P_{栅线}$；④金属电极不透光，在其覆盖的电池表面无法吸收太阳光而产生的遮光功率损失 $P_{遮光}$。对于 SHJ 太阳电池而言，栅线电极的面积越大，电学损失越小，但光学损失越大。反之，栅线电极的面积越小，光学损失越小，但电学损失越大。对这些影响因素的具体理论分析可以参见本书 2.3.6 节。由于电池的电学损失和遮光损失相互制约，因此在设计 SHJ 太阳电池的栅线电极结构时要综合考虑这两个因素的影响，使所有损失之和最小。金属栅线电极电阻的功率损失与电极的体电阻率和电极的形貌密切相关。通过选择低电阻率的金属材料，同时采用增加栅线高度和宽度、减小栅线间距等方法可降低电极电阻的功率损失。但是，电极的遮光损失与电极的宽度成正比，与栅线间距成反比。想要降低电极的遮光损失，就要减小栅线电极的宽度，同时增大栅线间距。从接触电阻的影响看，电池的接触电阻损失也与细栅的间距成正比，与栅线的宽度成反比[20-22]。

通过研究主栅数目、细栅宽度、细栅间距对电池串联电阻和输出功率的影响[23]，可以看到，增加主栅数目是降低电池串联电阻、提升电池转换功率的有效办法。针对电池从 5 主栅升级为 12 主栅，主栅数目增多，在细栅宽度一定的情况下，可以适当增大细栅间距，反过来，在细栅间距一定的情况下，可以适当减小细栅的宽度。通常倾向于细栅越细越好，这对降低电池成本有利。所以，增加电池主栅数目，降低细栅宽度，保持细栅间距不变或适当增大是多主栅电极图形化的发展方向，这利于降低电极的银浆消耗量[24,25]。目前，行业内的电池面积已经增大到了 $(166 \times 166)\,mm^2$、$(182 \times 182)\,mm^2$、$(210 \times 210)\,mm^2$，电池面积越大，主栅数目就越多。多主栅技术的应用使电极对太阳电池造成的功率损失较以往有很大程度减小。新的细金属焊丝等的出现，使无主栅技术成为可能。

6.1.5 银栅线电极的黏附性与焊接性

由于单片太阳电池产生的电流和电压都很小，需要将多个电池片串联后再进行封装，制备成电池组件才能满足正常的使用要求。通常是通过与焊带焊接将一个电池的正面主栅电极与另一个电池的背面主栅电极连接起来，从而实现对电池片的串联，因此电池主栅电极的黏附性和焊接性对电池组件的转换效率和使用寿命有非常重要的影响。

在低温银浆中，起到固定银粉和接连 TCO 薄膜作用的是有机树脂。由于有机树脂中含有环氧基、羟基、醚键、胺键、酯键和羰基等多种能够增加静电引力和分子间力的极性基团，能与银粉形成表面静电引力、与 TCO 薄膜之间形成氢键和分子间范德华力，使有机树脂对银粉和 TCO 薄膜具有较强的黏附性，因此在低温银浆中有机树脂的含量越大，银浆与 TCO 的黏附性就越好。但有机树脂又属于绝缘材料，含量越大，其固化后的电极导电性也会越差。在低温浆料常用的众多种类的有机树脂中，聚氨酯树脂和环氧树脂都含有较多能够形成氢键的极性基团，而氯醋树脂和改性橡胶中的能形成氢键的极性基团较少。纤维素分子中虽然也含有较多能形成氢键的羟基和羰基，但该树脂收缩率较小，固化时其结构不致密，导致制备出的银浆附着性较差。

焊接是组件制备中的重要工序。电池组件的焊接是在一定的压力及温度条件下将镀锡铜带表面的铅锡合金短时间内液化，使其与电池主栅黏结并再次固化后形成连接的过程。由于常规晶硅电池的栅线电极都是采用高温烧结型导电银浆制备的，在银浆烧结过程中所生成的玻璃相能将主栅电极与硅片牢固地连接起来。同时，在电极焊接时焊带上的助焊涂料在高温下能与银电极形成合金，可进一步提高主栅电极与焊带的结合力。因此，通常对常规晶硅太阳电池的主栅电极与焊带的焊接拉力要求大于 4N。而 SHJ 太阳电池的栅线电极采用的是低温固化型导电银浆，其焊接机理与常规晶硅电池有显著不同。由于 SHJ 太阳电池的栅线电极是通过有机树脂固化与硅片连接的，可以承受的焊接温度低，不能使助焊涂料与银栅线形成金属合金。所以，SHJ 太阳电池主栅电极与焊带之间的连接能力弱，SHJ 太阳电池主栅电极的焊接拉力低于常规电池，一般要求大于 2N。为此，SHJ 太阳电池用低温银浆仍然需要有一定程度的耐热性，至少在短时间内能承受 260℃左右的高温，以满足焊带焊接的需要。低温浆料中的有机树脂应含有较多的极性基团，以增强与焊带的亲和力。同时，低温银浆应使主栅具有更高的表面粗糙度，以强化与焊带之间的结合力。

多主栅技术能使组件在受到外部应力时加载到电池片上的应力分布更均匀，降低电池片出现隐裂的概率。采用多主栅，电池片串焊时改用圆细焊丝代替传统的扁平焊带，焊丝与电池之间的焊接位置在主栅预留的焊点上，焊接技术对电极焊接的质量、均匀性和一致性要求都更高，尤其是串焊过程中焊接的对准精度和焊接的牢固程度。

无主栅技术可以弱化电极焊接的问题[26-29]，参见本书2.4.4节，其代表性技术是 Meyer Burger 公司的智能网栅连接技术（SWCT）[28]，目前，无主栅技术正逐步走向产业化[28,29]。无主栅技术的好处在于可大大降低银耗量，在电池制备时只在电池表面上制备金属细栅线，主栅完全用导电性更好的金属丝线，一般为铜丝代替，金属丝线与电池片细栅之间的连接不再采用传统的焊接，而是采用低熔点合金熔融或点胶黏结方式实现，工艺温度更低，这有利于避免 SHJ 太阳电池受焊接温度影响所可能导致的性能劣化。所以，无主栅技术是非常适合于 SHJ 太阳电池采用的电池片连接方式，但需要控制好金属丝线与细栅线之间的接触性能，这主要取决于金属丝线表面包覆的低温合金的性能。

6.1.6 低温浆料的低成本化途径

SHJ 太阳电池的生产成本一直高于常规的晶硅太阳电池，尤其是金属电极（金属化工艺）的制造成本明显高出常规太阳电池1～2倍。这主要是由于 SHJ 太阳电池采用的低温银浆，其制备出的电极电阻率是高温银浆制备出的3～6倍[30]。当低温银浆的烧结温度和烧结时间不充分时，浆料中的有机添加剂不能完全分解挥发，电极内还会出现较多孔隙，导致电阻进一步增大[31]。为了提高 SHJ 太阳电池栅线电极的导电性，只能通过增大栅线电极的体积来弥补其电阻率太大带来的损失，从而增加了低温银浆的使用量。

为了降低丝印金属栅线的制造成本，可以采用多主栅或无主栅技术。或者将主栅、细栅分开印刷，采用与细栅不同的浆料来印制主栅，在一定程度上降低主栅的高度和宽度，减少主栅浆料中的银含量等，也可以减少 SHJ 太阳电池的银用量。另一种方式是采用贱金属材料代替贵金属材料来制备导电浆料，如低温铜浆[32,33]。金属铜的导电性仅次于银，但有易团聚和氧化的缺点，尤其是纳米级的铜粉，这对铜浆的导电性和烧结性都有较大影响。所以制备导电铜浆的关键问题是改善浆料的抗氧化性，尤其是在浆料的烧结过程中。因此导电铜浆较难应用于需要高温烧结的常规晶硅太阳电池中。但对于 SHJ 太阳电池而言，其低温固化工艺（<200℃）使低温铜浆在 SHJ 太阳电池上有可能实现应用。一个解决办法是在低温浆料中采用银包铜粉来代替纯铜粉。当铜粉表面被一层很薄的银包覆后，铜粉的抗氧化性和导电性都能得到较大改善。

6.2 电 镀 技 术

由于 SHJ 太阳电池对低温银浆的高消耗量和国际银价的持续上涨，SHJ 太阳电池金属化的工艺成本一直高于其他太阳电池。镀铜技术被认为是最有潜力代替丝网印刷的一种太阳电池金属电极低成本制备技术，已取得了一定进展[34]。铜的导电性只比银略低，但成本低很多，铜的可塑性也可以使铜电极具有更窄的线宽和更大的高宽比，从而显著减少 SHJ

太阳电池的遮光损失。镀铜电极有潜力成为 SHJ 太阳电池降本提效的一种有效途径。

6.2.1　铜电镀原理

电镀工艺是一种特殊的电解过程，主要是通过电化学的方法在导电的固体表面沉积上金属薄膜的工艺。电镀的基本原理是将待镀部件作为电镀阴极，被镀的金属作为电镀阳极，电镀液是含有待镀金属离子的溶液。在电镀的过程中，电镀液中的金属阳离子受到电位差的作用向阴极移动，并在阴极上沉积形成镀层。而阳极的金属电极在电镀过程中形成金属阳离子并溶入电镀液中，维持电镀液金属阳离子的浓度平衡。如图 6.2 所示，在 SHJ 太阳电池金属电极的镀铜工艺中，电池的正反表面被连接到电镀电源的阴极，电镀电源的正极连接一个铜电极，电镀液为 $CuSO_4$ 溶液。

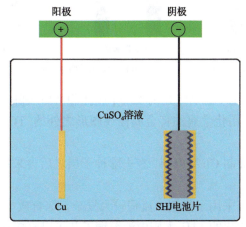

图 6.2　SHJ 太阳电池的镀铜工艺原理示意图

由于 TCO 薄膜的横向导电性较差，直接在 TCO 薄膜上电镀所形成的铜电极质量并不高，同时，为了获得选择性的电极图案，镀铜前需要在 TCO 薄膜表面沉积一层图形化的种子层。铜镀层电极与 TCO 薄膜的接触属于范德华力吸附，其吸附力不强，容易脱落，所以在铜电极和 TCO 薄膜之间还需要引入一个附着层，以增强铜电极与 TCO 薄膜之间的附着力。电镀种子层和电镀附着层可选择同一种材料，也可以是不同的材料。为了满足后续焊接工艺的需要，在铜电镀层表面还可以同样镀制一层焊接层。

6.2.2　电镀工艺

SHJ 太阳电池铜电镀一般采用如图 6.3 所示的工艺流程，主要包括如下步骤。

（1）双面种子层沉积：通常采用磁控溅射 PVD 的方法在 TCO 薄膜上沉积一个金属种子层，一般为 Cu（约 100nm），以提高 TCO 薄膜的横向导电性，确保电镀时电流分布的均匀性。

（2）制备掩膜：在电池两面覆盖光刻胶或干膜，然后通过紫外曝光、显影的过程，获得具有选择性电极图形的掩膜。

（3）电镀：双面镀制 Cu/Sn 电极，Sn 外层起到保护 Cu 电极的作用并提供可焊性。

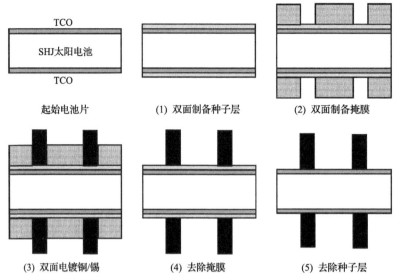

图 6.3 SHJ 太阳电池铜电极双面电镀的一般工艺流程

（4）去除掩膜：通过化学试剂将光刻胶或干膜掩膜溶解去除。

（5）去除种子层：采用化学腐蚀将金属栅线图形之外的 TCO 表面上的金属种子层去掉。

也可以在电镀时只镀制 Cu 导电层，在去除种子层之后再采用化学置换反应在 Cu 导电层表面制备 Sn 外层。

以上铜电镀工艺过程采用了光刻，流程较为复杂，综合成本较高。为此，镀铜工艺在不断改进。一种经过优化的 SHJ 太阳电池镀铜工艺可以直接在 TCO 薄膜上制备图形化掩膜，再通过化学镀制备 Ti 或 Ni 种子层，之后在种子层上电镀制备 Cu 电极和 Sn 层[35]。此工艺的优点是免除了金属种子层的制备和去除步骤，采用化学镀制备的种子层可以提高金属电极与 TCO 薄膜之间的黏附力。此外，还可以采用 SiN$_x$ 或 SiO$_x$ 等无机层作掩膜，并通过激光开槽来代替光刻实现图形化，可以降低工艺成本，同时弱化镀铜工艺对环境污染的风险[36]。

除了常规的电镀工艺外，光诱导镀铜技术近年来也受到较多关注。光诱导沉积的原理是利用外置光源的照射使 SHJ 太阳电池自身产生还原所需的电子，从而使金属离子能够在电池表面沉积。如果在光诱导镀铜时再施加一个辅助电压，可以进一步提高镀铜的速度。因为在光诱导镀铜的初期，电池片的表面没有金属覆盖，使得沉积的铜膜与电池表面的接触电阻较大。当在电池与电极之间施加一个辅助电压后，可加快电池表面与对电极之间的电荷转移，从而使铜离子在电池表面的沉积速率加快。

6.2.3 影响铜电极的因素

1. 镀铜方式

由于 TCO 是一种稳定的金属氧化物，在电池表面沉积形成的薄膜非常光滑。虽然可以通过对 TCO 薄膜表面进行预处理，或者加镀一层过渡金属（如镍、钛等）来提高铜电极与 TCO 的结合力，但其效果还是较难满足电池组件对电极附着力的要求。研究发现直接电镀沉积 Cu-Ni 合金种子层可以提高电极的附着力且能降低其接触电阻率[37]。采用化学镀沉积的 Ni 层也能获得很好的附着力[38]。此外，光诱导镀铜制备的金属电极也比双面电镀的电极具有更好的附着力[39]。直接将 TCO 薄膜中的氧化铟还原成金属铟作为电镀的种子层，这些被还原的铟颗粒也能增加 TCO 薄膜表面的粗糙度，从而提高铜电极的附着力[35]。采用激光转移法制备出的 NiV 膜，作为电镀铜的种子层，也可以提高铜电极的附着力[40]。

2. 图形化工艺

在 SHJ 太阳电池上实现选择性电镀电极，必须解决的一个关键难题就是在 TCO 薄膜上制备出图形化掩膜。目前，常用的掩膜制备方法有光刻法、丝网印刷法和干膜法[41-43]。其中，采用光刻法可制备出线宽 $10\mu m$ 的栅线电极，但需要使用的光刻胶成本较高。而丝网印刷工艺虽然技术成熟、成本低廉，但其制备出的电极线宽较大（约 $70\mu m$），还需要进一步优化降低。采用干膜法制备的电极宽度在 $20\sim50\mu m$ 之间，且电极的横截面呈矩形，拥有更大的高宽比。但干膜法同样需要光刻、显影等工艺，制备工艺仍较为烦琐。通过喷墨打印热熔胶制备掩膜的方法[44]，也可制备出 $30\mu m$ 宽、$15\mu m$ 高的栅线电极。但喷墨打印需要多次反复重叠打印，对打印的精度和速度都有较高要求。

与有机掩膜相比，无机掩膜具有更低的成本优势以及大规模生产的潜力。例如，采用 Al_2O_3/a-Si 作为掩膜并通过激光烧蚀在 TCO 上进行图形化[36]。也可以利用 Ti、Al 等金属自钝化的氧化层作为掩膜，再通过喷墨打印刻蚀液在氧化层上制备出选择性的电极图形[45]。还可以通过激光转印法制备种子层，再采用脉冲电镀工艺制备铜电极[40]。但通常的无机掩膜厚度只有几十纳米，不如较厚的有机掩膜起到的限宽效果明显。无机掩膜制备选择性图形化电极的工艺还需进一步优化。

6.2.4 电镀工艺的长期稳定性

1. TCO 的阻挡层效果

由于 Cu 原子在硅中的扩散速度比 Ag 原子快，能迅速扩散至电池的 pn 结中导致电池漏电及失效。因此，阻止 Cu 扩散对电池性能的稳定性而言至关重要。在常规太阳电池的镀铜工艺中，一般会用 Ni 作种子层，这是防止铜扩散的有效屏障[46-48]。在 SHJ 太阳电池中，采用的几十纳米的 TCO 层具有良好的阻挡 Cu 扩散的性能[49]。因此，SHJ 太阳电池不需要再额外沉积 Cu 的扩散阻挡层。

2. SHJ 太阳电池的稳定性

SHJ 太阳电池的长期稳定性除了受到 Cu 扩散的影响外，Cu 电极自身的稳定性对电池性能也有重要的影响。有研究针对采用不同工艺制备前金属电极的 SHJ 太阳电池，分析其在施加热应力（180℃，N_2 气氛中）后转换效率的变化情况[50]，发现经过 100h 的高温高压处理，转换效率最高的是采用丝网印刷制备银电极的电池，其次是采用 Ni 作种子层电镀铜电极的电池，再次是用 Cu 作种子层电镀铜电极的电池。除了没有完全覆盖 IWO 薄膜的电池外，其他电池的效率损失都小于 2.5%，说明它们都具有良好的稳定性。而未完全覆盖 IWO 薄膜的电池，在经过十几小时的高温高压处理后其转换效率出现了明显的下降。这说明没有 IWO 薄膜的阻挡，Cu 离子能够在电池中快速扩散并引起电池效率的显著衰退，进一步说明 Cu 扩散对电池效率的影响很大。

3. 组件的稳定性

对于 SHJ 太阳电池而言，光伏组件的长期可靠性同样非常重要，其决定了电池组件的发电成本。表 6.2 给出了一些代表性 SHJ 太阳电池组件的稳定性结果。采用 IEC 61215 的测试标准，测试条件为热循环(TC，40℃，85℃，200 次)和湿热条件(DH，85℃，85% 相对湿度，1000h)，效率衰减在 5% 以内。其中采用 ITO/Ni/Cu/SWCT 结构的电池组件，在经过 200 次热循环后其效率衰减 1.1%。同时经过 3000h 的湿热测试，其效率衰减也仅为 3.1%。采用双玻结构的镀铜 SHJ 电池组件，经过热循环 600 次，效率衰减 1.9%，湿热测试 2000h，效率衰减 2.45%，同时紫外线老化和 PID 测试都表现出良好的稳定性。此外，镀铜 SHJ 电池组件(采用 EVA 封装的小组件)的水蒸气透过率(WVTR)测试，发现经过 4000h 的湿热测试，其 P_{max} 值仍能保持 95%。以上测试表明，镀铜电极对 SHJ 太阳电池的长期可靠性影响并不明显，具有取代银电极的潜力。

表 6.2　一些 SHJ 太阳电池组件的稳定性结果

来源	湿热条件(h)-效率衰减	热循环-效率衰减	封装结构
文献[51]	DH 2000-2.45%	TC 600-1.9%	双玻 72 片组件
文献[52]	DH 4000/DH7000	—	EVA/小组件
文献[53]	DH 600-2%	通过	小组件
文献[44]	DH 3000-3.1%	TC 200-1.1%	SWCT/小组件
文献[54]	DH 2500-4.8%	—	玻璃/ EVA /玻璃组件

6.2.5　镀铜技术存在的问题

虽然理论上镀铜技术是适用于 SHJ 太阳电池的金属化工艺，但想要实现规模化产业应用还需要解决以下几个问题。

(1)简化工艺，尤其是电镀过程中种子层的选择性沉积技术。虽然目前的电镀工艺已经做了很多改进和尝试，但工艺过程仍显复杂。

(2)在 TCO 薄膜上的均匀性和覆盖全面性。由于 Cu 扩散，SHJ 太阳电池的性能衰减，因此在未被 TCO 薄膜阻挡层覆盖的电池边缘和截面区域就容易发生 Cu 的扩散，导致电池表面的钝化性能变差以及电池整体性能下降较大。同时，在电池片和组件的制备过程中，电池移动时也可能对 TCO 薄膜造成摩擦损伤，从而导致可靠性受到影响。

(3)提高铜电极与 TCO 薄膜之间的附着力。虽然，在铜电极和 TCO 薄膜之间添加种子层和过渡层后电极的附着力有所提高，但要想达到组件的要求(>4N)还需更多优化改进。电镀条件(表面清洁度、电镀液组成、电镀电流及温度等)对电极附着力的影响也需作更多的分析和优化。

(4)保持电镀工艺的成本优势。目前新型的丝网印刷技术和无主栅技术不仅使银浆用量有了显著降低，同时还提高了电池转换效率。因此，电镀工艺也必须保持其在性价比方面的优势才能有竞争力。

为此，还需在设备和废液处理等方面做进一步的降本努力。

6.3　激光转印技术

激光转印(pattern transfer printing, PTP)技术是一种非接触式的印刷技术[55,56]，该技术是基于透明有机载板膜的激光诱导沉积技术，相比于丝网印刷，可以制备出更细、更高且更均匀的栅线电极，并且由于过程中不接触电池片，电池片在印制过程中破损率低，非常有利于采用薄硅片降低电池制造成本。

如图6.4所示，激光转印技术的实施过程主要分为两步[56]：第一步是浆料的填充过程，通过两个刮刀将浆料填充进透明的有机载板膜上的沟槽中。第一个刮刀与有机载板膜的夹角为60°，主要是使浆料进入沟槽。第二个刮刀与有机载板膜的夹角为130°，主要是将有机载板膜上沟槽外多余的浆料刮除，并保持沟槽内浆料的平整。第二步即通过激光把浆料往电池片上转印的过程，将沟槽内填充了浆料的有机载板膜置于电池片之上距离为d的位置，d一般约为200μm，并使填满浆料的沟槽朝下面向电池片。自上而下采用一定功率的红外激光对含浆料的沟槽进行照射，激光能量被浆料表面吸收从而产生快速加热效果，浆料表面内的有机成分挥发产生蒸气压，当蒸气压大于浆料与沟槽表面的黏结强度时，浆料就能从沟槽中脱离并下落到电池片表面上。

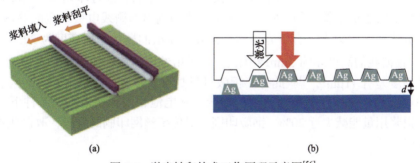

(a)　　　　　　　　　　　　　　　　(b)

图6.4　激光转印技术工作原理示意图[56]

(a)浆料填充过程；(b)浆料转印过程

激光转印的栅线图形和形貌主要由透明有机载板膜上沟槽的形状决定。所采用的激光功率是影响转印质量的重要参数。如果激光功率过小，就会造成蒸气压不稳定而导致浆料转印失败。而激光功率过大又会使浆料保型变差，栅线展宽，甚至产生飞溅，污染电池表面，过大的激光功率还会对下方的电池片造成损伤。

激光转印也可以不用沟槽，而是将浆料(油墨)涂在透明有机载板膜的整个表面上，栅线图案通过激光图形化扫描实现[57-59]。但这种方式使用的浆料(油墨)黏度较低，所制备的栅线电极厚度也都较小，可以用于制备电镀种子层。

6.4 钢版印刷技术

由于常规丝网印刷使用的网版在开口部分都存在有丝线或网结，浆料在印刷过程中过网时会受到丝线和网结的阻挡，导致印出的栅线电极形貌出现高低起伏和两侧拓宽现象，从而影响电极性能。因此，出现了一种升级技术，称为钢版印刷。钢版印刷中的网版是采用合金钢片代替金属丝线与胶膜结构，再通过物理和化学等加工工艺在钢片上制作出印刷图形。如图 6.5 所示[60]，这种全金属结构可使印刷版开口达到 100%无阻挡。

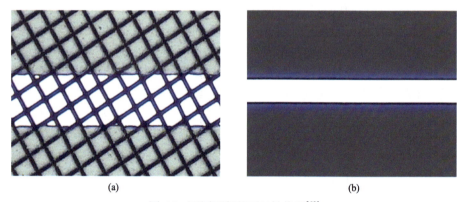

(a) (b)

图 6.5 不同网版的开口结构图[60]

(a)丝线网版开口；(b)钢版开口

与丝网印刷相比，全开口的钢版印制技术能够使浆料在通过印刷版时更顺畅，所印制出的栅线电极也更平整均匀。同时，钢版印刷印制出的栅线电极线宽能够达到 20μm 以下且高宽比在 50%以上。有研究显示，钢版印刷出的栅线平均高度为 22.3μm，高宽比为 0.62，且栅线的高度差约 3μm；相比之下，采用丝网印刷的栅线平均高度为 11.9μm，且栅线的高度差有 11μm[61,62]。此外，钢版材料具有高强度、高稳定性、高耐磨性和高耐腐蚀性等优点，也可印制更加密集的栅线。在电池相同转换效率的条件下，采用钢版印刷，银浆用量能减少近 20%。钢版印刷是对传统丝网印刷的升级，改造成本低，适于应用推广。

6.5 喷墨打印技术

喷墨打印技术是另外一种能够精准打印的非接触式图形化加工技术，具有工艺简单、效率高、制造成本低等优点。喷墨打印的原理是利用打印驱动装置将油墨从墨盒输送到喷头处，再控制喷头的油墨喷射速度，在需要印制图形的地方滴落，实现图案的精准打印[63,64]。喷墨打印可以精准确定油墨的打印位置，不需要在基底上预制打印的图形模版，大大节约材料成本。同时打印喷头与基底是非接触的，降低了打印油墨对基底材料的要求，也能避免喷头对基底的污染。

但喷墨打印过程必须采用专用油墨，专用油墨的黏度、表面张力、油墨中固体颗粒的粒径、油墨与基板的接触以及打印时驱动装置的稳定性和精准度都对打印质量有很大的影响。其中，油墨的黏度和表面张力是打印中最重要的影响因素。当油墨的黏度过大时，油墨不容易从墨盒中流出，造成喷头堵塞；当油墨黏度过小时，在喷头处容易产生阻尼振荡从而影响油墨的正常喷射。同时，当油墨的表面张力过大时，油墨在离开喷头后不易形成墨滴，且打印时会出现间歇性打断；当油墨的表面张力过小时，离开喷头的油墨会不受控制地自行滴落，不能精准打印所需的图案。因此，目前对喷墨打印技术的研究都基本集中在对打印油墨性能的优化，尤其是对油墨的溶剂和添加剂的优化上。

喷墨打印技术的特点决定了其能够打印宽度很细的栅线，但采用的油墨黏度一般较小，制备出的栅线高度不够，并且在带绒面的电池表面上容易出现断栅。所以，目前，高性能的喷墨打印栅线技术仍在研究开发中，打印出的细栅可以再通过其他方式如电镀等进行加厚，以实现大高宽比的细栅线。

6.6 总 结

丝网印刷是制备 SHJ 太阳电池表面金属电极的常用方法，电镀技术已具备一定的规模化应用潜力，其他一些新型金属电极制备技术也在开发完善中，这包括激光转印技术、钢版印刷技术和喷墨打印技术等。

丝网印刷通过丝网网版将导电浆料图形化印刷到 SHJ 太阳电池表面上，再经过烘干固化将导电浆料转变为金属电极。丝网印刷技术工艺成熟、操作简单、生产效率高，但需要用到的低温银浆成本较高且消耗量大，这是丝网印刷在 SHJ 太阳电池中应用的短板。为降低 SHJ 太阳电池的制备成本，用贱金属代替贵金属是 SHJ 太阳电池金属电极制备发展的一个重要方向，如开发低温铜浆或低温银包铜浆。

镀铜是最有希望代替丝网印刷低成本制备金属电极的技术，与银相比，铜有导电性好同时成本低的优势，目前已有一定规模的实际应用，但工艺过程仍较为烦琐、操作复杂，还需作进一步优化。同时还需考虑设备成本和废液处理的问题。

除此之外，其他的 SHJ 太阳电池电极制备技术，如激光转印技术、钢版印刷技术和喷墨打印技术等，也都存在着各自的优点和缺点。这些电极制备技术目前均取得了较大进步，有潜力在未来 SHJ 太阳电池的大规模量产中获得一定应用。

参 考 文 献

[1] Kuscer D. Screen printing. Encyclopedia of Materials: Technical Ceramics and Glasses, 2021, 1: 227-232.

[2] 王文静, 李海玲, 周春兰, 等. 晶体硅太阳电池制造技术. 北京: 机械工业出版社, 2013.

[3] 任军刚, 屈小勇, 马继奎, 等. 无网结网版在晶硅太阳能电池中的应用. 电子世界, 2017, 7: 110-111.

[4] Lorenz A, Linse M, Frintrup H, et al. Screen printed thick film metallization of silicon solar cells-recent developments and future perspectives//European Photovoltaic Solar Energy Conference and Exhibition, Brussels, 2018, 819-24.

[5] Wenzel T, Lorenz A, Lohmüller E, et al. Progress with screen printed metallization of silicon solar cells—towards 20 μm line width and 20 mg silver laydown for PERC front side contacts. Solar Energy Materials and Solar Cells, 2022, 244: 111804.

[6] Nguty T A, Ekere N N. The rheological properties of solder and solar pastes and the effect on stencil printing. Rheologica Acta, 2000, 39: 607-612.

[7] 梁玮, 张林. 反应型环氧树脂固化剂的研究现状与发展趋势. 化学与粘合, 2013, 35 (1): 71-77.

[8] 方云峰, 马骉, 王小庆, 等. 单组分环氧树脂用潜伏型固化剂研究进展. 中国塑料, 2021, 35 (12): 154-165.

[9] 万超, 王玲, 王鹏程, 等. 双氰胺固化型导电胶性能优化及作用机理研究. 化学与粘合, 2014, 36(4): 261-264.

[10] Shimosaka A, Ueda Y, Shirakawa Y, et al. Sintering mechanism of two spheres forming a homogeneous solid solubility neck. Kagaku Kogaku Ronbunshu, 2002, 28: 202-210.

[11] 果世驹. 粉末烧结理论, 北京: 冶金工业出版社, 1998.

[12] Wakai F. Modeling and simulation of elementary processes in ideal sintering. Journal of the American Ceramic Society, 2006, 89(5): 1471-1484.

[13] 杨建高, 刘成岑, 施凯. 渗流理论在复合型导电高分子材料研究中的应用. 化工中间体, 2006, 2: 13-17.

[14] 雀部博之. 导电高分子材料. 北京: 科学出版社, 1989.

[15] 卢金荣, 吴大军, 陈国华. 聚合物基导电复合材料几种导电理论的评述. 塑料结构与性能, 2004, 33(5): 43-49.

[16] 张雄伟, 黄锐. 高分子复合导电材料及其应用发展趋势. 功能材料, 1994, 25(6): 492-499.

[17] Beek V, Pul V. Internal field emission in carbon black loaded natural rubber vulcanizates. Journal of Applied Polymer Science, 1962, 24: 651-655.

[18] 刘长. 不同溶剂和树脂分子量对低温固化导电银浆的性能影响. 深圳: 深圳大学, 2016.

[19] 幸七四, 李文琳, 黄富春, 等. 不同类别树脂对低温导电银浆性能的影响. 贵金属, 2013, 34(2): 26-29.

[20] Caballero L J, Sanchez-Friera P, Lalaguna B, et al. Series resistance modelling of industrial screen-printed monocrystalline silicon solar cells and modules including the effect of spot soldering//4th World Conference on Photovoltaic Energy Conversion, Waikoloa, 2006: 1388-1391.

[21] Ansgar M. New concepts for front side metallization of industrial silicon solar cells, Freiburg: University of Freiburg, 2007.

[22] 王军, 王鹤, 杨宏, 等. 太阳电池串联电阻的一种精确计算方法. 电源技术, 2008, 32(10): 681-683.

[23] 陈喜平, 黄纬, 王肖飞, 等. MBB 太阳电池栅线的设计优化. 太阳能学报, 2020, 41(12): 132-137.

[24] Braun S, Micard G, Hahn G. Solar cell improvement by using a multi busbar design as front electrode. Energy Procedia, 2012, 27: 227-233.

[25] Braun S, Hahn G, Nissler R. Multi-busbar solar cells and modules: High efficiencies and low silver consumption. Energy Procedia, 2013, 38: 334-339.

[26] Massimo N, Mauro Z, Paolo M, et al. Simulation study of multi-wire front contact grids for silicon solar cells. Energy Procedia, 2015, 77: 129-138.

[27] Schneider A, Rubin L, Rubin G. Solar cell efficiency improvement by new metallization techniques the day4 electrode concept//4th World Conference on Photovoltaic Energy Conversion, Waikoloa, 2006: 1095-1098.

[28] Papet P, Andreetta L, Lachenal D, et al. New cell metallization patterns for heterojunction solar cells interconnected by the smart wire connection technology. Energy Procedia, 2015, 67: 203-209.

[29] Walter J, Tranitz M, Volk M. Multi-wire interconnection of busbar-free solar cells. Energy Procedia, 2014, 55: 380-388.

[30] de Wolf S, Descoeudres A, Holman Z C, et al. High efficiency silicon heterojunction solar cells: A review. Green, 2012, 2(1): 7-24.

[31] 夏维娟, 冯晓晶, 胡媛, 等. 纳米银浆低温烧结工艺及应用可靠性. 宇航材料工艺, 2021, 6: 71-76.

[32] Yamakawa T, Takemoto T, Shimoda M, et al. Influence of joining conditions on bonding strength of joints: Efficacy of

low-temperature bonding using Cu nanoparticle paste. Journal of Electronic Materials, 2013, 42 (6): 1260-1267.

[33] Yoshida M, Tokuhisa H, Itoh U, et al. Novel low-temperature-sintering type Cu-alloy pastes for silicon solar cells. Energy Procedia, 2012, 21: 66-74.

[34] Yu J, Li J, Zhao Y, et al. Copper metallization of electrodes for silicon heterojunction solar cells: Process, reliability and challenges. Solar Energy Materials and Solar Cells, 2021, 224: 110993.

[35] Li J, Yu J, Chen T, et al. *In-situ* formation of indium seed layer for copper metallization of silicon heterojunction solar cells. Solar Energy Materials and Solar Cells, 2020, 204: 110243.

[36] Dabirian A, Lachowicz A, Schüttauf J W, et al. Metallization of Si heterojunction solar cells by nanosecond laser ablation and Ni-Cu plating. Solar Energy Materials and Solar Cells, 2017, 159: 243-250.

[37] Lee S H, Lee D W, Lim K J, et al. Copper-nickel alloy plating to improve the contact resistivity of metal grid on silicon heterojunction solar cells. Electronic Materials Letters, 2019, 15 (3): 314-322.

[38] Liu Y M, Pu N W, Chen W D, et al. Low temperature fabrication of Ni-P metallic patterns on ITO substrates utilizing inkjet printing. Microelectronics Reliability, 2012, 52 (2): 398-404.

[39] Geissbuhler J, de Wolf S, Faes A, et al. Silicon heterojunction solar cells with copper-plated grid electrodes: Status and comparison with silver thick-film techniques. IEEE Journal of Photovoltaics, 2014, 4 (4): 1055-1062.

[40] Rodofili A, Wolke W, Kroely L, et al. Laser transfer and firing of NiV seed layer for the metallization of silicon heterojunction solar cells by Cu-plating. Solar RRL, 2017, 1 (8): 1700085.

[41] Lachowicz A, Faes A, Papet P, et al. Plating on thin conductive oxides for silicon heterojunction solar cells//Fifth Workshop on Metallization for Crystalline Silicon Solar Cells, Constance, 2014.

[42] Yu J, Bian J T, Liu Y C, et al. Patterning and formation of copper electroplated contact for bifacial silicon hetero-junction solar cell. Solar Energy, 2017, 146: 44-49.

[43] Khanna A, Ritzau K, Kamp M, et al. Screen-printed masking of transparent conductive oxide layers for copper plating of silicon heterojunction cells. Applied Surface Science, 2015, 349 (15): 880-886.

[44] Papet P, Hermans J, Soderstrom T, et al. Heterojunction solar cells with electroplated Ni/Cu front electrode//28th European Photovoltaic Solar Energy Conference and Exhibition, Paris, 2013: 1976-1979.

[45] Hatt T, Kluska S, Yamin M, et al. Native oxide barrier layer for selective electroplated metallization of silicon heterojunction solar cells. Solar RRL, 2019, 3 (6): 1900006.

[46] Kale A, Beese E, Saenz T, et al. Study of nickel silicide as a copper diffusion barrier in monocrystalline silicon solar cells//IEEE 43rd Photovoltaic Specialists Conference, Portland, 2016: 2913-2916.

[47] Mondon A, Jawaid M N, Bartsch J, et al. Microstructure analysis of the interface situation and adhesion of thermally formed nickel silicide for plated nickel-copper contacts on silicon solar cells. Solar Energy Materials and Solar Cells, 2013, 117: 209-213.

[48] Shen X, Hsiao P, Phua B, et al. Plated metal adhesion to picosecond laser-ablated silicon solar cells: influence of surface chemistry and wettability. Solar Energy Materials and Solar Cells, 2020, 205: 110285.

[49] Hsieh S H, Chien C M, Liu W L, et al. Failure behavior of ITO diffusion barrier between electroplating Cu and Si substrate annealed in a low vacuum. Applied Surface Science, 2009, 255 (16): 7357-7360.

[50] Yu J, Bian J T, Duan W Y, et al. Tungsten doped indium oxide film: ready for bifacial copper metallization of silicon heterojunction solar cell. Solar Energy Materials and Solar Cells, 2016, 144: 359-363.

[51] Heng J B, Fu J, Kong B, et al. >23% High-efficiency tunnel oxide junction bifacial solar cell with electroplated Cu gridlines. IEEE Journal of Photovoltaics, 2015, 5 (1): 82-86.

[52] Adachi D, Terashita T, Uto T, et al. Effects of SiO_x barrier layer prepared by plasma-enhanced chemical vapor deposition on improvement of long-term reliability and production cost for Cu-plated amorphous Si/crystalline Si heterojunction solar cells. Solar Energy Materials and Solar Cells, 2017, 163: 204-209.

[53] Hernandez J L, Yoshikawa K, Feltrin A, et al. High efficiency silver-free heterojunction silicon solar cell. Japanese Journal of Applied Physics, 2012, 51 (10S): 10NA04.

[54] Karas J, Sinha A, Buddha V S P, et al. Damp heat induced degradation of silicon heterojunction solar cells with Cu-plated contacts. IEEE Journal of Photovoltaics, 2020, 10 (1): 153-158.

[55] Lossen J, Matusovsky M, Noy A, et al. Pattern transfer printing (PTP™) for c-Si solar cell metallization. Energy Procedia, 2015, 67: 156-162.

[56] Adrian A, Rudolph D, Lossen J, et al. Investigation of thick-film-paste rheology and film material for pattern transfer printing (PTP) technology. Coatings, 2021, 11 (1): 108.

[57] Munoz-Martin D, Brasz C F, Chen Y, et al. Laser-induced forward transfer of high-viscosity silver pastes. Applied Surface Science, 2016, 366 (15): 389-396.

[58] Shan Y L, Zhang X M, Li H, et al. Single-step printing of high-resolution, high-aspect ratio silver lines through laser-induced forward transfer. Optics & Laser Technology, 2021, 133: 106514.

[59] Chen Y, Munoz-Martin D, Morales M, et al. Laser induced forward transfer of high viscosity silver paste for new metallization methods in photovoltaic and flexible electronics industry. Physics Procedia, 2016, 83: 204-210.

[60] 刘玉海, 杜学国, Kazutaka N, 等. 钢网印刷用于太阳电池正面电极制备. 制造业自动化, 2014, 36 (2): 130-133.

[61] Galiazzo M, Voltan A, Bortoletto E, et al. Fine line double printing and advanced process control for cell manufacturing. Energy Procedia, 2015, 67: 116-125.

[62] Hannebauer H, Falcon T, Cunnusamy J, et al. Single print metal stencils for high-efficiency PERC solar cells. Energy Procedia, 2016, 98: 40-45.

[63] Shin D Y, Cha Y K, Ryu H H. Front side metallization issues of a solar cell with ink-jet printing//28th International Conference on Digital Printing Technologies, Quebec, 2012.

[64] Schube J, Fellmeth T, Jahn M, et al. Advanced metallization with low silver consumption for silicon heterojunction solar cells. AIP Conference Proceedings, 2019, 2156: 020007.

第7章

晶硅异质结太阳电池产业化装备与制造技术

SHJ 太阳电池的发展如从 1990 年日本三洋公司正式研发 HIT 电池开始计算,至今已超 30 年。尽管三洋公司在 1994 年就将电池转换效率提升到了 20% 以上,但由于工艺设备、电池技术和专利保护的限制,SHJ 太阳电池的产业化进展缓慢。一直以来,只有日本三洋(后被松下收购)从事 HIT 太阳电池的规模化制造,但最大产能也只到 1GW,在全球年装机量持续扩大的光伏市场规模面前,微乎其微。作为高效晶硅太阳电池的典型代表,SHJ 太阳电池并没有在当前的光伏市场中体现出它的价值。近些年来,随着人们对电池技术理解的深入和三洋公司专利保护的失效,国内设备商开始研发并提供 SHJ 太阳电池专用设备,加上电池制造所用原材料包括硅片、低温银浆、靶材等也都取得了很大进步,SHJ 太阳电池开始受到市场青睐,国内外诞生了多家从事 SHJ 太阳电池生产制造的公司。市场发展反过来推动电池技术的持续革新和成本下降。针对 SHJ 太阳电池制造的各个环节,特别是制绒清洗、硅薄膜沉积、TCO 沉积、金属栅电极线制备这 4 大主要步骤,目前均已有了较为成熟的产业化装备与制造技术。这些装备和技术除了考虑所制备得到的太阳电池性能外,还重点考虑了产能、良率和生产成本。

7.1 制绒清洗装备与技术

制绒清洗是在硅片表面形成绒面并提供洁净表面的过程,一般包括前清洗、去损伤层、制绒、后清洗等几个步骤。尽管对硅片进行制绒的方法有多种,但产业化上选择的依然是常规单晶硅太阳电池制造中最常用的碱腐蚀,该方法目前仍然具有产业上最好的性价比,即采用相对较低浓度的氢氧化钠或氢氧化钾溶液对硅片表面进行各向异性腐蚀,得到随机分布的金字塔绒面。制绒前的前清洗是去除硅片表面的有机物、颗粒等常见污染物,以确保后续工艺的实施效果和均匀性。去损伤层是去掉硅片切割制备过程中在表面形成的含机械损伤缺陷较多的损伤层表面,一般采用较高浓度的碱进行腐蚀,也可以与制绒工艺一起进行。后清洗是重点,往往需要多道清洗程序以确保最终得到表面态密度低的硅片。在制绒和后清洗之间,是对金字塔表面进行的平滑处理工艺,目的是降低表面的微观粗糙度和使金字塔尖、塔谷变得平滑。

一般地,制备 SHJ 太阳电池,产业化所采用的制绒清洗方案按照图 7.1 所示的流程进行,所采用的清洗被称为简化的 RCA 清洗工艺,最终步骤通常是将硅片在低浓度的氢氟酸水溶液中去除表面氧化层,形成氢饱和的表面。所采用的工艺设备一般为槽式设备,不同的工艺步骤在不同的工艺槽中完成,相互之间通过自动化机械手进行硅片花篮的传递。

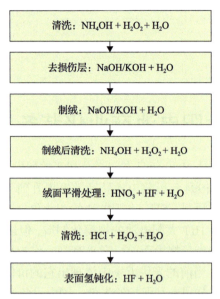

图 7.1　基于简化的 RCA 清洗方法的 SHJ 太阳电池制绒清洗工艺的产业化方案

　　在此方案中，第一步制绒前清洗采用的是氨水和过氧化氢的混合水溶液。该步因使用氨水会产生一定的氮排放。之后的去损伤层和制绒步骤均采用碱性溶液进行。由于制绒过程相对于其他过程所需要的腐蚀时间较长，在大产能的制绒清洗设备中，制绒通常需要多个制绒槽串联进行，这样可以使其生产节拍与其他过程相匹配。制绒后清洗仍然先用氨水和过氧化氢的混合水溶液进行，之后用盐酸和过氧化氢的混合溶液处理，在二者之间进行的平滑处理采用硝酸和氢氟酸的混合溶液进行。平滑处理之后的表面有利于后续硅薄膜钝化层等的沉积。为了避免平滑处理带来金字塔绒面反射率的过度增加，需要严格控制该步的溶液配比和反应时间，其基本原理是硝酸氧化硅表面生成氧化硅，所生成的氧化硅再被氢氟酸去除，由此在硅表面产生剥离效果。这个剥离过程的反应速率一般很快，并且是放热反应，温度升高会使反应进一步加速。所以，通常还需要控制溶液的温度保持在 10℃左右的低温，以减少硅金字塔表面的刻蚀量并控制反应的均匀性。经过平滑处理，金字塔塔尖和塔谷均变得平滑，侧面的粗糙度也会降低，由此能够更好地消除表面态。盐酸和过氧化氢的水溶液使硅表面氧化，并清洗掉表面上可能残留的金属杂质。有研究表明，经过该步在硅衬底表面生成的氧化硅层有利于抑制后续硅薄膜沉积时发生表面外延，所以，在氢氟酸处理后，也可以将盐酸和过氧化氢的清洗步骤再重复进行一次。在各步之间，都需要有去离子水的溢流处理，以避免前一步工序对后一步工序的影响。

　　简化的 RCA 清洗工艺仍略显复杂，成本较高，同时由于采用了氨水和硝酸，产生的废液会带来氮排放的处理问题。为此，对其进行改进，主要替代处理工序为采用臭氧水清洗[1,2]。采用臭氧水与氢氟酸体系取代硝酸与氢氟酸体系进行金字塔表面平滑处理，通过控制臭氧在水中的溶解度，利用臭氧水的强氧化性在金字塔表面形成氧化膜。臭氧水工艺还可以进一步拓展取代其他清洗步骤，其环保和降本的潜力较大。

为满足产业化的需要，制绒清洗设备需要提高单机产能，目前先进的设备单机年产能基本已能超过 500MW，未来还有进一步提升的空间。

7.2 硅薄膜沉积装备与技术

硅薄膜沉积主要有 PECVD 和 HWCVD 两种方式。尽管学术上 PECVD 和 HWCVD 都有研究，但产业上 HWCVD 只有日本松下采用，后期进入的新厂家普遍选用了 PECVD 方式，这与两种方式的装备成熟度有很大关系。市场上能提供 HWCVD 整线装备的公司很少，但提供 PECVD 设备的厂家多，技术相对成熟，特别是国内设备厂家的参与，使 PECVD 设备成本已大大降低。

基本上，SHJ 太阳电池需要镀制至少 4 层硅薄膜：处于电池其中一个表面的本征钝化层和掺杂发射极层，处于电池另一个表面的本征钝化层和掺杂表面场层。目前市场上普遍采用的是 n 型硅片，相比于 p 型硅片，n 型硅片少子寿命相对更长，更容易实现高转换效率。基于此，将 p 型发射极置于电池背面的 n 型晶硅衬底 SHJ 太阳电池已成为产业化电池的基本结构。为确保镀膜质量，不同膜层需要在不同腔室中镀制，特别是本征钝化层与掺杂层的镀制需要严格分开，以避免彼此的交叉污染。多腔室之间如何排布是产业化硅薄膜沉积装备要考虑的主要问题。前述技术研究已经表明，无论本征钝化层还是掺杂层，采用多层复合结构是提高电池效率的有效方法，并且采用结晶化或合金化的硅薄膜能够减少这些膜层自吸收所导致的电池短路电流密度下降，掺杂层结晶化对改善其与导电电极之间的接触性能至关重要。如何将这些技术方法可靠低成本地引入到 SHJ 太阳电池的产业化制备中是开发产业化硅薄膜沉积装备和技术要考虑的内容。

如图 7.2 所示，产业化装备的多腔室构型主要可以分成如下三种方式：线列串联(in-line)式、团簇并联(cluster)式和线列并联式；按照镀膜方向或衬底放置方向又可分成水平式和垂直式。水平式镀膜衬底加持方便、载板设计要求低、传输也相对容易实现，垂直式对设备结构要求高，但可以防止镀膜过程中生成的粉尘等对镀膜表面的沾污，垂直式的另外一个好处是节约平面空间，设备占地面积减小。在多腔室连接方面，线列串联式简单易实现，但前后腔室镀膜顺序无法改变，衬底载板为单向传输，为提高产能，往往需要增加腔室的数量；团簇并联式结构复杂，尤其是对设备中央的衬底载板传输系统要求很高，好处是各腔室相对独立，腔室镀膜顺序也可以按照工艺要求进行调整，使用范围更广、更灵活，但受制于中央腔室衬底传递系统限制，只适于衬底水平放置。线列并联式兼具线列式和并联式两方面的优点，但设备更大，硬件投资和占地面积均增加，由衬底水平放置改为衬底垂直放置可以节约空间，但同样对传递系统提出了更高要求。

基于结构构型的简单性，目前绝大多数产业化镀膜装备均采用线列串联水平式结构。在一个腔室内，一般只镀制一块载板，但也有可选的技术可以镀制多块载板，这样产能可以提高。生产型装备适合于已经形成的电池制备工艺的规模化量产，也就是说，产业

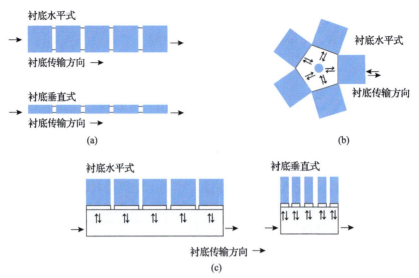

图 7.2　硅薄膜沉积装备的多腔室布局构型
(a)线列串联式；(b)团簇并联式；(c)线列并联式

化装备结构要尽量简单，制造成本相对较低，维护相对方便，但能兼容的工艺窗口窄，从工艺开发角度进行电池效率提升的空间受限。主要原因是受工艺时间限制，为确保该套装备的生产效率即产能，要求载板在任一腔室中停留的时间是一致的，即载板在各腔室之间要按照固定的节拍进行传输，这样才能确保整台设备的连续生产。但不同沉积质量的硅薄膜材料具有不同的沉积速率，如果提升电池效率需要镀制新材料，其沉积速率变化就会打乱整个工艺流程的时间序列，从而影响设备产能。另一个问题是，一旦有一个腔室出现问题，整台设备就要停机维护，影响开机率。并联式设备可以解决上述问题，但设备结构变得复杂、硬件投资大、维护成本也高。太阳电池产业化是受成本制约严重的产业，对性价比要求高，在某些情况下，成本要求甚至优先于性能。所以，尽管串联式设备有诸多不便，但并联式设备要想与其竞争，首先要解决的便是成本问题。

　　由于串联式结构对工艺调节的限制，确定合适的镀膜顺序就变得非常重要。如图 7.3 所示，产业化背发射极 SHJ 太阳电池的硅基薄层分别处于电池的前后表面上，包括迎光面上的 i_n 钝化层 1 和 n^+ 前表面场层 3，以及背光面上的 i_p 钝化层 2 和 p 背发射极层 4。按照四组薄层的沉积顺序不同，可以有图中所示的 $1^\#\sim6^\#$ 六种不同的沉积顺序，由于晶硅衬底表面缺陷态对外界环境敏感，需要尽快镀膜以进行表面保护，并且相比于 nn^+ 背场结，pn 结在决定电池性能方面起到更重要的作用，优选先镀制两层本征钝化层将晶硅衬底的表面保护起来，并且先镀制背光面的 i_p 钝化层，再镀制迎光面的 i_n 钝化层。之后镀制两层掺杂层，优选先镀制 n^+ 前表面场层，这样做的好处是，晶硅衬底镀完 i_n 钝化层后无需翻面即可镀制 n^+ 前表面场层，操作简化，另外，如果先镀制 p 背发射极层，p 型掺杂可能对后续 n 型掺杂产生一定的负面影响。这样，$5^\#$ 镀膜顺序是优选的。但是，考虑到电池双面首先均需镀制本征钝化层，两层材料的差异较小，期望能够首先在一个腔室中同时镀制 i_n 和 i_p，之后再镀制掺杂层，这样，$7^\#$ 镀膜顺序是优选的。有了如上镀膜顺序，即可进行具体腔室结构的设计并实现彼此之间的连接。

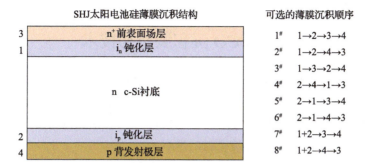

图 7.3　产业化背发射极 SHJ 太阳电池表面硅薄膜层结构及其可选的沉积顺序
1. 迎光面 i_n 钝化层；2. 背光面 i_p 钝化层；3. 迎光面 n^+ 前表面场层；4. 背光面 p 背发射极层，省略了晶硅衬底表面的绒面结构

多层复合膜和晶化膜如微晶、纳米晶膜镀制给产业化装备带来了难题，大面积沉积的不均匀性和生产速度过慢的问题必须解决。HWCVD 似乎在解决这些问题方面具有技术优势，制备微晶硅薄膜生长速度快、氢稀释比低，但设备发展不成熟，至少在现阶段还不是产业化的首选。就 PECVD 而言，等离子体源的频率从射频(RF: 13.56MHz)升级到甚高频(VHF: 27.12MW、40.68MHz 甚至更高)，生长速度得到提高，但距离理想情况还有差距。采用不同工艺参数的多层复合膜自然可以在同一腔室中制备，但会严重影响生产节拍。更换工艺参数时的气体冲放、辉光启停等必需操作需要大量时间，采用不同衬底温度的条件更是因要有长时间的升降温等待而不可能实现。增加腔室数量是解决上述问题的办法，将复合膜中制备工艺不同的子膜，或沉积时间仍然很长的单层膜分拆到多个腔室中沉积，各个腔室的工艺参数可以单独控制，工艺调节的自由度增加，同时仍能保持设备整体的节拍匹配。尽管这样的操作显著增加了设备硬件投资，也增大了占地面积，腔室增多导致停机维护的可能性也加大，影响开机率，但从生产效率和电池性能上，目前还未有更好的解决办法。并联式设备从技术的角度看仍然值得期待。

总体上，作为 SHJ 太阳电池产线投资中占比最大的部分，硅薄膜沉积用 PECVD 装备及其沉积技术的进步是近年来推动 SHJ 太阳电池产业化规模持续扩大的关键因素。现有单机年产能已突破 500MW，并可与硅片迭代相兼容，能够适应不同尺寸的大硅片及半片硅片，如 M6(166mm)、M10(182mm)、M12(210mm)等尺寸规格。半片硅片是由大尺寸硅片带来的新产物。硅片尺寸增大，电池的生产成本降低，但在封装成组件后由于电流过大会带来额外的因电阻发热所引起的能量损失，为此，需要将电池片面积减小，即切半片。切片工艺通过激光技术进行，切割损伤会带来电池转换效率的下降，尽管一些降低损伤的工艺技术也在开发，但彻底解决难度较大。为此，产业上已将切片步骤往前转移，由硅制成电池后切电池转变为制备电池前切硅片。这种切半片步骤的前移，对 SHJ 太阳电池的制备基本没有影响，镀膜装备只需要对硅片载板进行一些图形化改进即可，因此很容易推广。

HWCVD 的高产能产业化装备也已有企业布局研究，与 PECVD 相比，目前还没有体现出较大的竞争力，但值得期待。

7.3 TCO沉积装备与技术

透明导电氧化物(TCO)电极的沉积涉及磁控溅射和反应等离子沉积(RPD)两种装备,磁控溅射因从镀膜原理上可归于物理气相沉积(PVD),行业内也通常直接把SHJ太阳电池制备中TCO的磁控溅射称为PVD,已与前述硅薄膜沉积所用CVD工艺相对应。TCO沉积设备的进步也进一步促进了相应靶材的进步。

1. PVD

PVD设备是一种较常规的镀膜设备,应用于SHJ太阳电池制造,在确保性能的基础上,主要解决如何实现高产能和成本控制的问题。为了提高靶材利用率,产业化PVD设备均采用旋转柱形靶。同PECVD一样,常用PVD设备也采用的是多腔室线列串联式结构,通过增加腔室数量实现不同结构膜层或不同厚度膜层的镀制,以满足生产节拍的需要。PVD用来镀制SHJ太阳电池TCO层,其自身存在的一个优势对提高产能有利,靶材和电池片的位置可以按需放置,镀膜既可以垂直进行也可以水平进行,既可以单面镀膜也可以双面镀膜,只需要交换靶材的位置即可,这确保了电池片不用翻面,可以一套流程走完实现迎光面和背光面上TCO膜层的双面镀制,如此不需要电池片翻面装置,既节约了设备成本,又加快了镀膜工序,提高了产能。常见设备仍以水平镀膜为主,这样在电池片载板设计和传输方面有成本优势。除此之外,PVD设备提高产能主要通过以下两种途径实现:一是加大载板面积,延长柱形靶长度;二是提高镀膜速度。两种途径均需解决镀膜均匀性问题。

PVD的镀膜均匀性除了与镀膜工艺有关外,更多地与柱形靶和设备的磁场分布有关。一般地,在柱形靶两端的靶材利用率低,镀膜厚度较小,为不可利用区域,电池片载板需要留出靶材两头的宽度而置于柱形靶的中间区域,该区域的镀膜均匀性需要通过磁场和载板加热器的合理设计进行控制。PVD镀膜还需要控制的重要一点是离子轰击,这种离子轰击对电池片硅基薄膜表面会造成损伤,从而导致电池片性能下降或不均匀。从设备结构上,可以通过优化磁场设计来减少。一般采用PVD镀膜前后电池片通过测量少子寿命计算得到的开路电压(iV_{OC})的差异来对这种轰击损伤进行衡量。好的PVD设备,轰击损伤小,iV_{OC}变化只有几毫伏,甚至没有下降反而升高。

总体上,PVD设备相对成熟,技术进步较快,年产能目前已能突破500MW,并朝着更大产能的方向前行。

2. RPD

RPD设备能够制备出性能相对更优的TCO,确保TCO在导电的同时具有较好的透光性。如前面的章节所述,RPD将电池片载板置于等离子体区之外,与离域PECVD设备相近,因而没有对生长表面的离子轰击问题,其工作原理又类似于电子束或离子束蒸发,靶材无须具有特别高的致密度,通常只需达到理论密度的60%~70%即可,因而可以制备一些难以致密化的TCO材料,如掺钨氧化铟(IWO),IWO较难制备成PVD镀膜所需要的性能均匀的高密度陶瓷靶材。

RPD产业化需要解决的同样是提高产能和降低成本的问题。相比于PVD，这些问题在RPD上解决起来难度更大。通过加大腔室和载板面积来提高产能，PVD延长柱形靶长度相对容易实现，但RPD却不能增大靶材面积，RPD的等离子源由电子枪提供，这决定了其能够蒸发利用的靶材面积有限，所以，镀膜面积增大，就需要增加靶材和电子枪的数量，另外，由于靶材通常是直径只有几厘米的圆形靶，其可以近似当作点蒸发源，从靶面蒸发出的镀膜介质在靶面之上的空间内呈球形分布，在与平面载板相交的平面内分布并不均匀，这在载板传输方向上能够通过动态镀膜解决，但在与载板传输垂直的方向上就需要对腔室结构进行调节，通常做法是在腔室内加装匀流板。载板面积增大，靶位增多，对匀流板的设计要求更高。这种镀膜方式还使蒸发出的靶材有很大部分都落在载板之外，如镀制在匀流板上，造成靶材利用率低，从降低成本的角度看，RPD要考虑这些镀到无效位置上的靶材的回收再利用问题。

PVD容易实现双面镀，RPD实现双面镀的难度较大。目前，RPD一般采用电子枪水平放置、靶材在下、载板在上的垂直镀方式，如要进行双面镀，还需实现靶材在上、载板在下的新结构设计。也可以考虑改用水平镀的方式，但这会进一步增加设备的复杂性和成本，使原本就比PVD昂贵的RPD变得更贵。

但是，SHJ太阳电池对双面TCO的需求并不完全相同，TCO单层也可以进一步开发成多层复合结构，根据性能差异化需要，开发将PVD和RPD结合的一体化装备和技术是值得产业化考虑的一个方向。

3. 靶材

TCO膜层用在SHJ太阳电池上，需要满足如下特性：电导率高、透光性好、与其接触的硅薄膜层功函数匹配、载流子浓度低以避免红外吸收、靶材成本低、镀膜性能稳定、应用过程中不易退化、折射率满足匹配要求兼具减反射功用。

围绕上述需求，代表性的ITO($In_2O_3+SnO_2$)靶材目前主要用到97：3和90：10两种铟锡质量比的靶材，前者掺杂浓度小，镀制的TCO薄膜载流子浓度低，长波吸收较弱，红外透光性好，适合做前表面膜，但低掺杂导致其电阻较大；后者导电性较好，但长波吸收较大。IWO($In_2O_3+WO_3$)靶材为RPD专用，满足低红外吸收要求，同时导电性较好，其性能一方面与钨的高价掺杂有关，另一方面也与RPD制备工艺有关。此外，被采用的靶材还包括ITiO、ICO、IMO、IZO、IGO等，其掺杂原子分别为Ti、Ce、Mo、Zn、Ga等，近期又有一种SCOT新靶材，其成分按质量配比为In_2O_3：ZrO_2：TiO_2：Ga_2O_3=98.5：0.5：0.5：0.5，该靶材镀制的TCO薄膜红外透光性好，但掺杂成分多，制备要求高。

4. TCO镀膜技术

产业化TCO镀膜的重要任务是解决透光性与导电性的矛盾。除了选用不同成分的靶材外，镀膜工艺起到重要作用。

Addonizio等[1]发现了沉积腔室水分压对TCO性能的影响：即在不同的溅射功率下，

均具有基本一致的规律,有一个折中的水分压可以使氧化铟薄膜的载流子迁移率最高。当水分压很低时,电池效率较低,随着水分压上升,电池效率也上升,但随水分压的继续升高,电池效率逐渐下降。腔室中的水汽主要源于在镀膜时不断有非晶硅沉积载板上,这些沉积在载板上的非晶硅膜在非真空传输时会吸收空气中的水蒸气,当重新进入真空时会释放水分子。当镀膜腔室水分压过高时,电池效率就会降低,此时需要清洗载板。当清洗并处理载板后,附着在载板上的非晶硅膜被去除,此时镀膜腔室中的水汽会过少,电池效率也会有所下降,因此可以增加按需引入水汽的装置。

水分压的影响被认为与水往薄膜内部引入的氢有关。研究表明,沉积过程的氢含量和氧含量均对 TCO 性能产生重要影响。所采用的氧含量增加,沉积所得薄膜的载流子浓度下降,迁移率提高,但整体电阻率会变大;所采用的氢含量增加,则存在一个折中的氢含量,此时薄膜同时具有高的载流子迁移率和较大的载流子浓度,导电性好[2,3]。进一步结合其他的研究,均表明氢含量调节相比于氧含量调节,更容易得到透光率高且导电性良好的 TCO 薄膜[4,5]。

然而,也有研究发现,通过引入氢制备的掺氢氧化铟(IOH)抗湿热(DH)冲击的性能较差。对 ITO、IZO 和 IOH 三种 TCO 薄膜进行 DH 衰减实验的结果比较,发现 ITO 性能基本是稳定的;IZO 会有一定幅度的下降,载流子浓度和迁移率均减小导致电阻提高;IOH 抗 DH 冲击的效果最差,其迁移率会随处理时间的延长而大幅下降,导致电阻升高很大。这个结果说明,尽管 IOH 初始性能优异,但在使用过程中因结构的不稳定所导致的性能劣化会很严重,最终使其性能反而不能满足要求[6]。研究表明,IOH 的这种不稳定同样与其中的氢含量有关,因此,氢含量在 IOH 薄膜中是把双刃剑,必须综合考虑各种性能进行细化控制。另一个解决其稳定性的有效办法是为其增加保护层。例如,双层结构 IOH/ITO 叠层,在 IOH 之上叠加一定厚度的 ITO 就可以起到一定的保护作用,使其稳定性得到控制[6]。通过优化组合,这种叠层 TCO 结构还能表现出比采用单一 ITO 或 IOH 薄膜时更好的光电性能[7]。

实际上,即使采用单一的 ITO 薄膜,如前面的硅薄膜沉积一样,依然可以通过多层复合结构来改善性能。通常的 ITO 薄膜导电性好,但载流子浓度高导致的寄生吸收明显,可以通过适当地调节氢、氧含量使其透光率增大,但导电性下降,由此可能导致与电极间的接触问题。将不同性能的两层或多层 ITO 叠加,形成多层复合结构,可以实现电性能和光性能方面的优化匹配,比单一均匀层所表现出的综合性能更好。汉能在 2019 年创造 SHJ 太阳电池效率25.11%的世界纪录时,就采用了这样的 ITO 叠层结构,包括缓冲层、种子层和导电层,并分析指出缓冲层用于减少 a-Si(n)/TCO 的接触电阻,种子层用于改善 TCO 结晶。通过使用叠层 ITO,可有效提高电池短路电流密度和填充因子。采用不同氧含量的双叠层 ITO 结构可以带来 SHJ 太阳电池性能的明显改善[8]。

5. 低成本 TCO 技术

目前制备的 TCO 薄膜的主要成分是氧化铟,只是掺杂剂因性能需求而有所不同。但是,铟在自然界中的丰度有限,按照目前 SHJ 太阳电池上 TCO 的用量(4~11mg/W),2019 年全球铟供应量只足够年产 175~475GW,而铟是锌的伴生矿,较难提高产量。加上其他行业如平板显示行业等对铟也有需求，SHJ 太阳电池规模化扩产将会导致铟价升高，带来成本压力。因此，如何减少铟的使用量是产业化发展必须要考虑的问题，目前，有两种可以考虑的方案：一种是使用其他无铟的 TCO 材料，如使用掺铝氧化锌（AZO）替代 ITO[9-11]；另一种是通过叠层结构实现 TCO 膜层的部分取代[11,12]。

AZO 作为廉价的透明导电膜被较广泛地用在薄膜太阳电池中，通过对三种 TCO 薄膜 ITO、AZO、IOH 的光电性能进行比较发现，AZO 的导电性能较差，载流子迁移率低，载流子浓度也小，但载流子浓度小带来的好处是其寄生吸收要比 ITO 小，因而可以适当增加厚度来弥补导电性的不足[9]。此外，SHJ 太阳电池背面栅线间距较小，也提高了对 AZO 导电性的容忍度。因而，经沉积工艺的优化，采用 AZO 制备 TCO 取得的电池结果与采用 ITO 的结果相近或只是略低一些[10,11]。这体现了 AZO 在降低 SHJ 太阳电池 TCO 制备成本方面的潜力。但是，与 IZO 相似，AZO 在湿热条件下也表现出较大的不稳定性。不同厚度的 AZO 经湿热老化处理，电阻率均表现出不同程度的上升，并且厚度越小，这种电性能的劣化越明显，进一步的分析表明，尽管载流子浓度有所下降，但这种电阻率的增加主要源于载流子迁移率的快速下降[12]。因此，AZO 要想应用在 SHJ 太阳电池上，还必须想办法解决上述性能衰退问题。由于与薄膜电池组件封装不同，晶硅电池组件水汽渗透率更高，因而更容易发生湿热老化。

与前述利用 ITO 保护层改善 IOH 的湿热稳定性一样，解决 AZO 的湿热老化问题仍然可以采用叠层结构。单一的 AZO 与 ITO 相比，由于导电性能限制，电池性能下降较多，但通过采用带 ITO 接触层和 ITO 保护层的叠层结构，电性能可以获得明显改善，而且最终电池性能只比单一的 ITO 层略低，但可节约至少 50% 的用铟量[13]。

考虑到 ITO 的优异导电性，将其厚度减小即可节约用铟量，在其上进一步沉积透光性更好、折射率更低的介质层，不但可减少寄生吸收，而且可以进一步减小电池表面的反射率，从而使电池获得更高的效率。这样的一种应用是 ITO/SiO$_x$:H 叠层[14]，研究发现，SiO$_x$:H 层还带来了另外一个好处，能够使下面的 ITO 层的导电性变得更好，方块电阻下降，同时电池电流提升。这个结果说明，这种通过厚度减小减少用铟量的方法在确保电池性能方面是完全可行的，甚至可以成为使电池效率进一步提升的方法。考虑到性能的进一步优化，ITO 之上的介质层还可以是其他宽带隙的高透光率材料，如 SiN$_x$、SiO$_x$N$_y$ 等。但是，由于这些介质层通常是绝缘材料，而 SHJ 太阳电池制备金属电极栅线丝网印刷的低温银浆不能像高温银浆那样刻蚀这些绝缘材料，因此要求在将栅线在 ITO 上制备完成后再在电池表面上沉积这些介质层。工艺步骤的改变是否可以便捷高效低成本地融入到现有的产业化工序中，仍需做进一步评估。

7.4 金属栅线电极制备装备与技术

随着 SHJ 太阳电池进入规模化量产，其降本的压力越来越大，因为 SHJ 太阳电池不仅要与 PERC 电池进行性价比竞争，还要与 TOPCon 电池进行竞争。而金属栅线电极制备的成本又在 SHJ 太阳电池制造的非硅成本中占最主要的比例。因而，金属栅线电极制备装备及技术的开发成为目前 SHJ 太阳电池产业化关注的重中之重。

丝网印刷技术一直是晶硅太阳电池产业化首选的金属栅线电极制备方法，预计这种局面短期内很难改变，除非其他技术有非常大的快速突破。围绕丝网印刷降本，主要有两个途径，一是低温银浆降本，改用银包铜粉替代银粉，逐步增加浆料中的铜含量，如含铜 50% 以上的银包铜粉；二是网版图形化改进，多主栅技术升级，9 根主栅改 12 根主栅、20 根主栅甚至更多，与电池面积有关，直至无主栅技术，如类似智能网栅连接技术（SWCT）。此外，可以替代丝网印刷的细栅线制备技术和装备也在研发，包括激光转印、钢版印刷、喷墨打印等。完全不用银，采用纯铜低成本实现电池金属化的技术又包括电镀铜和化学镀铜，其工艺较为复杂，具体可产业化的技术和装备也在开发中。

1. 丝网印刷

通过多主栅技术，采用宽度更窄的细栅和主栅。一般而言，细栅宽度受到网版、印刷机和浆料的限制，特别是网版和浆料的性能决定了副栅线宽；而主栅宽度更多的是与后端的组件封装串焊机有关，主栅越多，线宽就得越细，一方面达到节约银浆的效果，另一方面也是减少栅线遮光所必需的。细的主栅要求电池片串焊时必须有与之相匹配的焊丝，串焊机必须有足够的对准精度。进一步地，由于 SHJ 太阳电池表面的 TCO 本身具有导电性，因而理论上只需要在特定的位置印上焊丝焊接所需要的焊点，而不需要印制整条的主栅线，或者主栅线可以细到只比副栅线略宽一些的程度，需要考量的是焊点的数量，须既能确保电池性能又能达到节约银浆的目的。

目前市场上的 SHJ 太阳电池，依据电池片尺寸，已普遍发展到了采用 12 根主栅或 20 根主栅的阶段，无主栅技术也正在进入市场。按照单瓦银耗量计算，SHJ 电池依然比 PERC 和 TOPCon 电池要高。银耗量的继续下降取决于低温浆料技术的进一步突破。SHJ 太阳电池要求低温浆料具有高的导电性、丝印稳定性、可焊接性以及长期可靠性。实际上，单一的银浆很难同时满足所有的性能需要，因而，市场上的银浆已针对在电池片上的应用位置进行了前副栅、前主栅、后副栅、后主栅的细分，副栅银浆不考虑可焊性，主栅银浆对导电性的要求可降低，细分后的浆料所需要的银含量可以不同，由此也能起到降低银耗量的目的。

制约 SHJ 太阳电池银耗量的根本问题还是低温银浆印制栅线的导电性要比高温银浆印制栅线的导电性低，这是由其配方、导电机理和使用条件决定的。固化温度越低，所需固化时间越长，为提高产能，固化时间短是优选的，此时就要适当升高固化温度，但低温银浆的固化温度受 SHJ 太阳电池自身限制不能过高，最高只能在 200℃ 左右，在此温度下，导电性的改善很大程度上只能靠导电介质的增加来实现。所以，采用栅线细化降低银耗量的方法无法持续进行下去，采用低价导电介质代替银是理论上必须进行的改良途径。由此银包铜浆料乃至纯铜浆料的研发就要提上议程。采用铜浆制备电极的成本相比于采用银浆大大下降，但可能存在铜的不稳定问题。往浆料中添加铜基本不会影响金属电极的接触电阻，在其添加量不超过一半时，也基本不会影响体电阻，只有超过 70% 时，金属电极的体电阻才会迅速上升[15]。这一结果预示着银包铜浆有比较大的降本空间和应用前景。为确保铜在浆料中的稳定性，一般不直接将铜粉混入浆料中，而是先在铜粉的外表面上包覆一层银作为保护层，形成银包铜粉。由此开发的浆料称为银包铜浆料。目前市场上多采用银包铜粉和纯银粉的混合来开发银包铜浆料。例如，在银包铜浆料中，含有 63% 的银包铜粉，尺寸较大，为 3~6μm 的片状粉，而纯银粉用量在 37%，为球形颗粒纳米粉体，尺寸在 200~300nm[15]。纯银纳米粉体很好地填充了大的银包铜粉之间的间隙，起到导电连接的作用，而与电池之间的接触也基本通过小的纯银颗粒实现，由此确保了银包铜浆料的导电性，与纯银浆相比，所得 SHJ 太阳电池转换效率因银包铜栅线串联电阻增加所导致的相对下降只有 0.4%[15]。

目前，银包铜浆料已进入产业化批量验证阶段，无论从性能上还是从可靠性上都表现出比较好的结果，银包铜浆料的实证结果预示着该方向值得进一步往前快速推进。

2. 镀铜

完全用铜取代银，在纯铜浆料方面的进展目前还较少，但镀铜技术的发展却进步较为明显，这包括电镀铜和化学镀铜，两种方法均能得到纯铜金属栅线，不含任何其他的像浆料开发那样需要添加的成分，因此，所得铜栅线体电阻很低。进一步地，与制备工艺有关，镀铜栅线的宽度也可以很窄，从而有效减小在前表面的遮光率，小的体电阻可以确保窄细栅线仍能保持好的导电性。

具体的产业化开发仍以电镀为主，并有如图 7.4 中所示的三种方案[16]。

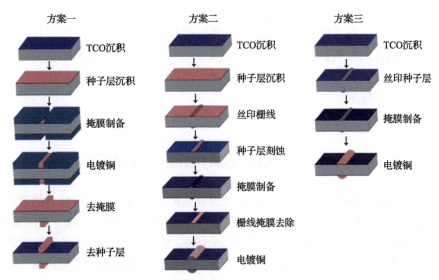

图 7.4　电镀铜常用方案[16]

方案一：光刻膜版法镀铜。电池制备完 TCO 之后，先采用 PVD 在正反面都沉积铜种子层，再在双面通过光刻工艺制备露出具有栅线图形的种子层的掩膜层，如光刻胶膜、干膜等，之后在种子层上电镀铜电极，电镀完成后将掩膜去除，之后通过回刻去掉栅线之外的种子层。

方案二：印刷膜版法镀铜。电池制备完 TCO 之后，先采用 PVD 在正反面都沉积铜种子层，通过印刷法，如丝网印刷、喷墨打印等，制备具有栅线图案的栅线掩膜层，再通过湿化学法刻蚀去除栅线图案之外的种子层。采用低温工艺[如常压化学气相沉积（APCVD）、PECVD 等]在正反面制备镀铜保护层，如 SiO_x 层。之后刻蚀去掉栅线掩膜层，露出受其保护的具有栅线图案的铜种子层，之后在种子层上电镀铜电极。

方案三：无需膜版镀铜。电池制备完 TCO 之后，直接丝网印刷种子层，如很薄的银层，之后在电池表面上沉积镀铜保护层，如 SiO_x，经热处理后沉积在种子层上的保护层形成微孔露出下面的种子层，之后在种子层上电镀铜电极。

电镀铜电极后，也可紧接着通过电镀对铜电极进行锡化处理。三种电镀铜方案中第一种方案应用最多，第三种方案工艺步骤最少，但由于其在电镀电极和 TCO 之间不是纯金属种子层连接，电学接触和机械性能可能会受到影响，还需要做更深入的研究。方案一最终得到的电池在铜栅线之外的区域是裸露的 TCO 层，而方案二和方案三最终得到的电池在铜栅线之外的 TCO 上都具有一层在电镀过程中防止铜镀在 TCO 上的镀铜保护层，如 SiO_x。有研究表明，该介质层如选择合适，不但可以起到减反射及 TCO 改性效果，而且对后续组件的抗电势诱导衰减（PID）性能也有积极贡献，能够有效防止封装玻璃板中的钠离子往电池内部的扩散[17]。所以，总体上来看，方案三的优点较多，值得进一步细化研究。

目前也有无需种子层的电镀工艺在研发中，如能解决直接镀铜的机械接触问题，方案一和方案二也会变得像方案三一样简单。

除了工艺技术开发外，电镀技术真正走向规模化量产还需完善开发产业化装备和关键原材料：电镀液。行业内可利用的电镀装备架构包括垂直镀和水平镀两种，二者均能实现双面同时电镀的效果，但电池片放置方式、加电方式和传输方式均有不同。好的装备在确保电池性能的基础上，还需满足高产能、高良率的要求。同时，电镀液、清洗液等还应实现环保低排放。

7.5 晶硅异质结太阳电池产业化进程

近年来，恰逢全球能源转型契机，我国 SHJ 太阳电池技术和制造装备均取得很大进步，二者结合使我国的 SHJ 太阳电池的研发和产业化均超过了国外而处于国际领先水平，隆基大面积 SHJ 太阳电池实验室效率达到 26.81%，生产企业的量产平均效率普遍达到了 25.5%甚至 26%以上。这些成果极大地推动了 SHJ 太阳电池的产业化进程。

图 7.5 给出了目前生产企业所采用的 SHJ 太阳电池制备的基本流程，可以看到光注入退火后处理已成为制备流程中的必备环节，其在电池提效方面已能起到非常关键的作用。此外，在每一步工艺流程中，均有两种不同的技术方案被选择采用。制绒清洗方面，基于 RCA 的方案成熟，基于 O_3 的方案更环保经济；硅薄膜和 TCO 沉积方面，PECVD 结合 PVD 的方法发展很快，单机产能已能达到 500MW 以上，HWCVD 和 RPD 产能突破较慢，价格成本较高，但仍具有性能优势；丝网印刷是制备金属电极的首选，尽管性价比进一步提升的难度加大，但一段时间内很难被替代，电镀技术有性能和材料成本方面的优势，但必须解决工艺程序、装备等的复杂度和成本问题，还要关注环保问题。总

体上，针对每一步流程，尽管有一种方案在目前的市场中所占比例较大，但另一种方案的优点决定了其仍有很大的发展空间。对于 SHJ 太阳电池的生产制造，多种方案共存的局面仍将维持，但哪种方案占市场主导则取决于其所能呈现的性价比。

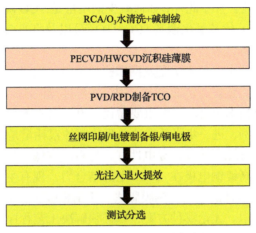

图 7.5 SHJ 太阳电池产业化制备流程

7.6 总 结

SHJ 太阳电池产业化装备与制造技术均进步明显，相应的关键原材料性能也获得很大提升，规模化量产的条件正逐渐成熟，清洗制绒、硅薄膜沉积、TCO 电极沉积、金属栅线制备、光注入退火提效、测试分选的工艺流程已基本确定。

制绒清洗一般包括前清洗、去损伤层、制绒、后清洗等几个步骤。装备仍是槽式结构，制绒采用的依然是单晶硅电池制造中最常用的碱腐蚀生成随机分布金字塔绒面的工艺。清洗则有简化的 RCA 清洗和臭氧水清洗两种方案。

硅薄膜沉积有 PECVD 和 HWCVD 两种方式。不同材料层需要在不同的腔室中沉积已基本成为产业共识，尽管多腔室布局构型可以有线列串联式、团簇并联式和线列并联式三种，按照镀膜方向或衬底放置方向又可分成水平式和垂直式，但从性价比的角度出发，产业化装备优选的是线列串联水平镀结构。相比于 HWCVD，PECVD 产业化装备进步更快，针对 SHJ 太阳电池技术对硅基膜层的新要求，PECVD 针对硅薄膜合金层、晶化层、多结构复合层等均进行了有针对性的装备结构开发，优化设计了各层薄膜的沉积顺序，并能适应不同尺寸的大硅片及半片硅片。PECVD 装备的进步是近期 SHJ 太阳电池产业化加速的主要推动力。但 HWCVD 镀膜速度快、气源利用率高、无离子轰击损伤的优点使业界仍然期待其在产业化中的表现。

TCO 沉积有磁控溅射(MS 或 PVD)和反应等离子沉积(RPD)两种装备，除了镀膜原理和性能方面的差异外，PVD 和 RPD 产业化装备的进步主要体现在如何提高产能和良率。PVD 结构成熟并具有双面镀优势，因而进展较快，与之配套的各种新组分靶材也不断推出，所有这些都增强了 PVD 在市场中的竞争力。同样，人们也期待性能更优的 RPD 在产业化中的表现。针对 TCO 镀膜技术，产业化重点考虑的是氢含量、氧含量、水汽调控等对镀膜性能的影响，一些改善导电性和接触性的新组分 TCO、多层复合 TCO 等新结构也正被引入产业化生产中。此外，如何减少铟用量是 TCO 降本的关注点，采用更廉价的氧化锌基 TCO（AZO）代替氧化铟基 TCO（ITO 等）以及将 ITO 等膜层减薄的叠层结构都是在尝试中的解决方案。

金属栅线电极制备的主流技术仍是丝网印刷，浆料、网版、印刷机及其工艺的改进已使丝网印刷的电极性能更好、产能更大。围绕丝网印刷降本，开发银包铜浆是重点，多主栅技术乃至无主栅技术也是降本的重要途径。由于银成本在 SHJ 太阳电池非硅物料成本中占到近一半的比例，进一步降低电池单瓦功率的银耗量是 SHJ 太阳电池产业化追求的目标。镀铜技术制备纯铜栅线，导电性好，材料成本低，是金属栅线电极制备提效降本的潜力方案。为提高镀铜电极在 TCO 上的结合力，现有主要制备方案基本都先在 TCO 上制作种子层，代表性的包括光刻膜版法、印刷膜版法、无膜版法三种。无需种子层的工艺方案也在研发中。无论哪种方案，都必须解决工艺程序、装备等的复杂度和成本问题，满足高产能、高良率的同时还应实现环保低排放。

总体上，我国 SHJ 太阳电池产业化装备与制造技术已超过国外居于国际领先水平，产业化装备和原材料的不断进步将推动 SHJ 太阳电池性价比的继续提升，产业化规模持续扩大的潜力巨大。

参 考 文 献

[1] Addonizio M L, Spadoni A, Antonaia A, et al. Hydrogen-doped In$_2$O$_3$ for silicon heterojunction solar cells: Identification of a critical threshold for water content and rf sputtering power. Solar Energy Materials and Solar Cells, 2021, 220: 110844.

[2] Valla A, Carroy P, Ozanne F, et al. Understanding the role of mobility of ITO films for silicon heterojunction solar cell applications. Solar Energy Materials and Solar Cells, 2016, 157: 874-880.

[3] Husein S, Stuckelberger M, West B, et al. Carrier scattering mechanisms limiting mobility in hydrogen-doped indium oxide. Journal of Applied Physics, 2018, 123: 245102.

[4] Qiu D P, Duan W Y, Lambertz A, et al. Effect of oxygen and hydrogen flow ratio on indium tin oxide films in rear-junction silicon heterojunction solar cells. Solar Energy, 2022, 231: 578-585.

[5] Mandal S, Pandey A, Komarala V K. Investigation of optoelectrical properties of indium oxide thin films with hydrogen and oxygen gas concentration variation during sputtering. Materials Science in Semiconductor Processing, 2021, 123: 105576.

[6] Tohsophon T, Dabirian A, de Wolf S, et al. Environmental stability of high-mobility indium-oxide based transparent electrodes. APL Materials, 2015, 3: 116105.

[7] Barraud L, Holman Z C, Badel N, et al. Hydrogen-doped indium oxide/indium tin oxide bilayers for high-efficiency silicon heterojunction solar cells. Solar Energy Materials and Solar Cells, 2013, 115: 151-156.

[8] Krajangsang T, Thongpool V, Piromjit C, et al. Development of indium tin oxide stack layer using oxygen and argon gas mixture for crystalline silicon heterojunction solar cells. Optical Materials, 2020, 101: 109743.

[9] Cruz A, Wang E C, Morales-Vilches A B, et al. Effect of front TCO on the performance of rear-junction silicon heterojunction solar cells: Insights from simulations and experiments. Solar Energy Materials and Solar Cells, 2019, 195: 339-345.

[10] Niemelä J P, Macco B, Barraud L, et al. Rear-emitter silicon heterojunction solar cells with atomic layer deposited ZnO:Al serving as an alternative transparent conducting oxide to In$_2$O$_3$:Sn. Solar Energy Materials and Solar Cells, 2019, 200: 109953.

[11] Wu Z P, Duan W Y, Lambertz A, et al. Low-resistivity p-type a-Si：H/AZO hole contact in high-efficiency silicon heterojunction solar cells. Applied Surface Science, 2021, 542: 148749.

[12] Tohsophon T, Hüpkes J, Calnan S, et al. Damp heat stability and annealing behavior of aluminum doped zinc oxide films prepared by magnetron sputtering. Thin Solid Films, 2006, 511-512: 673-677.

[13] Wang J Q, Meng C C, Liu H, et al. Application of indium tin oxide/aluminum-doped zinc oxide transparent conductive oxide stack films in silicon heterojunction solar cells. ACS Applied Energy Materials, 2021, 4（12）: 13586-13592.

[14] Herasimenka S Y, Dauksher W J, Boccard M, et al. ITO/SiO$_x$：H stacks for silicon heterojunction solar cells. Solar Energy Materials and Solar Cells, 2016, 158: 98-101.

[15] Nakamura K, Muramatsu K, Tanaka A, et al. Newly developed Ag coated Cu paste for Si hetero-junction solar cell//35th European Photovoltaic Solar Energy Conference and Exhibition, Brussel, 2018: 2AV.3.37.

[16] Lachowicz A, Descoeudres A, Champliaud J, et al. Copper plating processes for silicon heterojunction solar cells: An overview. 36th European Photovoltaic Solar Energy Conference and Exhibition, Marseille, 2019: 2DV.1.61.

[17] Adachi D, Terashita T, Uto T, et al. Effects of SiO$_x$ barrier layer prepared by plasma-enhanced chemical vapor deposition on improvement of long-term reliability and production cost for Cu-plated amorphous Si/crystalline Si heterojunction solar cells. Solar Energy Materials and Solar Cells, 2017, 163: 204-209.

第8章

材料及器件性能检测方法

电池器件的性能由其构成材料的结构和性能决定。从制备的角度看，SHJ 太阳电池光电转换效率提升的过程就是通过优化各步制备工艺，不断调节电池各层材料的结构与性能，使其满足高性能电池需求的过程。一方面，对电池器件性能的检测与表征必须准确可靠，另一方面，基于对影响电池性能的因素及其作用机理的深刻理解，各个工艺参数的优化也没有必要全部都以最终电池的性能作为优化依据，当熟悉掌握了各层材料应具有什么样的结构和性能才能满足高效电池的需求时，以相应材料的相关结构或性能的特征参数为依据，工艺优化的过程会更快速，并能节省大量成本。由此，对材料结构及其性能进行检测和表征也变得非常重要，必须能够进行全面准确的评价，检测数据的可靠性是进行科学分析、得到正确结论的前提条件。

对材料方面的表征，主要关注其光吸收、反射和透射的能力、导电的能力以及光生载流子的输运能力，这些性能均与材料的能带结构包括缺陷态的分布有关，并由材料的内部微结构和组分及成键状态决定。

对电池方面的表征，准确衡量电池光电转换效率是重点，一般采用标准太阳光照下的电流-电压(I-V)曲线测量实现，但由于 SHJ 太阳电池具有较大的结电容，其对 I-V 测试方法有新的要求。量子效率检测是衡量电池光响应能力的重要手段，并能对电池光响应弱的区域进行定位。此外，电池乃至组件的稳定性是实用光伏产品必须考虑的问题，这需要一些有代表性的可靠性评估方法，如湿热测试、热辅助光致衰减测试以及紫外诱导衰减测试等。

8.1 材料性能检测

8.1.1 晶硅衬底电阻率检测

晶硅衬底电阻率是影响 SHJ 太阳电池转换效率的重要参数，为确保批量生产制备的太阳电池性能的一致性，一般在对晶硅衬底完成外观、隐裂检测之后，需要对其进行电阻率检测，并按照电阻率范围进行分档。晶硅衬底电阻率检测方法可以分为接触式测量方法和非接触式测量方法两大类。

接触式测量最常用的方法是四探针法，依据国家标准 GB/T 1551—2021，如图 8.1 所示，常见的四探针测试仪采用排成一列直线的四个探针，通过恒流源给外侧的两个探针

通以合适的电流 I，然后检测中间两个探针上所得到的电压 V，根据式(8.1)计算样品的电阻率。

$$\rho = 2\pi S \frac{V}{I} \tag{8.1}$$

式中，ρ 为样品的电阻率，$\Omega \cdot cm$；S 为相邻探针之间的间距，cm；V 为探针 2 和探针 3 上检测的电势差，mV；I 为探针 1 和探针 4 通入的电流，mA。

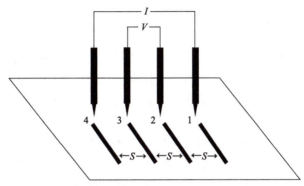

图 8.1　接触式电阻率测量四探针法原理示意图(GB/T 1551—2021)

但是，式(8.1)适用的前提是样品的几何尺寸必须近似满足半无限大，即远大于探针的间距。一般地，硅衬底的长和宽容易满足该要求，但厚度只有百微米量级，显然不能满足上述要求，为此，需要考虑样品厚度对结果的影响，在计算时引入样品厚度修正因子，由探针测试仪具体给出。

由于半导体材料的电阻率会随温度而发生变化，测量时必须确保样品温度不变，因此，电阻率测量一般采用小电流，以避免引起电阻加热效应，但电流过小，探针 2、探针 3 两端的电压变小，不便于测量，一般电压测量要采用高精度的电位差计。光照同样影响测量结果，因此需要在较暗的环境中或避光条件下进行测试，也需做好电磁屏蔽。

非接触式测量最常用的方法是涡流法。依据国家标准 GB/T 6616—2023，如图 8.2 所示，将晶硅衬底平插入一对共轴涡流探头(传感器)之间的固定间隙内，与振荡回路相连接的两个涡流探头之间的交变磁场在硅衬底上感应产生涡流。为使高频振荡器的电压保持不变，需要增加激励电流，而增加的激励电流值是硅衬底电导的函数。通过测量激

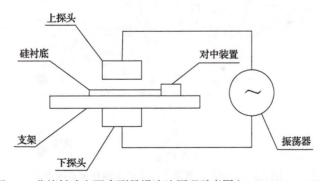

图 8.2　非接触式电阻率测量涡流法原理示意图(GB/T 6616—2023)

励电流的变化可以测得样品的电导，由此可根据式(8.2)计算出所测硅衬底的电阻率。

$$\rho = t / G \tag{8.2}$$

式中，ρ 为样品的电阻率，$\Omega \cdot cm$；G 为样品的电导，S；t 为样品的厚度，cm。

　　非接触测试的优点在于对被测样片无影响，便于批量连续检测，适合于往规模化生产装备上集成。测试得到的结果为涡流区域的平均电阻。测试时需要做好电磁屏蔽，避免外界电磁场的影响，同样也需做好温度控制和避光处理。

8.1.2　晶硅衬底体内杂质检测

　　晶硅衬底的体内杂质构成少子复合中心，是限制最终太阳电池性能的主要因素，为此，在硅晶衬底质量达不到要求时，需要进行吸杂处理，最常见的形式是磷吸杂。晶硅衬底体内杂质主要包括金属元素杂质和氧、碳杂质，以及调控衬底导电性而人为加入的硼、镓或磷等元素。

　　依据国家标准 GB/T 31854—2015 和 GB/T 39145—2020，对晶硅衬底内的金属元素杂质，无论其在体内还是表面，均可以采用电感耦合等离子体质谱(inductively coupled plasma mass spectrometry, ICP-MS)法进行检测。将试样用硝酸和氢氟酸的混合物溶解，加热使溶液蒸干，溶液中的硅以 SiF_4 的形式挥发。然后用硝酸溶液溶解残渣，用超纯水定容后利用 ICP-MS 测定溶液中待分析金属元素的含量，如铁、铬、镍、铜、锌等。

　　ICP-MS 将电感耦合等离子体(ICP)与质谱(MS)仪结合进行组分分析[1]，如图 8.3 所示，ICP 采用氩气作为等离子体产生气源，在电感耦合线圈涡流作用下能够瞬间产生超高温度的等离子体焰炬。当待测试样由载气(通常为氩气)带入等离子体焰炬中时，其中的绝大多数原子会在高能等离子体作用下产生电离，由质谱仪检测各元素离子强度，可以分析计算出试样的组分构成。ICP-MS 的特点是待测试样通常以水溶液气溶胶形式通过载气引入 ICP 等离子焰炬中，只有少数电离能较高的元素离化度较低，检测精度由元素的离化度和质谱仪的精度共同决定，能够检测的元素浓度从 ppm 级到 ppb 级甚至有些可到 ppt 级，而且，该方法一次采集能够完成多元素测定，检测速度快。

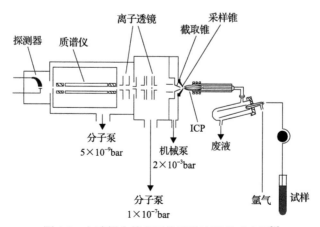

图 8.3　电感耦合等离子体质谱法原理示意图[1]

依据国家标准 GB/T 33236—2016，也可采用辉光放电质谱(glow discharge mass spectrometry, GD-MS)法进行检测，将待测试样作为阴极，通入氩气或其他惰性气体，在阴极和阳极之间施加电压产生辉光放电，等离子体产生的离子和电中性的粒子对测试样品产生溅射，从而使试样离化，离化形成的离子被导入质谱仪，通过检测离子强度分析计算所对应的元素浓度。GD-MS 原理与 ICP-MS 相似，均是采用等离子体使待测元素离化，但 GD-MS 采用直接将待测试样作为等离子体放电电极的技术，无需将样品转化成溶液，可以避免因配液可能引起的二次污染。

对氧、碳、硼和磷的测定可以依据国家标准 GB/T 32281—2015 采用二次离子质谱(secondary ion mass spectrometry, SIMS)法进行，也可以依据国家标准 GB/T 1557—2018、GB/T 24581—2022、GB/T 40561—2021 采用红外吸收光谱法进行。

SIMS 通过高能量的一次离子束轰击样品表面，使样品表面发生溅射产生二次离子，通过质谱仪对溅射出的二次离子进行质荷比分析，即可得到样品表面的成分信息。也可以根据二次离子因质量不同而飞行到探测器的时间不同来进行离子检测，并且具有极高的分辨率，这称为飞行时间-二次离子质谱(time of flight secondary ion mass spectrometry, TOF-SIMS)。SIMS 检测的是样品表面的组分信息，检测浓度可以低到 ppm 甚至更低量级，并且理论上可以进行所有元素的半定量测试。如果与溅射相结合，SIMS 还是对样品组分分布进行深度剖析的重要手段，称为动态二次离子质谱(dynamic secondary ion mass spectrometry, D-SIMS)。

红外吸收光谱来自原子在其平衡位置上产生振动或围绕分子重心转动时所产生的振动能级和转动能级跃迁，因所需能量较小，对应的波长范围在红外光谱范围内。不同的原子类型和成键结构对应特征吸收峰位和谱线带宽不同，从而可以用来鉴别特定原子成分的成键状态和含量。为了提高检测精度，进一步发展了傅里叶变换红外光谱(Fourier transform infrared spectrometry, FTIR)[2]，如图 8.4 所示，光源发出的光被分为两束后形成一定的光程差，再使之复合产生干涉，干涉光通过样品后被探测器检测，通过傅里叶变换对探测得到的信号进行处理，最终得到样品的红外吸收光谱或透射光谱。当将样品冷却至 15K 以下时，红外光谱主要是由杂质元素引起的一系列吸收谱带，对杂质含量的检测准确度更高，这被称为低温傅里叶变换红外光谱法(GB/T 24581—2022)。当要检测的元素含量较低时，可以先对其浓缩，然后再进行红外吸收测试。例如，检测氧含量时，先将样品放置于经脱气的石墨套坩埚中，在惰性气氛下加热熔融，试样中的氧和坩埚中的碳形成的一氧化碳和少量的二氧化碳，随同氦气或氩气通过高温稀土氧化铜，使

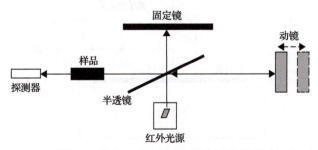

图 8.4　傅里叶变换红外光谱原理示意图[2]

一氧化碳转化成二氧化碳,将二氧化碳导入红外检测器进行测定,根据红外吸收信号强度的变化,计算出原样品中的氧含量,这被称为脉冲加热惰性气体熔融红外吸收法(GB/T 40561—2021)。

8.1.3　晶硅衬底少子寿命检测

在 SHJ 太阳电池制备中,常用的测量载流子(少子)寿命的方法包括瞬态光电导衰减法和准稳态光电导法。这些方法都是利用光电导进行测量的。特定波长的光照射在待测样品上,由于光激发产生过剩载流子,这些过剩载流子在样品的暗电导基础上额外产生光电导。光电导是光生载流子产生和复合竞争后的过剩载流子的贡献,因而包含少子寿命的信息。

1. 瞬态光电导衰减法

给样品施加一个短脉冲光源照射,短时内对样品注入过剩的载流子(Δn),当脉冲停止后,由于复合,注入的过剩载流子数量发生衰减,这种衰减相应地带来光电导随时间的衰减。可以通过探测这种光电导衰减得到过剩载流子浓度Δn 随时间的变化,根据式(8.3)计算得到有效少子寿命 τ_{eff}:

$$\frac{\mathrm{d}(\Delta n)}{\mathrm{d}t} = -\frac{\Delta n}{\tau_{eff}} \tag{8.3}$$

即通过 Δn 对时间的微分求导可以计算得到 τ_{eff}。由于光注入是在短光脉冲时间内完成的,光电导衰减过程中光生载流子的产生率为零,该方法反映的是光生载流子的瞬态衰减过程,适合测量少子寿命比较长的样品。

对样品光电导的检测可以通过微波反射进行,也可以通过电感耦合线圈实现。采用微波反射检测光电导衰减的方法称为微波光电导衰减法(microwave photo conductivity decay, μPCD),其工作原理如图 8.5 所示。一般地,Δn 随时间按指数衰减,在样品光电导不大的情况下,即低注入水平条件下,探测的微波反射功率也呈现出近似的规律,一般将反射功率衰减到峰值的 1/e 时所对应的时间记为样品的有效少子寿命 τ_{eff}。

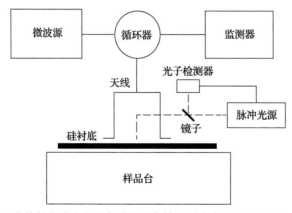

图 8.5　非接触微波光电导衰减法测有效少子寿命(GB/T 26068—2018)

微波光电导衰减法一般采用激光作为短脉冲光源，光斑面积小，因而可以对样品的不同区域位置进行定位检测，同时，通过大面积扫描可以得到整个样品上的少子寿命分布，只是消耗的检测时间较长。

2. 准稳态光电导法

采用一个光强缓慢衰减的长脉冲照射样品，一般要求光脉冲时间要至少大于载流子寿命的 10 倍，此时，在任何时刻，同时存在光生载流子的产生和复合，二者处于基本平衡的状态，即光生载流子产生的数量减掉光生载流子复合的数量得到的过剩载流子的数量 Δn 达到一个确定的稳定值。根据脉冲强度和样品的光响应能力可计算出相对应的光生载流子的产生率 G，Δn 的大小通过电感检测样品的电导计算得到。有效少子寿命 τ_{eff} 通过式 (8.4) 计算得到：

$$G = \frac{\Delta n}{\tau_{\text{eff}}} \tag{8.4}$$

随着光脉冲的衰减，光生载流子的产生率 G 和过剩载流子浓度 Δn 均发生变化，由此可以在一个长脉冲衰减过程中，测量得到样品少子寿命 τ_{eff} 随光注入水平变化的情况。因此，该方法称为准稳态光电导法 (quasi-steady-state photoconductance, QSSPC)[3]。由于该方法要求样品内的过剩载流子浓度处于准稳定的状态，因此适合测量少子寿命比较短的样品。

通过式 (8.3) 与式 (8.4) 相结合，可以得到如下对瞬态和准稳态均适用的有效少子寿命 τ_{eff} 的计算公式：

$$\tau_{\text{eff}} = \frac{\Delta n}{G - \dfrac{\mathrm{d}\Delta n}{\mathrm{d}t}} \tag{8.5}$$

进而通过少子寿命与注入水平的关系，利用式 (8.6) 可以计算样品在不同辐照强度下由寿命决定的潜在开路电压极值 (implied V_{OC}, iV_{OC})[4]：

$$iV_{\text{OC}} = \frac{kT}{q}\ln\left[\frac{(n_0 + \Delta n) + (p_0 + \Delta p)}{n_i^2}\right] \approx \frac{kT}{q}\ln\left[\frac{\Delta n(N_{\text{D,A}} + \Delta n)}{n_i^2}\right] \tag{8.6}$$

式中，假设过剩电子浓度 Δn 等于过剩空穴浓度 Δp；$N_{\text{D,A}}$ 为硅衬底的施主或受主掺杂浓度。

8.1.4　晶硅衬底表面状态表征

晶硅衬底经过制绒清洗之后，得到带随机分布的金字塔绒面的洁净表面。首先需要关注的是金字塔绒面的形貌、表面粗糙度以及表面态密度的分布。

金字塔绒面的形貌表征一般通过扫描电子显微镜 (scanning electron microscope, SEM) 进行，由于金字塔的尺寸一般在几百纳米到几微米量级，因此，采用几万倍的放大倍数就可以将金字塔的特征显示得比较清楚，表面粗糙度的测量可以通过原子力显微镜

(atomic force microscopy, AFM)进行[5]。

对晶硅衬底表面态密度的检测可以通过测量表面光电压(SPV)并经计算得到。如图 8.6 所示，通过 TCO 电极、云母箔片与待测硅衬底样品构成金属-绝缘体-半导体(MIS)结构，此时，硅衬底与云母接触表面形成空间电荷区，能带弯曲产生表面势 ϕ_s，以 TCO 和硅衬底作为电极往其上施加偏置电压 ΔV_F，则有

$$\Delta V_F = \Delta \phi_s + \Delta V_i \tag{8.7}$$

式中，ΔV_i 为施加在云母箔上的电压[6]。

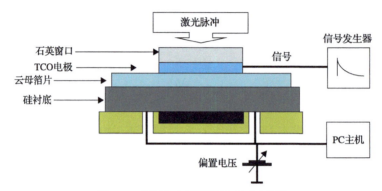

图 8.6　表面光电压测量原理示意图[6]

通过往样品上施加足够强度的激光脉冲，可以使硅衬底表面的能带弯曲逐渐消失并达到平带的饱和状态，可控激光脉冲的辐照时间远远小于云母电容电路的时间常数 $C_i R$，能够确保光脉冲只影响硅衬底表面的能带弯曲度，而不影响云母电容上的电荷分布。通过检测激光脉冲辐照条件下两个电极之间的电压，并计算与辐照之前的电压 V_F 之间的差值，可以得到表面光电压，当达到饱和状态时，所对应的表面光电压在数值上将与无光照时 V_F 作用下的硅衬底表面势 ϕ_s 相等，即通过表面光电压测试可以得到 V_F 与 ϕ_s 之间的关系。

下面可由 V_F 与 ϕ_s 之间的关系，计算得到硅衬底表面的表面态密度 D_{it}[7]。根据电中性条件，整体样品所带电荷为 0：

$$Q_f + Q_g + Q_{it} + Q_{SC} = 0 \tag{8.8}$$

式中，Q_f 为云母绝缘层中的固定电荷；Q_g 为栅极电荷；Q_{it} 为界面电荷，即硅衬底表面的电荷；Q_{SC} 为硅衬底表面空间电荷区的电荷。

当样品施加激光脉冲辐照时，体系的电荷分布发生变化，但仍满足电中性条件：

$$dQ_g + dQ_{it} + dQ_{SC} = 0 \tag{8.9}$$

由云母电容器的电容 C_i 可以得到：

$$C_i = \frac{dQ_g}{dV_i} \tag{8.10}$$

硅衬底表面的表面态密度 D_{it} 按如下计算：

$$D_{it}(\phi_s) = -\frac{1}{q}\frac{\mathrm{d}Q_{it}}{\mathrm{d}\phi_s} \tag{8.11}$$

于是有

$$D_{it}(\phi_s) = \frac{C_i}{q}\left(\frac{\mathrm{d}V_F}{\mathrm{d}\phi_s}-1\right)+\frac{\mathrm{d}Q_{SC}(\phi_s)}{q\mathrm{d}\phi_s} \tag{8.12}$$

公式第一项为 V_F 对 ϕ_s 的求导，云母电容器的电容 C_i 为已知或可测参量；第二项为硅衬底表面空间电荷区的结势垒电容。

8.1.5 晶硅衬底及薄膜光学性能检测

对晶硅衬底及薄膜材料的光学性能检测，主要得到材料的表面反射(R)、透射(T)、光吸收($A=1–R–T$)性能。金字塔绒面需要呈现低的表面反射率 R，TCO 作为光学减反射涂层进一步使电池表面反射率 R 降低。此外，TCO 薄膜和各硅基薄膜根据各自在电池中所起到的功用都需要具有合适的带隙(E_g)和光学吸收系数(α)。通过测量材料的表面反射率 R 和透光率 T，结合材料厚度 d，可以计算得到所关注的 E_g 和 α。

光入射到材料表面上，经材料的表面反射和透射后，可依据式(8.13)计算出光的吸收强度 I_A：

$$I_A = I_0(1-R-T) = I_0 - I_R - I_T \tag{8.13}$$

式中，I_0 为入射光的初始光强。假定光的传播只经过材料的一次吸收，则材料的光吸收能力可根据朗伯-比尔定律(Lambert-Beer law)计算，光在吸收系数为 α 的介质中传播距离 d 后的透射光强为

$$I_T = I_0(1-R)\exp(-\alpha d) \tag{8.14}$$

由式(8.13)和式(8.14)结合即可算出吸收系数 α。

通过单色仪对入射光光谱进行扫描，即可得到材料的反射谱、透射谱和吸收谱，根据式(8.15)可以求得样品表面针对太阳光谱的加权平均反射率 R_{ave}。

$$R_{ave} = \frac{\int_{\lambda_1}^{\lambda_2}\left[R(\lambda)\cdot n(\lambda)\right]\mathrm{d}\lambda}{\int_{\lambda_1}^{\lambda_2}n(\lambda)\mathrm{d}\lambda} \tag{8.15}$$

式中，$n(\lambda)$ 为太阳光谱中所含波长为 λ 的光的光子数；λ_1 和 λ_2 为光谱范围，对于 SHJ 太阳电池，一般测量 300~1200nm 的范围。

根据前述 4.1.3 节中的 Tauc 作图法可计算得到材料的带隙 E_g。

一般地，当光线入射到样品表面，特别是入射到不平整的带绒面的表面时，不但会发生镜面反射和折射，而且会发生漫反射和散射。对材料的反射和透射性能进行评估，需要对所有的反射光线或透射光线进行收集，因此需要用到积分球。积分球具有球形的空心内腔，腔内表面均匀喷涂了具有朗伯特性的高反射涂层，基于封闭的漫反射表面内部辐射交换理论，入射到积分球内的光线经过多次漫反射可以达到使球内各处光强相同分布的稳定状态，即无论光进入积分球的入射状态如何，在特定位置安装的探测器总能探测到所有光的总和。如图 8.7 所示，依据测量的是反射率还是透射率，样品在积分球上有不同的摆放位置。当测试反射率时，入射光线首先从入射口进入积分球内，然后照射到样品表面，反射光在积分球内被收集，此时如果光线是垂直入射到样品表面的，则从样品表面产生的垂直反射光有可能从积分球入射口逸出，因此可以选用略微倾斜的角度入射。当测试透射率时，将样品置于积分球入射口，光线照射通过样品口，透射光进入积分球内被收集检测。

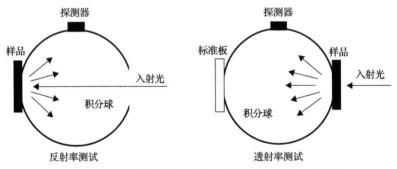

图 8.7 采用积分球进行反射率和透射率测试原理示意图

8.1.6 硅薄膜材料微结构表征

SHJ 太阳电池上主要涉及两大类薄膜材料，一类是硅基薄膜材料，另一类是 TCO 材料。这些材料的性能由它们的材料微结构决定。对于这些薄膜材料，关注的微结构主要是它们的构成组分、成键状态和晶化程度。

对其构成组分的检测可以采用前面所述的各类质谱法，经常采用的方法是 SIMS。对其晶化程度的直接观测，可以采用扫描电子显微镜，原子力显微镜可以用来检测样品表面的起伏形貌和粗糙度，更细的观测可以采用透射电子显微镜(transmission electron microscope, TEM)。此外，对于硅基薄膜，还经常采用拉曼光谱和椭圆偏振光谱对其晶化率进行检测；对于 TCO 材料，则采用 X 射线衍射光谱对其晶化率和晶粒取向进行表征。对薄膜内部成键状态的表征通常采用 X 射线光电子能谱。

1. 拉曼光谱

光照射到样品上会因分子或晶格的转动或振动而产生非弹性散射，即散射光与入射光相比，发生了微小的频率变化，这表明光子的能量发生了变化，这个能量变化对应分子或晶格转动或振动所对应的声子，这种光散射称为拉曼散射。而光子不发生能量改变的散射为弹性散射，称为瑞利散射。

拉曼散射中，若散射光的频率低于入射光的频率，则称为斯托克斯散射，此时分子或晶格吸收声子的能量被激发到较高的能级；若散射光的频率高于入射光的频率，则称为反斯托克斯散射，此时分子或晶格释放声子的能量由高能级跃迁到低能级。一般情况下，斯托克斯散射比反斯托克斯散射发生的概率要大，原因是分子或晶格与光作用前处于基态的概率更高。采用单色激光作为光源时，拉曼光谱分辨率更高。不同的分子或晶格的转动或振动发生跃迁所对应的声子能量与入射光的波长没有关系，所以，拉曼光谱的谱线与入射光波长或频率无关，入射光只起到探针的作用，但由于不同波长的光在材料中的作用深度不同，光谱所反映的是样品不同位置的信息，波长越短，所能探测的深度越浅；对于组分微结构不均匀的样品，不同的光所能探测到的信号强度可能不同。

硅基薄膜晶化率变化会带来拉曼光谱所对应的谱线峰位及峰宽的变化。单晶硅 c-Si 的拉曼光谱在约 520cm^{-1} 位置有一很强的窄线宽特征峰，对应于横向光学(transverse optical, TO)声子模式，而在非晶硅 a-Si：H 的拉曼光谱中，与之相对应的 TO 特征峰出现在约 480cm^{-1} 处，此外，在更高频位置出现了另外三种声子模式：横向声学(transverse acoustic, TA)声子模式、纵向声学(longitudinal acoustic, LA)声子模式、纵向光学(longitudinal optical, LO)声子模式[8,9]。随着硅薄膜体内晶化率的提高，TO 峰位和峰宽会发生变化，比较明显的是峰位从 480cm^{-1} 往 520cm^{-1} 移动。一般地，认为在拉曼光谱中与 TO 模式相对应的包络是非晶相、结晶相以及二者转变中间(晶界)相三种相组成的 TO 峰的叠加，因此可用三个高斯峰来对测试得到的实际拉曼光谱中的 TO 峰进行三峰拟合，非晶相峰位靠近 480cm^{-1}，结晶相峰位靠近 520cm^{-1}，中间相峰位处于二者之间[9-11]。根据三峰拟合，由式(8.16)计算薄膜内的晶化率 X_c：

$$X_c = (I_c + I_m) / (\sigma I_a + I_c + I_m) \tag{8.16}$$

式中，I_c 为结晶相高斯峰强度；I_a 为非晶相高斯峰强度；I_m 为中间相高斯峰强度；σ 为贡献度因子，一般 σ 的大小与晶粒尺寸有关，在晶粒尺寸不太大的情况下，σ 的取值可以在 0.8～1 之间[10,11]。

根据结晶相的峰位到单晶硅 520cm^{-1} 峰位的距离 $\Delta\omega$，可以由式(8.17)计算晶粒的尺寸[12]：

$$\Delta\omega = A\left(\frac{a}{D}\right)^{\gamma} \tag{8.17}$$

式中，a 为单晶硅的晶格常数，0.543nm；常数 A 可以取 97.462cm^{-1}；常数 γ 可以取 1.39[8,12]。

当硅薄膜进行合金化掺入了少量氧元素时，结晶相仍然是纳米晶硅或微晶硅颗粒，其拉曼光谱的基本特征变化不大，因此，仍可以采用上述方法进行分析。但是当掺入的是碳元素且掺入量相对较大时，生成的结晶相包含碳化硅相，因而所得到的拉曼光谱明显不同，需要依据碳化硅的拉曼光谱进行分析。

2. 椭圆偏振光谱

偏振光入射到介质(样品表面)上时,其 p 分量(平行于入射平面)和 s 分量(垂直于入射平面)会发生反射方面的差异,这个反射差异与介质的折射率和厚度有关,通过椭圆偏振光谱(spectroscopic ellipsometry, SE)检测这种差异,具体表现为测量衡量这种差异的两个特征参量:振幅比 ψ 和相位差 Δ ,然后通过一系列依据光传播物理原理的公式可以计算出介质的复折射率、复介电常数等。如果入射的偏振光可以在宽光谱范围内变化,则可以得到上述物理参量随波长或光子能量的变化关系,即介质的色散关系。介质的复折射率和复介电常数之间满足如下关系[13]:

复折射率:

$$N(E) = n(E) - \mathrm{i}k(E) \tag{8.18}$$

复介电常数:

$$\varepsilon(E) = \varepsilon_1(E) - \mathrm{i}\varepsilon_2(E) \tag{8.19}$$

$$\varepsilon_1(E) = n(E)^2 - k(E)^2 \tag{8.20}$$

$$\varepsilon_2(E) = 2n(E)k(E) \tag{8.21}$$

式中, n 为折射率; k 为消光系数; ε_1 为介电常数的实部; ε_2 为介电常数的虚部。一般地,当光子的能量小于带隙 E_g 时,介质无吸收, k 为 0,所以通过 SE 测量介质的色散关系,还可以得到介质的带隙 E_g 。

SE 测量的 ψ 和 Δ 与介质的 n 和 k 之间的关系是较为复杂的,一般需要通过专业的软件处理得到最终的结果。由于一般的材料层很难保证组分的均匀性,如对生长在晶硅衬底上的硅薄膜而言,生长之初存在一个结构相对疏松的孵化层,生长之后在薄膜表面又存在一个具有较大粗糙度的起伏层,为确保计算出的结果的精确度,必须对这种不均匀性进行建模,即将材料视为由三层材料叠加在一起的三叠层结构,材料结构建模的正确与否决定了最后得到的结果是否准确。SE 具有非常好的处理多叠层薄膜的能力,并且具有非常高的分辨率,能够用来分析厚度小到几埃的超薄层。

不同的材料具有的色散关系不同,并且与其所呈现的一些重要的光电特征参量有关,为此可以采用不同的模型来对所得到的色散关系进行拟合,如 Tauc-Lorentz 模型[13],在该模型中:

$$\varepsilon_2(E) = \frac{ACE_0(E - E_\mathrm{g})^2}{\left(E^2 - E_0^2\right)^2 + C^2E^2} \frac{1}{E} \quad (E > E_\mathrm{g}) \quad \text{或} \quad \varepsilon_2(E) = 0 \quad (E \leqslant E_\mathrm{g}) \tag{8.22}$$

式中, A 为幅度参量; C 为展宽参量; E_0 为峰值跃迁能; E_g 为 Tauc 光学带隙。而 $\varepsilon_1(E)$ 可以根据 Kramers-Kronig 关系由 $\varepsilon_2(E)$ 计算得到。

有研究将 SE 测量得到的单晶硅和一些经不同氢处理工艺生长制备的硅薄膜层的复介电常数色散关系进行了对比[9]，发现单晶硅和非晶硅色散关系有明显区别，随着薄膜内晶化率的增加，色散曲线由非晶态的形貌向单晶态形貌逐渐靠拢。对介电常数实部 $\varepsilon_1(E)$，单晶硅具有明显的峰和谷，而非晶硅则基本呈现随光子能量逐渐递减的趋势。对介电常数虚部 $\varepsilon_2(E)$，单晶硅有两个明显的跃迁峰（分别在 3.4eV 和 4.2eV 处）且幅值很大，而非晶硅呈现出一个峰值在大约 3.6eV 附近的包络，并且幅值要小很多。无明显特征峰的介电常数虚部包络是薄膜处于非晶态的主要特征[9]。$\varepsilon_1(E)$ 和 $\varepsilon_2(E)$ 的幅值大小与薄膜中的 Si—H_2 浓度有关，Si—H_2 浓度越小，薄膜越致密，二者的幅值就越大[9,14]。

3. X 射线衍射光谱

XRD 通过 X 射线在晶体中发生衍射后的特征峰来测定材料的晶体结构、内应力情况、晶粒尺寸、结晶程度等参数。一般地，X 射线的衍射是由其入射在材料的特定晶面上产生的，因此是用来分析晶体材料微结构的有力工具，而非晶材料由于不具有原子排布的长程有序性，对 XRD 没有特征响应。所以，对 SHJ 太阳电池制备而言，XRD 可以用来对 TCO 薄膜进行表征，而硅基薄膜材料，即使制备成微晶硅材料，由于其内部晶粒尺寸小，并仍然含有占较大比例的非晶相，一般不用 XRD 进行分析。

晶体原子在空间内呈周期性排布，即存在一系列相互平行的晶面。如图 8.8 所示，X 射线照射到晶面上会发生反射，两个平行晶面类似于厚度等于晶面间距的薄层的前后两个表面，X 射线照射在这两个面上均会发生反射，如果反射线之间的光程差或相位差能够满足布拉格公式（8.23），就会发生干涉相长，形成衍射峰：

$$2d\sin\theta = n\lambda \tag{8.23}$$

式中，d 为晶面间距；θ 为入射光和入射平面的夹角，称为掠射角，也称半衍射角；n 为衍射级数。入射的 X 射线与衍射的 X 射线之间的夹角等于 2θ，因此把 2θ 称为衍射角。

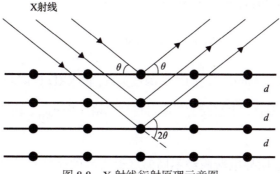

图 8.8　X 射线衍射原理示意图

由式（8.23）可知，如果 X 射线采用固定的波长 λ，晶面间距 d 和衍射角 2θ 的组合决定了 X 射线衍射能否发生干涉相长从而形成衍射峰。不同材料的晶格结构不同，存在的晶面和晶面间距不同，所以能够测量得到的衍射峰就会出现在不同的衍射角位置并具有不同的衍射强度。由此，可以通过 XRD 谱对所测材料的构成、晶体结构等进行判断。一个典型的 ITO 透明导电薄膜的 XRD 谱图所包含的衍射峰主要对应三个取向晶面(222)、(400)和(411)[15]。对 XRD 谱图进行分析，一般需要与待测材料的 XRD 标准谱图进行峰位对比匹配，峰位重合度越高，对材料构成的判断就越准确。根据 XRD 谱图中各衍射峰的相对强度还可以判断晶体材料中是否存在择优取向。如果测试样品中的衍射峰的相对强度比其在标准谱图中的相对强度大，可以判断该衍射峰所对应的取向晶面在样品中的所占比例增加。

此外，根据 XRD 测试结果可以分析多晶材料内部晶粒的大小。XRD 峰与晶粒尺寸有关，晶粒尺寸越大，衍射峰越窄，随着晶粒尺寸减小，衍射峰发生展宽。对晶粒尺寸 D 的定量计算可以采用 Debye-Scherrer 方程(8.24)[16]：

$$D = \frac{K\lambda}{\beta\cos\theta} \tag{8.24}$$

式中，K 为形状因子，可取 0.9；β 为衍射峰的半高宽；θ 为半衍射角；λ 为 X 射线的波长。

但是，如果材料晶格结构中存在应变 ε，也会影响衍射峰宽度，因晶格应变引起的衍射峰展宽 β_{strain} 可由 Stokes-Wilson 方程(8.25)计算[16]：

$$\beta_{strain} = 4\varepsilon\tan\theta \tag{8.25}$$

由式(8.24)可以得到由晶粒尺寸效应引起的衍射峰展宽 β_{crys} 为

$$\beta_{crys} = \frac{K\lambda}{D\cos\theta} \tag{8.26}$$

测量得到的衍射峰展宽是式(8.25)和式(8.26)的共同贡献，即

$$\beta = \beta_{strain} + \beta_{crys} = 4\varepsilon\tan\theta + \frac{K\lambda}{D\cos\theta} \tag{8.27}$$

这一处理方法称为 Williamson-Hall（W-H）方法。将式(8.27)进行整理可以得到[16]

$$\beta\cos\theta = 4\varepsilon_{WH}\sin\theta + \frac{K\lambda}{D_{WH}} \tag{8.28}$$

这可以看成是 $\beta\cos\theta$ 与 $4\sin\theta$ 之间的线性函数关系，将 XRD 谱图的所有衍射峰对应的数据点画出，通过直线拟合，由直线的斜率可得到晶格应变 ε_{WH}，由截距得到 $\frac{K\lambda}{D_{WH}}$，再进一步算出 D_{WH}。

有研究对 ITO 透明导电薄膜经不同温度退火后的晶粒尺寸和晶格应变进行了计算[15]，发现随着退火温度升高，ITO 晶化率提高，晶粒尺寸变大，结构弛豫释放应力，从而使晶格应变变小。

4. X 射线光电子能谱

X 射线光电子能谱(X-ray photoelectron spectroscopy, XPS)是采用 X 射线作激发光源，

使原子内层电子受激发产生光电子发射，通过探测光电子的能量计算出电子结合能的方法。不同原子的核外电子具有不同的结合能，相同原子所处的分子状态不同，相同核外电子的结合能也会产生差异，由此，通过 XPS 检测，可以分析物质的构成，不但可以鉴别样品的化学组成，而且可以判断其成键状态，并能通过谱线强度对特定原子的含量进行定性或定量分析。XPS 是一种表面分析技术，检测得到的是样品几纳米厚度范围内的表面信息。

图 8.9 给出了 XPS 技术的原理示意图。当 X 射线（一般采用 Mg K$_\alpha$ 1253.6 eV 或 Al K$_\alpha$ 1486.6 eV）照射到样品表面上时，X 射线的光子会和样品构成原子的核外电子发生作用，当 X 射线光子的能量大于某个核外电子层上的电子的结合能时，如果这些电子吸收光子的能量，则能够被激发到脱离原子核的束缚而成为真空中的自由电子，所形成的自由电子的动能为 X 射线光子的能量减去电子从物质中发射出去所需要克服的束缚能，这包括电子结合能和电子功函数，即满足如下公式：

$$E_k = E_X - E_b - E_{WF} \tag{8.29}$$

式中，E_k 为发射出的光电子的动能；E_X 为 X 射线的光子能量；E_b 为电子在核外壳层上的结合能；E_{WF} 为功函数所对应的能量。相比于电子结合能 E_b，电子的功函数很小，E_b 一般在几十、几百甚至上千电子伏，而 E_{WF} 一般只有几电子伏，因而式(8.29)中可以将 E_{WF} 忽略。由于 X 射线的光子能量 E_X 是已知的，通过检测光电子的动能 E_k，即可以计算出相对应的电子结合能 E_b。因为每种特定原子的核外电子层结构都是固定的，所以 E_b 是原子所具有的特征参量，每种元素原子都有唯一的一套能级，所以，通过 E_b 测定即能确定原子的种类，实现对物质化学组成的分析。XPS 谱图即电子结合能谱图，由对应元素原子的电子结合能特征峰构成。

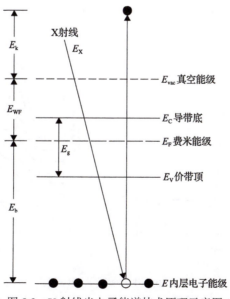

图 8.9 X 射线光电子能谱技术原理示意图

但是，电子结合能 E_b 并不一定是严格固定的，其与该原子所处的化学结合状态也有关系，即原子周围的成键环境不同，其所表现出的 E_b 会有些许差异。由于这是与其化学环境有关的结果，因而将 XPS 谱图上因此产生的光电子结合能峰位的移动称为化学位移。这是由于原子内壳层电子的状态会受到外围价电子状态的影响。所以，在 XPS 谱图上，相同的元素原子，不同的价态有不同的特征峰与之相对应，由此，XPS 可以进一步用来分析判断特定原子的成键状态。特征峰的强度与所对应的光电子的数量成正比，所以，XPS 可以进行原子含量的定量分析。

在 SHJ 太阳电池制备过程中，各种硅基薄膜、TCO 薄膜的组分分析都可以采用 XPS 进行，XPS 可以分析除 H 和 He 以外的所有元素。由于 XPS 是特别灵敏的表面分析工具，因此对 SHJ 电池的晶硅衬底的表面状态也能分析，这往往与电池的钝化性能关系密切。例如，XPS 可以用来分析晶硅衬底的表面氧化状态[17]，晶硅衬底经过的化学处理(如清洗处理)不同、所处的环境状态(如大气或真空环境)不同等都会引起表面成键状态的差异。XPS 分析晶硅衬底表面，对于优化其表面处理工艺乃至后续的镀膜工艺都具有非常重要的参考价值。

8.1.7 硅薄膜材料内部氢含量、氧含量检测

硅薄膜材料内的氢、氧含量可以通过 SIMS 进行检测。更常用的便捷方法是 FTIR 方法，并且其是对样品无损伤的检测。如前所述，FTIR 所利用的是材料内所含特征化学键的转动或振动所对应的对红外光的吸收性能，并通过傅里叶变换提高检测精度。因此，可以通过对硅薄膜中的硅氢键、硅氧键的红外吸收的检测，来计算分析薄膜中的氢含量、氧含量。

以同时含有氢和氧的硅氧薄膜为例，其中含有的氢主要有 SiH 和 SiH$_2$ 两种成键状态，氧主要有 H—Si—Si$_{3-n}$O$_n$(n=1, 2, 3)成键状态，如图 8.10 所示，在 FTIR 谱图中，这些成键状态有相对应的特征峰[18]。这些代表性特征峰在 FTIR 谱图中的位置参见表 8.1。

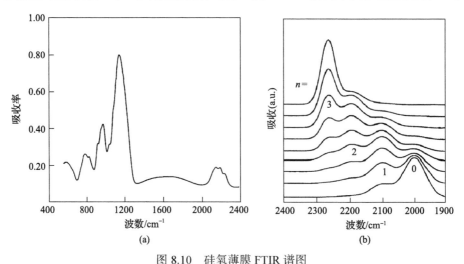

图 8.10　硅氧薄膜 FTIR 谱图

(a)代表性 FTIR 峰位谱图；(b) H—Si—Si$_{3-n}$O$_n$(n=1, 2, 3)伸展模峰位的变化[18]

表 8.1 硅氧薄膜材料 FTIR 谱(图 8.10)中与氢、氧相关特征吸收峰的峰位[18-22]

波数/cm⁻¹	模式
450	SiO 摇摆模
640	SiH、SiH$_2$ 摇摆模，弯曲模
790	SiH 弯曲模
810	SiO 弯曲模
876	HSi—O$_3$ 弯曲模
840～890	SiH$_2$ 剪切模，(SiH$_2$)$_n$ 摇摆模
935～976	H$_2$Si—O$_2$ 弯曲模
965～1065	SiO 伸展模
2000	SiH 伸展模
2100	SiH$_2$ 伸展模
2090	HSi—Si$_2$O 伸展模
2195	HSi—SiO$_2$ 伸展模
2265	HSi—O$_3$ 伸展模

利用特征吸收峰强度可以计算相应元素的原子百分比[19-22]：

$$C_X = \frac{1}{N_{Si}} A_X I_X = \frac{1}{N_{Si}} A_X \int \left(\alpha(\omega) / \omega \right) d\omega \tag{8.30}$$

式中，C_X 为元素 X 的原子百分比；N_{Si} 为硅原子密度，可取 $5 \times 10^{22} cm^{-3}$[19]；A_X 为所对应吸收峰的吸收强度系数；α 为吸收系数；ω 为频率，积分计算得到相应吸收峰的积分强度 I_X。

对于氢含量，可以采用 640cm⁻¹ 处的 SiH 和 SiH$_2$ 摇摆与弯曲模的混合吸收峰进行计算，此时 A_{640} 取 $(2.1 \pm 0.2) \times 10^{19} cm^{-2}$[20]，也可以采用 SiH 和 SiH$_2$ 在 2000cm⁻¹ 和 2100cm⁻¹ 处的伸展模吸收峰的和进行计算：

$$C_H = \frac{1}{N_{Si}} \left(A_{2000} I_{2000} + A_{2100} I_{2100} \right) \tag{8.31}$$

此时，A_{2000} 和 A_{2100} 分别取 $(9.0 \pm 1.0) \times 10^{19} cm^{-2}$[20] 和 $(2.2 \pm 0.2) \times 10^{20} cm^{-2}$[20]，或者也可以分别取 $(7.4 \pm 1.0) \times 10^{19} cm^{-2}$[21] 和 $(2.1 \pm 0.2) \times 10^{20} cm^{-2}$[21]，$I_{2000}$ 和 I_{2100} 分别为 SiH 在 2000cm⁻¹ 处的吸收峰强度和 SiH$_2$ 在 2100cm⁻¹ 处的吸收峰强度，前者被称为低伸展模式(low stretching mode, LSM)，后者被称为高伸展模式(high stretching mode, HSM)[22]。但如图 8.10 和表 8.1 所示，当薄膜中含有较多的氧时，该处的吸收峰峰位和峰数都会发生变化，会使计算变得复杂。

对于氧含量，可以采用在 1000cm⁻¹ 处的 SiO 混合模式吸收峰来计算，此时 A_{1000} 可以取 $(1.4 \pm 0.2) \times 10^{19} cm^{-2}$[19]，也可以将 A_{1000}/N_{Si} 直接取为 0.156 at%/(eV·cm)[23]。

对于薄膜中所含有的氢，如果以 SiH 键存在，证明薄膜是相对致密的非晶相，光电性能较好；如果以 $(SiH_2)_n$ 状态存在，则表明薄膜内存在微孔洞缺陷，结构疏松，光电质量较差。为此，定义一个物理量称为微结构因子 R^{*}[24]：

$$R^{*} = I_{2100} / (I_{2000} + I_{2100}) \tag{8.32}$$

一般地，微结构因子 R^{*} 越大，表明薄膜内部 SiH_2 越多，薄膜质量越差。硅薄膜的光电性能和钝化性能均与薄膜的微结构质量密切相关，因而可以把微结构因子 R^{*} 作为硅基薄膜优化过程中优选检测的重要参数。

显然，无论是求解氢含量 C_H、氧含量 C_O，还是求解微结构因子 R^{*}，对吸收峰强度的精确计算是确保结果准确的前提。进行硅基薄膜 FTIR 测试时，通常将其制备在高阻硅片上以消除衬底吸收可能带来的影响，但由于所制备的薄膜厚度只有几十到几百纳米量级，其与硅衬底之间的折射率差异将导致入射光在薄膜前后表面的反射光或透射光会因干涉而产生相长或相消，结果，测量得到的 FTIR 光谱包含与薄膜厚度和折射率相关的周期性干涉振荡，薄膜中的氧含量越多，这种振荡就越明显。为了确保获得准确的吸收峰强度，需要把叠加的这种干涉振荡去除，如图 8.11 所示[25]。

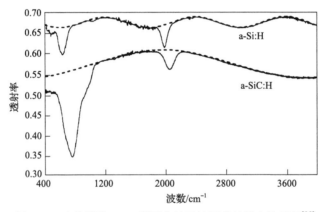

图 8.11　硅基薄膜 FTIR 谱图中的干涉振荡基线去除示例[25]

图 8.11 给出了从 FTIR 谱图中去除干涉振荡基线的例子[25]。对于由空气/薄膜/硅衬底/空气构成的四层介质层，各自具有不同的折射率和厚度，入射光在薄膜前后表面经多次反射后，从硅衬底背面得到的透射率 T 为[25,26]

$$T = 4T_{NA}^2 e^{-\alpha d} \Big/ \Big[(1 + T_{NA})^2 - (1 - T_{NA})^2 e^{-2\alpha d} \Big] \tag{8.33}$$

式中，T_{NA} 为薄膜无吸收时的基线透射率；d 为薄膜厚度；α 为吸收系数。通过采用在无吸收频率范围内的 T_{NA} 拟合，可以外推计算得到在吸收峰频域范围内的 T_{NA}。

在此基础上，即可得到去除了 T_{NA} 影响的 FTIR 吸收谱 $\alpha(\omega)$[26]：

$$\alpha(\omega) = \frac{1}{d} \Big[\ln(XR) - \ln\Big(\sqrt{1 + X^2} - 1\Big) \Big] \tag{8.34}$$

$$X = 2R(T / T_{\text{NA}}) / (1 - R^2) \qquad (8.35)$$

式中，R 为晶硅衬底表面的反射率，一般可取 0.3。

与单独研究较厚的硅基薄膜不同，在 SHJ 太阳电池上使用的薄膜通常厚度都仅在几纳米，这与厚膜相比性能会有不同。此外，电池制备过程中的另一个重要关注点是表面、界面状态，如晶硅衬底表面的氢、氧成键情况等。针对弱信号处理，发展了采用衰减全反射(attenuated total refraction, ATR)技术的 FTIR，称为 ATR-FTIR。

如图 8.12 所示，ATR 将薄膜样品置于一个两端有斜面的棱镜的一个或两个表面上，当入射光(如 FTIR 所用的红外光)，从一端斜面垂直入射进入棱镜中时，如果光在棱镜的两个表面上的入射角大于全反射角，光线将被限制在棱镜内部传输，经多次全反射后，从棱镜的另一端斜面射出。在传播过程中，光每接触一次薄膜样品将发生一次光吸收，光的强度逐次衰减，出射光的强度由薄膜样品的吸收能力和全反射的次数决定，这样相当于大大增加了薄膜的厚度，检测精度大大增加。为了确保在棱镜内表面实现光的全反射，要求棱镜/样品具有比外界大很多的折射率。如果全反射发生在棱镜/样品的接触表面上，则要求棱镜的折射率要比样品的折射率大。

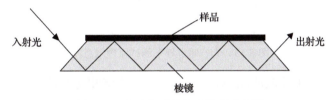

图 8.12　衰减全反射技术原理示意图

对 SHJ 太阳电池在晶硅衬底上制备硅基薄膜的情形，可以直接采用晶硅衬底制作棱镜，晶硅衬底的折射率较大，硅基薄膜的折射率一般比晶硅衬底的略小或相当，因此，通过棱镜斜面角度和光入射角度的选择，可见光在棱镜内传播时在棱镜/空气、样品薄膜/空气表面发生全反射，由此，可以得到针对晶硅衬底上沉积制备的超薄硅基薄膜样品或晶硅衬底表面状态增强的 FTIR 信息[27-29]。

8.1.8　硅薄膜材料的电导性检测

1. 硅薄膜的光、暗电导测试

硅薄膜的电导率 σ 反映了其内部自由载流子的数量，这既与材料自身所含缺陷有关，也与人为主动掺杂有关。一般采用光电导 σ_{L} 和暗电导 σ_{D} 测试并通过二者的比值来计算本征硅薄膜材料的光敏性，光敏性越大，材料内部所含缺陷态密度越小，光电转换进行载流子输运的能力越好；采用暗电导测试来衡量掺杂硅基薄膜材料的导电性，并可通过变温暗电导测量来计算掺杂激活能 E_{A}，由此推导掺杂能级位置。

电导率测量通常采用共面电极结构[30,31]，如图 8.13 所示，将硅基薄膜沉积在玻璃衬底上，并在薄膜表面上制备共面金属电极，在电极上施加电压 V 进行电流 I 检测，确保

I-V 曲线呈现线性电阻关系，为消除环境影响，测试一般在真空中进行。当进行光电导测试时，采用 100mW/cm^2 太阳模拟光源对样品进行光照。电导率计算公式如下：

$$\sigma = \frac{WI}{dLV} \tag{8.36}$$

式中，W 为测试电极的间距；I 为电流；d 为薄膜厚度；L 为电极长度；V 为测试电压。光敏性由 σ_L / σ_D 得到。

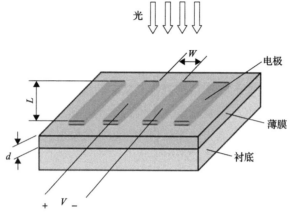

图 8.13　光、暗电导率测试原理示意图

对掺杂薄膜，当关注激活能 E_A 时，对其变温电导率进行测试，并由式 (8.37) 进行 E_A 计算：

$$\sigma = \sigma_0 \exp\left(\frac{-E_A}{kT}\right) \tag{8.37}$$

式中，k 为玻尔兹曼常量；T 为热力学温度；由 $\ln\sigma$-$1/T$ 曲线的斜率即可计算出薄膜硅的激活能 E_A[32]。

2. TCO 薄膜的霍尔效应测试

运动的电子和空穴在磁场中受到洛伦兹力的作用会发生方向相反的偏转，偏转的电子和空穴分别在两侧积累形成附加的电场，该电场产生与洛伦兹力相反的电场力，当载流子受到的洛伦兹力和这个电场力相同时，载流子不再进一步偏转，即两侧积累的电荷的量及所产生的附加电场达到平衡，这称为霍尔效应，电荷在两侧积累所产生的电场称为霍尔电场，形成的电势差即电压称为霍尔电压。利用霍尔效应可以表征材料的导电类型、电阻率、载流子迁移率、载流子浓度等[33,34]。

霍尔效应测试的基本原理如图 8.14 所示，在 x 方向往样品上施加直流电压产生从左往右的电流 I_x，在 y 方向施加一个自上而下的磁场 B_y，样品内的载流子受到洛伦兹力的作用，带正电的空穴将会往里偏转，带负电的电子往外偏转，空穴和/或电子在样品里外两侧积累，在样品 z 方向上产生一个由里往外的附加霍尔电场 E_H。

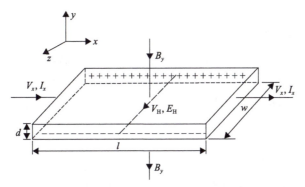

图 8.14　霍尔效应测试的基本原理示意图

洛伦兹力为

$$\vec{F}_L = q\vec{v} \times \vec{B}_y \tag{8.38}$$

式中，q 为电子电量；$\vec{v}$ 为载流子在电流方向上的平均定向漂移速率；B_y 为磁感应强度。霍尔电场 E_H 对载流子所产生的电场力 $\vec{F}_H$ 为

$$\vec{F}_H = q\vec{E}_H \tag{8.39}$$

当达到平衡时，$\vec{F}_H$ 与 $\vec{F}_L$ 方向相反、大小相等，由此得到

$$qvB_y = qE_H \tag{8.40}$$

样品的宽度为 w，厚度为 d，长度为 l，载流子浓度为 n，迁移率为 μ，则

$$I_x = nqvwd \tag{8.41}$$

整理得到霍尔电压

$$V_H = E_H w = \frac{I_x B_y}{nqd} = R_H I_x B_y / d \tag{8.42}$$

式中，R_H 定义为霍尔系数：

$$R_H = (nq)^{-1} = V_H d / \left(I_x B_y \right) \tag{8.43}$$

载流子浓度 n：

$$n = I_x B_y / \left(qdV_H \right) \tag{8.44}$$

霍尔迁移率 μ_H：

$$\mu_H = R_H \sigma = V_H l / \left(V_x w B_y \right) \tag{8.45}$$

式中，V_x 为 x 方向产生电流 I_x 所施加的电压。

8.1.9 硅薄膜材料内部缺陷态检测

硅薄膜材料内部缺陷影响其光电性能。反过来，可以通过对材料的光电性能测量来对其内部缺陷进行检测。尽管缺陷态能级存在相应的光吸收行为，对应于次带吸收，但由于吸收系数较小，用直接的光吸收谱测试难以测量。对硅薄膜材料内部缺陷进行检测主要有如下一些方法。

1. 电子自旋共振法(electron spin resonance, ESR)

ESR 是通过磁共振对材料中的未配对电子进行检测的一种方法。在硅基薄膜中，材料的缺陷态主要是硅悬键，包含正电态(D^+)、中性态(D^0)和负电态(D^-)三种状态，带有未配对电子的是 D^0 态，因此采用 ESR 检测得到的主要是中性悬键 D^0 的数量[35]。研究表明，硅薄膜内的中性缺陷要远多于带电缺陷[36]。当薄膜的费米能级位置因掺杂而发生移动时，ESR 也能检测带尾态或扩展态导电电子等相关的贡献[37,38]。

电子在围绕原子核运动的同时，还围绕自身中心轴自旋。在外加磁场 H 中，电子因自旋量子数为 1/2 而存在两种取向：一种与磁场 H 相同，对应于低能级，能量为 $-g\beta H/2$，另一种与磁场 H 相反，对应于高能级，能量为 $+g\beta H/2$。如果垂直于磁场 H 施加频率为 ν 的电磁波，当电磁波能量 $h\nu = g\beta H$，即刚好等于电子从自旋低能级跃迁到自旋高能级时，电子就会吸收电磁波能量产生两个能级之间的跃迁，称为电子顺磁共振(electron paramagnetic resonance, EPR)，也称 ESR。其中，h 为普朗克常量，g 为波谱分裂因子(简称 g 因子或 g 值)，β 为玻尔磁子。显然通过检测电磁波(按频率通常为微波)被吸收的情况即能分析确定材料中所含未配对电子的量，对应于硅薄膜，即其中所含中性态悬键 D^0 的数量。

2. 荧光光谱(photoluminescence, PL)

PL 是当光子能量大于材料带隙的光照射到材料上时，光子被吸收激发产生自由载流子，这些载流子热弛豫到能带边上发生本征辐射复合，发射出能量集中在材料带隙附近的光子。发光强度与材料内部的体缺陷密度有关，一般地，缺陷密度越大，非辐射复合概率增大，发光强度变小，如果用脉冲光对样品辐照，则光荧光发光强度的瞬态衰减时间常数也越小，因此，通过 PL 检测可以衡量材料内部缺陷的多少，其也是计算少子寿命的有效工具。如果材料体内缺陷少，则可以反映材料表面缺陷的状态，衡量表面钝化效果[39,40]。在硅薄膜材料中，由于存在局域的能带带尾，导带和价带中的载流子会通过跳跃跃迁从能带底部跃迁到带尾态内，从而导致复合发光的光子能量变小。或者，即使激发光子能量没有达到带隙的大小，也能使薄膜材料发出荧光。当激发光子能量在 1.4~1.8eV 之间时，硅薄膜材料均能被激发出峰位在 1.2eV 左右的高斯荧光峰[41,42]，因而，通过 PL 测量，能够分析带尾态的状况，通过略复杂的过程还可以定量计算发光强度与材料缺陷状态之间的关系[43]。

3. 光热偏转谱(photothermal deflection spectroscopy, PDS)

当待测样品受到激励光照射后，样品吸光并以放热的形式向外释放能量。当热流从样品上向周围流出时，会引起样品及环境介质温度升高而导致其折射率发生变化，若有另一束光在其中传播，这一变化会引起光传播方向偏转，这便是光热偏转的原理。如果采用激光作为偏转光线，其能够起到探针的作用，通过测量该激光探针光线的偏转程度，结合激励光照条件可以推出相对应的样品材料的吸收系数。对激励光源进行光谱扫描，检测激光探针偏转程度与激励光源波长之间的关系，得到光热偏转谱（PDS），可进一步计算出材料的光吸收谱。通过对激励光源进行周期调制，结合锁相进行小信号检测，PDS能够检测出小到 10^{-6}cm^{-1} 甚至更低的光吸收系数，灵敏度高[44-46]。因而可以较准确地测量出硅基薄膜内的缺陷态分布，包括带尾态和带隙态。

　　PDS 测量主要有如图 8.15 所示的两种方式，(a) 为横向测量模式，加热光束和探针激光处于相互垂直的位置；(b) 为共线测量模式，加热光束和探针激光几乎平行照射在样品的同一位置上，二者间只有很小的夹角。在模式 (a) 中，作为探针的激光需要紧贴样品表面传播，其发生的偏转由样品表面环境介质折射率的变化引起，因而要求探针激光处于环境介质的热扩散长度范围内[45]。在模式 (b) 中，探针激光同时受样品前后表面环境介质和样品自身三个区域内折射率变化的影响，所能检测的偏转度更大，信号更强，但处理起来相对更复杂。采用较多的 PDS 测量方式为模式 (a)，为提高检测灵敏度，激光光源的调制频率可在 10Hz 左右，样品可置于折射率温度梯度较大，同时光吸收很弱的介质（如 CCl_4）中。用作探针的激光束束斑要小于激励光源的束斑，并尽可能靠近样品的表面[46]。

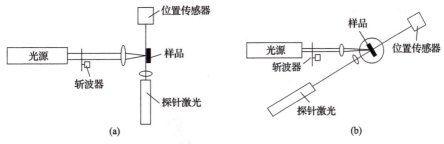

图 8.15　光热偏转谱的测量方式示意图[44]
(a) 横向测量模式；(b) 共线测量模式

　　由 PDS 可通过如下计算得到样品的吸收系数 α [47]。

　　样品的吸收系数 α 与位置传感器检测到的探针激光的偏转信号 $\langle S \rangle$ 之间的关系：

$$\langle S \rangle = C\left[1 - \exp(-\alpha d)\right]\left(1 - R_F\right)\left(1 + R_B\right) / \left(1 - R_F R_B\right) \tag{8.46}$$

式中，C 为检测系数，概括了与热传播、折射率变化、位置信号转换、数据探测等相关的信息，针对每一个被检测的样品，对激励光源光强归一化后，C 可视为常数；R_F 和 R_B 分别为薄膜样品前后表面的反射系数，一般 R_B 很小，可以忽略；d 为薄膜厚度。

　　在高光子能量区，样品的吸收系数 α 很大，满足 $\alpha d \gg 1$，此时信号趋于饱和：

$$S_{\text{sat}} = C\left(1 - R_F\right) \tag{8.47}$$

则有

$$\langle S / S_{\text{sat}} \rangle = 1 - \exp(-\alpha d) \tag{8.48}$$

所以，如果薄膜厚度 d 已知，通过获得的光热偏转谱相对于饱和偏转信号 S_{sat} 进行归一化，即可求出吸收系数 α，获得样品的光吸收谱。

图 8.16 给出了 PDS 测量得到的一些不同条件制备的硅薄膜样品的光吸收谱[47]。根据光吸收谱可以进一步进行材料内部缺陷分析[47]：对于硅薄膜材料，在光吸收谱中，吸收系数较小的部分对应于带尾态和间隙态吸收。带尾态吸收呈现出按指数形式分布的吸收系数 α_{bt}，满足：

$$\alpha_{\text{bt}} = \alpha_0 \exp(hv / E_0) \tag{8.49}$$

式中，α_0 和 E_0 可由对吸收光谱中指数分布区内的数据进行拟合得到，由悬键缺陷态引起的吸收 α_{db} 由式 (8.50) 计算：

$$\alpha_{\text{db}} = \alpha - \alpha_{\text{bt}} \tag{8.50}$$

悬键缺陷态密度 N_{s}：

$$N_{\text{s}} = \frac{cnm}{2\pi^2 h^2} \left[\frac{(1 + 2n^2)^2}{q^2 f_{0,\text{j}} 9n^2} \right] \int \alpha_{\text{db}} \mathrm{d}E \approx 7.9 \times 10^{15} \int \alpha_{\text{db}} \mathrm{d}E \tag{8.51}$$

式中，c 为光速；n 为硅薄膜折射率；m 为电子质量；q 为电子电荷；$f_{0,\text{j}}$ 为吸收跃迁振子强度，中括号内的部分所表示的含义为缺陷有效电荷的平方的倒数。

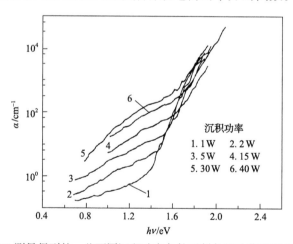

图 8.16 由 PDS 测量得到的一些不同沉积功率条件下制备的硅薄膜样品的光吸收谱[47]

4. 近紫外光电子能谱 (near ultraviolet photoelectron spectroscopy, NUV-PES)

与前述 XPS 相同，NUV-PES 也是光电子能谱 (PES) 的一种具体形式。PES 利用光电效应通过高能光子将样品中处于较低能级位置上的电子打出，形成光电子，通过检测光电子的动能来推导电子原来所处的能级信息。因一般采用的光子能量较大，PES 是一种表面表征的手段。XPS 所采用的 X 射线，其光子能量一般在 keV 量级，而通常的 UPS，所采用的能量为 21.2eV[48]，两种测量方式都无法检测到能级相对较浅的价带带尾和间隙态缺陷。采用光子能量在 4～7eV 的近紫外光对硅薄膜进行 PES 检测，则可以探测到与价带带尾和费米能级以下的间隙态相关的信息[49,50]。

NUV-PES 具体测量时可以采用以下两种模式。

一种是全产率谱(total yield spectroscopy, TYS)模式。针对每一特定光子能量的入射光，采集产生的具有不同动能的所有光电子的总数量，产率 $Y(hv)$ 定义为产生的光电子数量与入射光子数量的比值，并且有[49,51]

$$Y(hv) \propto hvR^2(hv) \int_{E_{vac}}^{\infty} g_V(E - hv)g_C(E)dE \qquad (8.52)$$

式中，R 为平均偶极跃迁矩阵元；E_{vac} 为真空能级；g_V 为价带占据态密度；g_C 为导带未占据态密度。假设 g_C 恒定不变，$R^2(hv) \propto (hv)^{-5}$，则有

$$g_V(hv) \propto (hv)^4 \left[\frac{4Y(hv)}{hv} + \frac{dY(hv)}{d(hv)} \right] \qquad (8.53)$$

当光子能量 hv 为 6.2eV 时，$g_V(hv) = 10^{22} \, eV^{-1} \cdot cm^{-3}$，以此对式(8.53)进行归一化，即可由 $Y(hv)$ 得到 $g_V(hv)$。

另一种是恒定终态产率谱(constant final state yield spectroscopy, CFSYS)模式[52,53]。该模式只检测具有特定动能的光电子数量。此时，光电子产率仅与 g_V 有关，而与 g_C 无关。记选定的光电子动能为 E_{kin}^0，可以得到[53]

$$Y(hv, E_{kin}^0)/(hvR^2) \propto g_V(E_{kin}^0 - hv) \qquad (8.54)$$

同样，取光子能量 hv 为 6.2eV 时，$g_V(hv) = 10^{22} \, eV^{-1} \cdot cm^{-3}$，或取价带边 E_V 的态密度为 $2 \times 10^{21} \, eV^{-1} \cdot cm^{-3}$，对式(8.54)进行归一化，即可由 $Y(hv)$ 得到 $g_V(hv)$ [54]。E_V 的位置由 $\sqrt{Y(hv)}$ 上抛物线状价带的起始点决定，然后再通过带尾态的指数分布拟合以及间隙态的高斯分布拟合，可以进一步得到一些相对应的能带结构特征参数[54]。

5. 恒定光电流法(constant photocurrent method, CPM)

薄膜吸光后产生的光电导行为与其相对应的吸收系数有关。制备厚度在几微米到 10μm 左右的薄膜样品以避免在前后表面发生干涉现象。假定样品表面的反射恒定不变，吸光产生的电导率 $\Delta\sigma$ 为

$$\Delta\sigma = F\alpha\eta q\mu\tau \qquad (8.55)$$

式中，F 为入射光子数量；α 为吸收系数；η 为量子效率；q 为单位电荷；μ 为载流子

迁移率; τ 为寿命。假定 $\eta\mu\tau$ 不随入射光子能量变化, 所产生的光电流 I_p 满足[55]:

$$I_p \propto (\alpha F)^{\beta} \tag{8.56}$$

式中, β 为经验指数, 在 0.5~1 之间, 并且随 F 变化。

图 8.17 给出了当入射光子能量为 1.8eV 和 1.2eV 时, 入射光子数量 F、产生的光电流 I_p 与 β 的取值关系[55]。可以看到, F 增大导致光电流 I_p 增大, 经验指数 β 也随 F 逐渐增大, 但无论入射光子能量是 1.8eV 还是 1.2eV, 如果得到的光电流 I_p 大小相同, 则二者所对应的 β 值基本一致, 只是所需要的 F 不同。这说明, 如果在入射光子能量 1.2~1.8eV 范围内进行光谱扫描, 保持产生的光电流恒定, 此时可以认为式(8.56)中的 β 值不变。该入射光子能量范围刚好覆盖了硅薄膜的间隙态和带尾态能级所处的范围。由此, 如果取一个吸收系数 α_0 值已知的入射光子数量 F_0 为参考, 则任意入射光子能量下的吸收系数 α 满足:

$$\frac{\alpha(h\nu)}{\alpha_0} = \frac{F_0}{F}\left[\frac{I_p(h\nu, F)}{I_{p0}}\right]^{1/\beta} = \frac{F_0}{F} \tag{8.57}$$

参考 α_0 值可选取高能量光子的位置, 如 $h\nu = 1.8\text{eV}$, 此时 α_0 值较大, 可以通过测量光透射谱简单地计算得到。所以, 采用恒定光电流, 通过检测所需要的入射光子数量, 即可由式(8.57)计算得到吸收系数光谱。

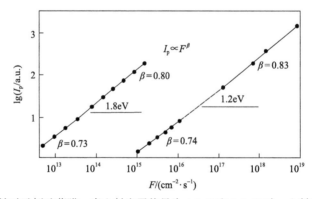

图 8.17 针对示例硅薄膜, 当入射光子能量为 1.8eV 和 1.2eV 时, 入射光子数量、所产生的光电流 I_p 与经验指数 β 之间的关系[55]

图 8.18 示例给出了通过 CPM 测量得到的吸收系数光谱[55], 可以明显看到呈指数分布的带尾态和呈高斯分布的间隙态的贡献。之后可再根据吸收系数的分布情况进行缺陷态密度分析。例如, 根据带尾态呈指数分布, 可以由式(8.58)拟合计算带尾态的 Urbach 能量 E_0[56]:

$$\alpha(E) = \alpha_0 \exp\left(\frac{E}{E_0}\right) \tag{8.58}$$

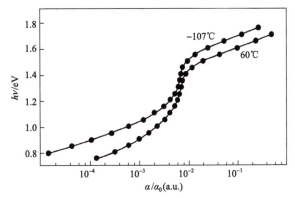

图 8.18　通过 CPM 在两个不同温度下测量得到的硅薄膜的吸收系数随光能量变化的谱线[55]

8.1.10　硅薄膜/晶硅衬底异质结界面能带失配度检测

硅薄膜与晶硅衬底异质结界面上合适的能带失配度是电池获得高开路电压的关键，但能带失配度过大会影响载流子输运，导致电池填充因子下降。能带失配度具体表现为二者之间的导带失配度 ΔE_C 和价带失配度 ΔE_V。

1. 近紫外光电子能谱(NUV-PES)

当制备在晶硅衬底上的硅薄膜足够薄时，前述的 CFSYS NUV-PES 不但能检测硅薄膜内的近价带边缺陷，还会检测到晶硅衬底的信息，由此可以推导获得硅薄膜和晶硅衬底之间的价带失配度 ΔE_V[52]。例如，当检测样品为 2.2nm 的 (p) a-Si：H 薄膜沉积在 c-Si 衬底上时，检测得到的产率谱 $Y(E)$ 是硅薄膜的产率谱 $Y_{aSi}(E)$ 和晶硅衬底的产率谱 $Y_{cSi}(E-\Delta E_V)$ 的叠加，可以通过式(8.59)进行拟合：

$$Y(E) = C_{aSi}Y_{aSi}(E) + C_{cSi}Y_{cSi}(E - \Delta E_V) \tag{8.59}$$

式中，C_{aSi} 和 C_{cSi} 分别为硅薄膜和晶硅衬底二者各自的贡献度[57]。通过硅薄膜和晶硅衬底 E_V 位置的比较，计算得到二者之间的 ΔE_V。

2. 内光致发射谱(internal photoemission spectroscopy, IPE)

采用宽带隙的硅薄膜材料作为窗口层，在重掺杂的晶硅衬底上构筑 pn 结，确保晶硅衬底内部没有能带弯曲，即 pn 结的内建电场完全处于硅薄膜中。图 8.19 示例给出了这样的结构，晶硅衬底为 n^+ 型重掺杂(n^+ c-Si)，其上沉积制备本征硅薄膜(i a-Si：H)和 p^+ 型掺杂硅薄膜(p^+ a-Si：H)。当光穿透窗口层入射时，如果入射光子的能量小于硅薄膜窗口层的带隙，则 pn 结两端能够收集的光电流由晶硅衬底的吸收决定，并且，光生的少子(空穴)只有具有足够的能量克服 ΔE_V 的阻碍才能进入 p^+ 窗口层中被收集，所以，能够产生光电流的光子能量要大于等于晶硅衬底的带隙与 ΔE_V 之和，该能量被定义为能够产生内光致发射的阈值能量 E_t，即

$$E_t = E_g^{c\text{-}Si} + \Delta E_V \tag{8.60}$$

当入射光子的能量高于这个阈值能量 E_t 时，可以收集到的光电流强度满足[58]：

$$Y \sim \left(h\nu - E_t\right)^{5/2} \tag{8.61}$$

所以，通过测量产生的光电流大小与入射光子能量间的关系，可以确定 E_t，进而求出 ΔE_V。

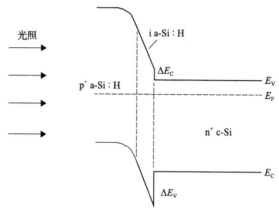

图 8.19　通过内光致发射谱检测 a-Si：H/c-Si 价带失配度 ΔE_V 示意图

通过改变晶硅衬底和硅薄膜窗口层的掺杂类型，可以检测 ΔE_C。

显然，载流子渡越 ΔE_V 或 ΔE_C 的输运方式会影响测量精度，应避免发生隧穿或跳跃输运。

3. 电容法

对于 p 型晶硅衬底上的 a-Si：H(N)/c-Si(p) 异质结，由第 2 章的式(2.33)可以得到异质结两边的导带失配度 ΔE_C 满足：

$$\Delta E_C = \delta_n\left(\text{a-Si：H}\right) + \delta_p\left(\text{c-Si}\right) + qV_d - E_g\left(\text{c-Si}\right) \tag{8.62}$$

对于 n 型晶硅衬底上的 a-Si：H(P)/c-Si(n) 异质结，由第 2 章的式(2.34)可以得到异质结两边的价带失配度 ΔE_V 满足：

$$\Delta E_V = \delta_p\left(\text{a-Si：H}\right) + \delta_n\left(\text{c-Si}\right) + qV_d - E_g\left(\text{c-Si}\right) \tag{8.63}$$

式(8.62)和式(8.63)中，δ 为对应材料的掺杂激活能，可以通过变温电导率测量得到；晶硅衬底的带隙 $E_g(\text{c-Si})$ 为已知量；V_d 为异质结内建电势差。所以，只要检测得到 V_d，即可通过两式计算得到能带失配度 ΔE_C 和 ΔE_V。

V_d 的测量可以通过结电容测量得到。

结电容按式(8.64)计算：

$$\frac{A}{C} = \sqrt{\frac{2}{q}\frac{\left(\varepsilon_1 N_1 + \varepsilon_2 N_2\right)\left(V_d - V_{\text{app}}\right)}{\varepsilon_1 \varepsilon_2 N_1 N_2}} \tag{8.64}$$

式中，A 为结面积；C 为结电容；q 为单位电荷；ε 为结两侧半导体的介电常数；N 为结两侧半导体的掺杂浓度；V_{app} 为电容测试时的外加电压。如果将非晶硅一侧进行重掺杂，则异质结的内建电场基本集中于晶硅衬底一侧，式(8.64)可简化为

$$\frac{A}{C} = \sqrt{\frac{2}{q} \cdot \frac{\left(V_d - V_{app}\right)}{\varepsilon_{cSi} N_{cSi}}} \qquad (8.65)$$

由式(8.65)可知，测试样品在不同 V_{app} 条件下的电容 C，之后画出 V_{app}-$1/C^2$ 曲线，通过直线拟合得到与 V_{app} 轴的截距即为 V_d。

但是，采用电容法测定 V_d 在一些情况下存在较大的误差。当晶硅衬底的掺杂度过低时，晶硅表面出现强的反型层，以及非晶硅内缺陷较多，导致异质结界面上的界面态密度显著大于 $10^{12} \, \mathrm{eV^{-1} \cdot cm^{-2}}$ 时，电容法测定 V_d 偏小，导致最终计算得到的能带失配度也会明显小于实际值[59]。

4. 平面电导法

针对 p a-Si∶H/ n c-Si 异质结，采用如图 8.20 所示的电连接方法测量两个金属电极之间的电导，此时可能的导电通道中，只有通道 3 的电导 G_{int} 起到主要作用，其来源于异质结界面的反型 p c-Si 导电通道。在硅薄膜内的导电通道 1 产生的电导 $G_{a\text{-}Si:H}$ 由于薄膜中载流子的迁移率很低而可以忽略。晶硅衬底中的导电通道 2 由于存在两个方向相反的 pn 结而几乎不产生电导贡献，即 $G_{c\text{-}Si}$ 为 0。

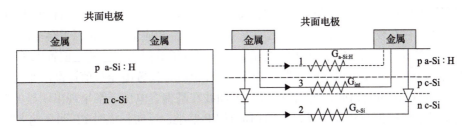

图 8.20 平面电导法测量原理示意图[60]

平面电极所测量得到的电导 G 等于 G_{int}[60]：

$$G_{int} = \frac{C_s q h \mu_c}{L} \qquad (8.66)$$

式中，C_s 为导电通道 3 中的载流子面密度；h 为金属电极的长度；L 为两个金属电极之间的间距；μ_c 为导电通道 3 中的载流子迁移率；q 为单位电荷。所以，通过测量平面电导 G，利用式(8.66)可以计算出导电通道 3 中的载流子面密度 C_s，根据这个面密度进一步可计算出 pn 结内建电势差 V_d，然后同电容法相似，再利用式(8.63)计算得到相应的价带失配度 ΔE_V。也可以进一步采用变温电导测试，量化分析界面态密度可能带来的影响[60]。

同样地，针对 n a-Si∶H/ p c-Si 异质结，采用相同的步骤，可以检测并计算得到相应的导带失配度 ΔE_C。

8.2 电池性能检测

8.2.1 电池伏安特性(转换效率)检测

太阳电池伏安特性(I-V)测试系统原理如图 8.21 所示,在光照下对电池两端进行电压扫描,测量所产生的电流。为降低测试系统中的导线及接触等电阻的影响,一般采用四线制,并采用满足 AAA 级标准要求的太阳光模拟器。

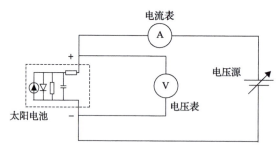

图 8.21 太阳电池或组件的 I-V 曲线测试系统示意图

由于模拟光源的功率达到了 $1000W/m^2$,稳态光源寿命短、成本高,连续化测量一般采用闪光的脉冲光源。常规太阳电池 I-V 测试仪所提供的脉冲持续时间在 5～50ms 范围,这要求测试时采用较快的电压扫描速度。但 SHJ 太阳电池的电容和电阻均较大,电池响应速度$[1/(RC)]$较慢,在电压变化时电流达到平衡状态所需时间变长,这会使采用常规 I-V 测试仪对 SHJ 太阳电池进行检测时,特别是在施加的电压较大时,所检测得到的电流结果与实际存在较大偏差,结果导致 I-V 曲线畸变,相应地,填充因子会被低估或高估。如图 8.22 所示,在正向(从短路电流端向开路电压端扫描,也就是偏置电压数值逐渐增大)和反向(从开路电压端向短路电流端扫描,也就是偏置电压数值逐渐减小)扫描时,使用 4ms 和 20ms 间隔扫描,测试得到的 I-V 曲线在高偏置电压下都呈现出明显的滞后,导致填充因子(FF)值有较大差异,正向扫描时 FF 偏小,反向扫描时 FF 明显偏大[61]。

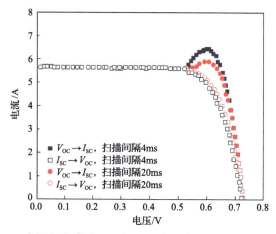

图 8.22 SHJ 太阳电池采用 4ms 和 20ms 间隔扫描测试得到的 I-V 曲线[61]

　　图 8.22 中的结果是太阳电池电容效应所导致的 *I-V* 曲线失真。太阳电池的电容包括结势垒电容和扩散电容，两者都与电压有关。结势垒电容对应电池二极管耗尽区的电荷存储情况，在低电压下较大，在高正向偏压条件下可忽略不计。扩散电容对应从耗尽区边界往准中性区的少数载流子存储情况，在较高电压时占主导。扩散电容的大小与材料的掺杂浓度成反比，与载流子的扩散长度成正比，并且随所施加的正向电压的增大而呈指数增长[62]。图 8.23 给出了采用 PC1D 软件模拟计算的采用不同晶硅衬底制备的太阳电池的晶硅衬底侧的扩散电容随外加正向偏压的变化情况，可以看到，n 型晶硅衬底的扩散电容高于 p 型晶硅衬底，这与 n 型晶硅衬底通常具有更长的少子寿命和扩散长度有关；晶硅衬底的电阻率越大，扩散电容越大；扩散电容随外加正向偏压呈指数增长的规律清晰可见。由此，对图 8.22 所示的 *I-V* 曲线失真可以这样理解，当正向扫描时，随外加正向偏电压增大，扩散电容增大，达到稳定需要对电容进行充电，电压扫描过快，电容充电未完成，导致测得的电流被低估；当反向扫描时，随外加正向偏压减小，扩散电容减小，达到稳定需要对电容进行放电，电压扫描过快，电容放电未完成，导致测得的电流偏大，正是这样的电流测不准问题导致了电池 *I-V* 曲线填充因子的失真。

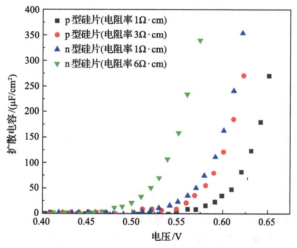

图 8.23　晶硅太阳电池不同衬底中扩散电容随正向偏压的变化情况[62]

　　一般地，p 型单晶 PERC 太阳电池的电容值在 $1\sim10\mu F/cm^2$ 左右，n 型 TOPCon 太阳电池的电容超过 $50\mu F/cm^2$，而 n 型 SHJ 太阳电池的电容则增加到了 $80\mu F/cm^2$ 以上[63]。图 8.24 的数据表明，p 型单晶 PERC 太阳电池因电容相对较小，采用较快的扫描速度，光照脉冲时间保持在几十毫秒即可实现 0.1% 的测量精度；而 SHJ 太阳电池电容显著增大，只有减慢扫描速度，将光脉冲时间增加到千毫秒以上才能获得相同的测量精度。但长时间辐照，一方面对光源的性能和寿命提出了挑战，另一方面也对测试过程中给电池进行有效控温提出了高要求。从实用性的角度出发，不希望使用光照脉冲很长或者稳态照射的光源。因此，开发了一些可消除或弱化电容效应影响的改良的 *I-V* 测试方法。

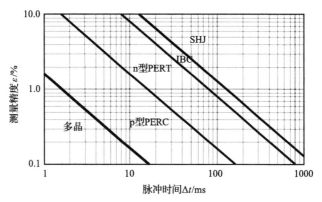

图 8.24　不同晶硅太阳电池 I-V 测量精度（相对值）与光照脉冲时间之间的关系[63]

1. 恒电压静态测量法

采用短脉冲常规模拟光源，在测不准的高电压范围内，针对每个电压测量点，对电池进行一个光脉冲的辐照，记录稳定后的电流值，即有多少电压测量点，就对电池进行多少次光脉冲辐照，尽管脉冲宽度很小，但因只进行电压单点测量，电流可以达到稳定值，由此避免了电容效应的影响。但显然，这种方法要求光源进行频繁闪光，基于测量的光源成本和时间成本，所能设定的电压测量点不能太多，如 10～20 个测量点，这导致测量点之间离散度较大，因而对数据拟合提出了较高要求，对电池的频繁测量同样需要做好对电池的温度控制。该测量方法采用的光脉冲时间可以低至几毫秒，测量精度可以达到与采用长脉冲或稳态光源慢速扫描相同或相近，适用于对少量样品的性能进行精确测定，但显然对连续化生产是不合适的。

2. 龙背测量法

如图 8.25 所示，针对一个特定的 SHJ 太阳电池组件，该方法依然采用短脉冲光照，如图中所给出的 10ms，对电压扫描采用抛物线状不等距取值，即电压 V 测量点的间隔时间 t 相同，但 dV/dt 逐渐减小，更关键的是，在每一个电压取值点都先在一个较短的时间内施加超过所设电压值的过冲电压来加速电容效应释放，然后再将电压稳定在所设电压值，此时电池电流可快速达到稳定，因电压随时间变化的曲线形似龙背而取名为龙背（dragon back, DB）[64]。最后，画出每个设定电压值所对应的稳定电流值曲线即是精确得到的 SHJ 太阳电池或组件的伏安特性。该方法中每个电压取值点的过冲电压值及其施加时间与该电压条件下电池电容效应的大小有关，显然，电容效应越大，所需要的过冲电压值也越高，或者需要延长施加的时间。针对不同类型、性能差异大的电池，需要有针对性地进行过冲电压值和施加时间的设定，如对一个开路电压为 45V 的 SHJ 太阳电池组件，将过冲电压值设定为 1.3V，施加时间设定为数据点采样时间间隔的 30%[64]。对性能未知的太阳电池或组件，可以对代表性样品进行改变过冲电压和施加时间的优化测定，直到 I-V 曲线达到稳定，此后即可采用优化确定的过冲电压和施加时间设置对相同或相近批次的样品进行快速检测。所以，龙背测量法主要是需要对已有的短光脉冲设备进行软件升级，硬件方面基本没有新的特殊要求，这是适合产业化批量测试的有效方法。

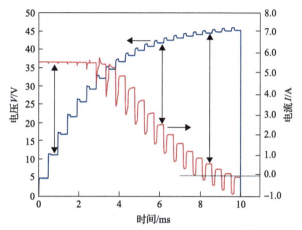

图 8.25　龙背测量法 *I-V* 测量原理示意[64]
图中箭头所示为在所设电压下电流达到稳定值

3. 电压分段测量法

与恒电压静态测量法在每次光脉冲下只进行一个电压点的测量不同，电压分段测量法是在一次光脉冲下进行一段电压范围内的电压扫描测试，即将整个 *I-V* 曲线分成 N 段，每段曲线进行一次光脉冲下的电压扫描，对整个 *I-V* 曲线而言，相当于将光照脉冲时间延长了 N 倍。该方法建立的基础是尽管电容效应使每个电压测量点下电流需要的稳定时间延长，但远没有达到单个光脉冲时间的程度，仍然可以在单个光脉冲时间范围内进行多数量的电压数据点采集，实际上说明在恒电压静态测量法中有很多时间被浪费掉了。理论上，可以依据电容效应的大小，将整个 *I-V* 曲线的电压范围进行不均匀分段，每段电压范围内的测量点数目和测量时间间隔也可以根据需要分别进行设置。例如，在电容效应较大的最大功率点附近，缩小分段电压范围，减小 dV/dt 扫描速度，而在电容效应可以忽略的低电压处，可以增大分段电压范围并加快电压扫描速度[62]。该方法是对恒电压静态测量法的升级，可以减少光脉冲辐照次数、缩短测量时间，并且由于电压测量点增多，也提高了测量精度。

4. 正反电压扫描的 *I-V* 曲线加权平均法

基于单二极管电容模型，如果假设在正向 *I-V* 测量中电容充电造成的电流损失与在反向 *I-V* 测量中电容放电造成的电流增益相等，则在每个测试电压下的真实电流将是正反向测量电流的平均。但如图 8.26 所示，当光脉冲时间较小时这种简单的平均并不准确，只有在光脉冲时间达到百毫秒以上时所测得的结果才比较精确[65]。为解决上述问题，提出了基于数学算法进行电容补偿的修正处理方法，经过加权平均重构可以得到实际的 *I-V* 曲线[65-67]。

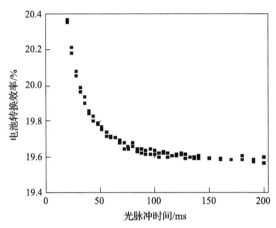

图 8.26　正反向电压扫描 I-V 曲线平均获得的电池转换效率与光脉冲时间之间的关系[65]

例如，测得的 I-V 曲线上每个电压(V_{out})点通过式(8.67)可转换成电池上的结电压 V_j[67]：

$$V_j = R_s I_{out} + V_{out} \tag{8.67}$$

即扣除电池电路中串联电阻的影响，其中，R_s 为串联电阻；I_{out} 为电流测量值；V_{out} 为电压测量值。对电池进行正向和反向 I-V 曲线扫描后，通过式(8.68)对电流进行修正，获得稳态下的实际输出电流 $I_{out,ss}$[67]：

$$I_{out,ss} = \frac{I_{out,rev} \dfrac{\mathrm{d}V_j}{\mathrm{d}t}\Big|_{fw} - I_{out,fw} \dfrac{\mathrm{d}V_j}{\mathrm{d}t}\Big|_{rev}}{\dfrac{\mathrm{d}V_j}{\mathrm{d}t}\Big|_{fw} - \dfrac{\mathrm{d}V_j}{\mathrm{d}t}\Big|_{rev}} \tag{8.68}$$

式中，fw 表示电压正向扫描；rev 表示电压反向扫描。

上述基于电容补偿的方法通过考虑结电压的时间导数作为权重因子来对正向和反向扫描得到的测量电流进行权重平均，并且需要事先确定串联电阻 R_s，串联电阻的不确定性会带来修正误差。为获得接近 0.1%的精度，所使用的光脉冲时间不能小于 20～30ms[67]。

8.2.2　电池量子效率检测

太阳光是宽谱光源，太阳电池吸收层对不同波长的太阳光的吸收能力不同，这导致不同波长的光入射到太阳电池表面时，在太阳电池内产生光生载流子的位置和数量均是光波长的函数，光生载流子输运过程中受复合率的影响也会不同，比较直观地，吸收层材料的折射率因光波长不同而不同，不同波长光在太阳电池表面的反射率不同。此外，短波光在吸收层中的穿透深度浅，光生载流子产生位置离电池前表面近，因而其复合更容易受电池前表面钝化性能的影响；长波光在吸收层中的穿透深度大，绝大部分光生载流子的产生位置离电池背表面近，因而其复合更容易受电池背表面钝化性能的影响；而中间波长的光主要在吸收层内部被吸收，所产生的光生载流子的复合行为主要受吸收层材料质量的控制。结果，即使入射光具有相同的入射光子数量，太阳电池产生的光电流大小也会有不同。反过来，通过检测不同波长光入射时所能得到的光生电子流的产率，即所产生的光电子流与入射光子流的比值，来衡量太阳电池前、背表面及体内存在的复合高低或钝化性能的好坏。所述光生电子流的产率被称为量子效率(quantum efficiency, QE)。假设电池背面无透过，当考虑太阳电池迎光面光反射所造成的影响时，所得到的量子效率称为外量子效率(EQE)；当扣除了太阳电池迎光面光反射所造成的影响时，所得到的量子效率称为内量子效率(internal quantum efficiency, IQE)。

单色光的 EQE：

$$EQE(\lambda) = N_e(\lambda) / N_{ph}(\lambda) \tag{8.69}$$

单色光的 IQE：

$$IQE(\lambda) = \frac{N_e(\lambda)}{\left[1 - R(\lambda)\right] N_{ph}(\lambda)} \tag{8.70}$$

式中，N_e 为所产生的光电子流；N_{ph} 为入射的光子流；R 为太阳电池前表面的反射率。通过利用测量得到的 EQE 对标准太阳光谱随波长变化的光子流密度进行积分，可以计算出太阳电池在标准太阳光谱照射下所能得到的短路电流密度 J_{SC}：

$$J_{SC} = q \cdot \int_{\lambda_1}^{\lambda_2} EQE(\lambda) \cdot N_{ph}(\lambda) \tag{8.71}$$

式中，λ_1 和 λ_2 为所关注的太阳光谱的波长范围。

同 TOPCon 和 PERC 等同质结晶硅太阳电池相比，SHJ 太阳电池在短波(波长小于500nm)和长波(波长大于1000nm)范围内具有较低的 EQE，尤其是在短波范围内，EQE下降明显，即使 SHJ 电池转换效率达到了 26.3%，短波范围的 EQE 仍然偏低，400nm 以下低于 70%，300nm 左右更是低到 20%，而同质结晶硅太阳电池 EQE 在此范围内能够达到 80%以上[68,69]。这主要归因于 SHJ 太阳电池前后表面上硅基薄膜和 TCO 薄膜的光学自吸收所造成的寄生吸收损失。

因此，尽管 SHJ 太阳电池具有高开路电压的优势，但如何提高 SHJ 太阳电池在长短波范围内的 EQE，解决其短路电流密度偏低的短板问题，已成为目前进一步提高其转换效率的关键。例如，采用带隙更宽的硅氧、硅碳等薄膜代替全硅薄膜就是针对这一问题提出的一种解决方案[70-73]。

8.2.3　电池(组件)稳定性检测

光伏组件需要确保至少 25 年的使用寿命，电池(组件)性能的稳定性是应用端普遍关心的内容。光伏组件输出功率受应用环境中各种因素的影响，如日照量、温度、水汽、脏污、太阳光光谱分布、入射角度、热斑等。由于暴露在各种环境因素下，光伏组件的输出功率会随时间的推移而发生衰减，如何抑制电池(组件)性能衰减是确保其在实际运行条件下长期稳定的重要保障。

对 SHJ 太阳电池(组件)的稳定性进行检测,需要关注的内容很多,有代表性的主要包括湿热测试、热辅助光致衰减测试和紫外诱导衰减测试,主要的检测方法和依据包括 IEC 61215 和 IEC 63342 等国际标准。

1. 湿热测试

湿热(damp heat, DH)测试的基本测试条件是将待测样品在温度 85℃和湿度 85%的模拟环境中处理至少 1000h,然后检测待测样品在所述环境中的性能变化情况,有时也称为双 85 测试。造成光伏组件在湿热环境中性能衰减的主要原因是电极和互连部件的水汽诱导腐蚀、聚合物材料的劣化和/或热激活扩散过程等。而太阳电池在湿热条件下的性能衰减主要与金属电极的性能退化有关。

有研究针对镀铜电极的 SHJ 太阳电池组件进行了双 85 测试,对比了采用两种不同的封装材料[乙烯-乙酸乙烯酯(EVA)和聚烯烃弹性体(POE)]制备而成的玻璃-背板结构组件和玻璃-玻璃结构组件经湿热处理后所呈现出的性能衰减情况[74,75]。结果发现对于玻璃-背板结构组件,两种封装材料产生了不同的衰减模式,采用 EVA 封装的组件样品最大功率衰减率通常比采用 POE 封装的组件高出约 1.5 倍;在玻璃-玻璃结构组件中,也观察到了类似的趋势,但衰减程度相对较低[74]。玻璃-玻璃结构组件的湿热测试结果较好,这表明玻璃比背板具有更好的阻水能力[75]。

2. 热辅助光致衰减测试

SHJ 太阳电池在光、热共同作用下的行为较为复杂,因制备工艺不同,不同电池在不同条件下甚至会呈现出光电转换效率升高或降低的矛盾现象。热辅助光致衰减(light and elevated temperature induced degradation, LeTID)指的是电池(组件)在一定的温度辅助下进行光照时所产生的转换效率衰减的现象。

对 LeTID 的检测一般按如下步骤进行,首先将待测的电池(组件)样品进行光老化处理,以确保样品已经达到了光致衰减(LID)稳定的状态,即样品不会再进一步发生 LID。之后将样品置于 75℃的环境试验箱中,并用直流电源通电 162h,电流值参照样品最大功率点处的电流测试值,即模拟样品在实际工作条件下的状态。处理完毕后对样品进行转换效率等性能检测,并与 LID 稳定之后的样品性能进行比较,评估计算 LeTID 衰减率。可以对上述过程进行重复操作,直至所产生的 LeTID 衰减饱和。国际标准 IEC TS 63202-4 对 LeTID 的测量进行了详细描述[76]。

在 SHJ 太阳电池上出现的 LeTID 衰减主要表现为开路电压 V_{OC} 的降低,短路电流密度 J_{SC} 并没有显著变化。有研究在不同温度(25~180℃)和光照强度范围(1~40kW/m^2)观察到了 n 型 SHJ 太阳电池的 LeTID 现象[77],在 1 个太阳当量照度和低至 85℃的温度下均观察到了这种依赖于温度的光诱导衰减行为,并且随着温度升高,衰减程度和速率增加。在 160℃下仅 5min 便可观察到平均光电转换效率的绝对损失达到 0.5%±0.3%,在某些太阳电池中甚至超过 0.8%;随着持续的光照,电池性能反而会重新获得提高,这种提高又被称为光致增效[77]。

一般认为氢可能在 LeTID 缺陷形成中发挥重要作用，虽然 SHJ 太阳电池不经历高温烧结步骤，但其表面的硅基薄膜中确实富含氢[78,79]。光照之后性能的提升与否与硅表面钝化的初始状态有关。在初始钝化不良的情况下，光注入后观察到表面复合率降低，表明电活性界面缺陷的密度降低[80]。在光照之后效率的提升也主要表现为电池开路电压和填充因子的改善[81]。将未制备金属电极的电池前驱体样品在 200℃ 下退火直到有效少子寿命数值达到饱和，随后在不同光强的光照情况下少子寿命还会上升，这说明光诱导钝化提升机理与热退火不同[81]。而光致提效后的样品经热退火处理往往会导致性能下降[82]。

LeTID 与光致增效是两个作用相反的竞争过程，但二者的内在作用机理应存在关联，对其还需做进一步的深入研究。

3. 紫外诱导衰减（UVID）测试

紫外辐照的有害影响，一方面与组件封装材料的老化有关，会导致封装材料变色、分层和开裂[83,84]；另一方面与太阳电池表面或界面缺陷的增加有关，紫外辐照会破坏钝化层本身或钝化层/晶硅衬底界面，并在晶硅衬底中造成亚表面损伤[85]。有研究确定 300～400nm 的紫外光是导致硅太阳电池出现紫外诱导衰减的波长范围[86]。有研究较详细地比较了不同类型的晶硅太阳电池在紫外辐照下所表现出的衰减行为，这些电池类型包括：铝背场（BSF）电池、p 型 PERC 电池、n 型 PERT 电池、IBC 电池和 SHJ（HJT）电池[87]。采用 340nm 紫外光功率密度为 $1.24W/m^2$ 的 UVA-340 荧光灯作为紫外光源，在 45℃ 下辐照 2000h，AM1.5G 太阳光谱中 340nm 的紫外光功率密度为 $0.5W/m^2$。结果发现，效率越高的电池对紫外辐照越敏感，铝背场电池的紫外衰减在 1% 以下，而 SHJ 太阳电池的紫外衰减严重时超过 10%[87]。通过 SIMS 测试分析发现，经过紫外辐照后，SHJ 太阳电池在硅薄膜/晶硅界面处的氢含量增多，在晶硅体内的氢含量减少，界面上氢含量相关缺陷的增加导致钝化性能降低，电池开路电压和填充因子明显下降[87]。这一结果表明，硅薄膜的钝化性能对紫外辐照敏感。

一直以来，解决 UVID 所采用的主要方法是在光伏组件制备中采用可以阻挡紫外光的封装胶膜，称为 UV 截止胶膜[88]。但是，太阳电池技术的不断进步提高了对紫外光的利用率，无论是 PERC 还是 SHJ、TOPCon、IBC，都具有比以往更好的短波光响应。为此，UV 高透胶膜反而成为高性能组件封装胶膜的重要选择[89]。此时，解决 UVID 问题就具有了重要的现实意义。对 SHJ 太阳电池而言，尽管与采用 UV 截止胶膜相比，采用 UV 高透胶膜所制备的组件能得到更高的初始效率，但由于存在较明显的 UVID，衰减后的组件性能并没有表现出比采用 UV 截止胶膜的组件更好的竞争优势。解决 UVID 问题的一个备选的方案是在封装胶膜中加入波长下转换材料[90-93]，将紫外光转变为晶硅衬底可以吸收的长波光，这样的波长下转换材料有代表性的是稀土荧光复合物。这种方法一方面避免了紫外光可能导致的 UVID 问题，另一方面又提高了电池对紫外光的利用率，是一个一举两得的办法。但是，引入波长下转换材料后，可能面临的新问题主要有两个，一是所述新材料不能对晶硅电池本就具有高响应度和高稳定性的波段有明显吸收，二是波长下转换材料本身的稳定性和寿命必须保障。

8.3 总 结

对太阳电池器件及其构成材料的性能进行检测表征是进行工艺优化开发、提高太阳电池效率的实验基础。

晶硅衬底电阻率检测主要采用接触式四探针测量法实现，另外还可以采用涡流法为代表的非接触式测量方法。两种方法测试时都需要做好电磁屏蔽，避免外界电磁场的影响，同时也需做好温度控制和避光处理。

晶硅衬底的体内杂质主要是碳、氧和各类金属元素，可以采用电感耦合等离子体质谱法或辉光放电质谱法进行检测，前者通常以水溶液气溶胶的形式通过载气将样品组分引入等离子体焰炬中，后者则直接将待测试样作为等离子体放电电极，适合固体试样。如果关注样品的表面或亚表面上的组分分布，则可以采用二次离子质谱法（SIMS）或红外吸收光谱法，通过与溅射相结合，SIMS 还可以对样品组分分布进行深度剖析。

晶硅衬底少子寿命的常用检测方法包括瞬态光电导衰减法和准稳态光电导法。瞬态光电导衰减法适合测量少子寿命远大于光脉冲时间的样品，而准稳态光电导法一般要求光脉冲时间至少大于载流子寿命的 10 倍。

晶硅衬底的表面态密度 D_{it} 可以通过 SPV 测量并经计算得到。SPV 测量通常采用 TCO 电极、云母箔与待测晶硅衬底构成的金属-绝缘体-半导体结构。通过 SPV 测量得到晶硅衬底表面能带弯曲表面势 ϕ_S 与往 TCO 和晶硅衬底上施加的偏置电压 ΔV_F 之间的关系，然后可根据电容公式计算得到 D_{it}。

通过材料的光反射谱和透射谱测试，可以分析得到相应的光吸收谱。重点关注的是晶硅衬底前表面有无绒面及有无减反射涂层时的反射率，以及 TCO 薄膜和各硅基薄膜的带隙（E_g）与光吸收系数（α）。对 E_g 的计算主要依据 Tauc 作图法；对 α 的计算主要根据朗伯-比尔定律。为充分考虑漫反射和散射的影响，反射率和透射率测试一般采用积分球进行。

对硅基薄膜材料，经常采用拉曼光谱和 SE 光谱对其晶化率进行检测；对于 TCO 材料，则采用 XRD 光谱对其晶化率和晶粒取向进行表征。对薄膜内部成键状态的表征通常采用 XPS 进行。对硅基薄膜拉曼光谱进行分析，主要是对其处于 $480\sim520\mathrm{cm}^{-1}$ 之间的横向光学振动（TO）声子模式峰进行非晶相、结晶相以及二者转变中间（晶界）相的三峰高斯拟合，根据三个峰各自的贡献度计算薄膜晶化率 X_c。SE 光谱通过检测小厚度薄膜材料的色散关系，可以得到折射率 n、消光系数 k、介电常数的实部 ε_1、介电常数的虚部 ε_2 以及带隙 E_g 等，再通过对得到的介电常数的色散关系进行深入分析，可以揭示硅基薄膜内部微结构。XRD 主要用来对晶化率较高的 TCO 薄膜进行表征，根据衍射峰宽度可由 Debye-Scherrer 方程计算晶粒尺寸 D，如果考虑薄膜中存在的应变，则可以进一步采用 Williamson-Hall 方法同时计算得到晶格应变 ε_{WH} 和晶粒尺寸 D_{WH}。XPS 探测受 X 射线激发产生的光电子能量计算电子结合能，通过检测的光电子峰位特征分析物质构成，可用来分析各种硅基薄膜、TCO 薄膜的组分，也能分析晶硅衬底的表面状态。

硅薄膜材料内的氢含量、氧含量可以通过 SIMS 进行检测，但更常用的便捷方法是对样品非破坏性的 FTIR 光谱。氢含量可采用 640cm^{-1} 处的 SiH 和 SiH$_2$ 摇摆和弯曲模的混合吸收峰计算，也可采用 SiH 和 SiH$_2$ 在 2000cm^{-1} 和 2100cm^{-1} 位置的伸展模吸收峰的和进行计算。SiH$_2$ 高伸展模式在其与 SiH 低伸展模式总和中的强度占比定义为微结构因子 R^*，R^* 越大表明薄膜质量越差。氧含量可采用在 1000cm^{-1} 处的 SiO 混合模式吸收峰计算。如果薄膜厚度较小，FTIR 光谱会包含与薄膜厚度和折射率相关的周期性干涉振荡，当这种振荡较明显时，需要将其作为背底基线扣除才能保证数据处理的精确性。对于厚度极薄的薄膜或表面，为提高信号强度，可采用与衰减全反射(ATR)技术相结合的 ATR-FTIR。

硅基薄膜的光电导、暗电导一般采用共面电极结构进行测量，对本征薄膜材料，通过光电导和暗电导的比值可以计算光敏性。对掺杂薄膜材料，通过变温暗电导率测试，可以计算掺杂激活能 E_A。TCO 薄膜的导电性则通过霍尔效应进行测量。利用霍尔效应可以表征 TCO 材料的导电类型、电阻率、载流子迁移率、载流子浓度等。

对硅薄膜材料内部缺陷态进行检测主要依靠 ESR、PL、PDS、NUV-PES 以及 CPM。对于硅薄膜，ESR 检测出的是中性悬键 D^0 的数量。PL 光谱的发光峰位和峰宽可反映出材料内部缺陷态的数量与分布。PDS 可较准确地测量出硅基薄膜内的缺陷态分布，包括带尾态和带隙态。NUV-PES 利用光子能量在 4~7eV 的近紫外光对硅薄膜进行 PES 检测，因光子能量较小，不能激发内层电子，但可以探测到与价带带尾和费米能级以下的间隙态相关的信息。CPM 法的测量基础是薄膜吸光后产生的光电导行为与其相对应的吸收系数之间存在经验指数关系，当将光电流固定时，不同光波长所对应的吸收系数的相对大小与所需入射光强的相对大小成反比。

硅薄膜与晶硅衬底异质结界面上合适的能带失配度是电池获得高开路电压的关键。当制备在晶硅衬底上的硅薄膜足够薄时，通过 NUV-PES 同时检测硅薄膜内的近价带边缺陷和晶硅衬底的能带信息，由此可推导出二者间的能带失配度。另一种有效方法是内光致发射谱，采用宽带隙硅基材料作窗口层，在重掺杂的晶硅衬底上构筑 pn 结，即 pn 结的内建电场完全处于硅基薄膜中。对其进行光照，如果能够产生光电流，入射光子的能量需要大于等于晶硅衬底的带隙与相应能带失配度的和，该能量被定义为能够产生内光致发射的阈值能量 E_t，通过测量产生的光电流大小与入射光子能量间的关系，可以确定 E_t，进而求出能带失配度。还有一种方法是通过电容法，测量样品在不同外加电压 V_{app} 条件下的电容 C，之后画出 V_{app}-$1/C^2$ 曲线，通过直线拟合得到与 V_{app} 轴的截距即为其空间内建势 V_d。通过 V_d 可进一步计算能带失配度。V_d 的测量也可以通过平面电导法获得。

SHJ 太阳电池性能检测主要包括电池伏安特性(转换效率)检测、电池量子效率检测和稳定性检测。太阳电池伏安特性(I-V)测试需要重点解决的问题是电容效应引起的 I-V 曲线失真。这表现为在正向(从短路电流端向开路电压端扫描，也就是偏置电压数值逐渐增加)和反向(从开路电压端向短路电流端扫描，也就是偏置电压数值逐渐减小)扫描时，如使用几十毫秒闪光的光脉冲，测试得到的 I-V 曲线在高偏置电压下都呈现出明显的滞后，导致填充因子在正向扫描时偏小，反向扫描时偏大。该失真现象主要与电池的扩散电容较大有关。为了能在短光脉冲下获得准确的 I-V 曲线，提出了如下一些改进的 I-V 测试方案，包括恒电压静态测量法、龙背测量法、电压分段测量法、正反电压扫描的 I-V

曲线加权平均法等。电池的量子效率检测可以依据电池对不同波长光的响应度来对太阳电池不同部位的材料质量进行评估。当考虑太阳电池迎光面光反射所造成的影响时得到的量子效率称为外量子效率；当扣除太阳电池迎光面光反射所造成的影响时得到的量子效率称为内量子效率。内量子效率能够用来衡量太阳电池前、背表面及体内存在的复合高低或钝化性能的好坏。电池（组件）性能的稳定性是应用端重点关注的内容，有代表性的检测主要包括湿热测试、热辅助光致衰减测试和紫外诱导衰减测试等。

本章所介绍的对材料和器件性能进行检测的方法都是代表性的，要实现更加全面的检测与评估，还需要与其他的检测手段相结合。

<h2 style="text-align:center">参 考 文 献</h2>

[1] Evans E H. Atomic mass spectrometry | Inductively coupled plasma. Amsterdam: Elsevier, 2005: 229-237.

[2] Dutta A. Fourier Transform Infrared Spectroscopy. Amsterdam: Elsevier, 2017: 73-93.

[3] Sinton R A, Cuevas A, Stuckings M. Quasi-steady-state photoconductance, a new method for solar cell material and device characterization//Proceedings of 25th Photovoltaic Specialists Conference, Washington, 1996: 457-460.

[4] Sinton Instruments. WCT-120 photoconductance lifetime tester and optional Suns-V_{OC} user manual. Boulder, 2006-2010.

[5] Moldovan A, Dannenberg T, Temmler J, et al. Ozone-based surface conditioning focused on an improved passivation for silicon heterojunction solar cells. Energy Procedia, 2016, 92: 374-380.

[6] Angermann H, Gref O, Laades A, et al. Characterization of wet-chemically pre-treated silicon solar cell substrates and interfaces by surface photovoltage (SPV) measurements//26th European Photovoltaic Solar Energy Conference and Exhibition, Hamburg, 2011: 1593-1597.

[7] Lam Y W. Surface-state density and surface potential in MIS capacitors by surface photovoltage measurements Ⅰ. Journal of Physics D: Applied Physics, 1971 (4): 1370-1375.

[8] Zhao L, Diao H W, Zeng X B, et al. Comparative study of the surface passivation on crystalline silicon by silicon thin films with different structures. Physica B, 2010, 405: 61-64.

[9] Kanneboina V, Madaka R, Agarwal P. Spectroscopic ellipsometry studies on microstructure evolution of a-Si：H to nc-Si：H films by H_2 plasma exposure. Materials Today Communications, 2018, 15: 18-29.

[10] Kaneko T, Onisawa K, Wakagi M, et al. Crystalline fraction of microcrystalline silicon films prepared by plasma-enhanced chemical vapor deposition using pulsed silane flow. Japanese Journal of Applied Physics, 1993, 32: 4907-4911.

[11] Tsu R, Gonzalez-Hernandez J, Chao S S, et al. Critical volume fraction of crystallinity for conductivity percolation in phosphorus-doped Si：F：H alloys. Applied Physics Letters, 1982, 40: 534-535.

[12] Viera G, Huet S, Boufendi L. Crystal size and temperature measurements in nanostructured silicon using Raman spectroscopy. Journal of Applied Physics, 2001, 90: 4175-4183.

[13] Kageyama S, Akagawa M, Fujiwara H. Dielectric function of a-Si：H based on local network structures. Physical Review B, 2011, 83: 195205.

[14] Zhang L, Guo W, Liu W, et al. Investigation of positive roles of hydrogen plasma treatment for interface passivation based on silicon heterojunction solar cells. Journal of Physics D: Applied Physics, 2016, 49: 165305.

[15] Ahmed M, Bakry A, Qasem A, et al. The main role of thermal annealing in controlling the structural and optical properties of ITO thin film layer. Optical Materials, 2021, 113: 110866.

[16] Sen S K, Paul T C, Dutta S, et al. XRD peak profle and optical properties analysis of Ag-doped h-MoO_3 nanorods synthesized via hydrothermal method. Journal of Materials Science: Materials in Electronics, 2020, 31: 1768-1786.

[17] Richter S, Kaufmann K, Naumann V, et al. High-resolution structural investigation of passivated interfaces of silicon solar cells. Solar Energy Materials and Solar Cells, 2015, 142: 128-133.

[18] Tsu D V, Lucovsky G, Davidson B N. Effects of the nearest neighbors and the alloy matrix on SiH stretching vibrations in the amorphous SiO$_r$：H $(0 < r < 2)$ alloy system. Physical Review B, 1989, 40: 1795-1805.

[19] Einsele F, Beyer W, Rau U. Analysis of sub-stoichiometric hydrogenated silicon oxide films for surface passivation of crystalline silicon solar cells. Journal of Applied Physics, 2012, 112: 054905.

[20] Langford A A, Fleet M L, Nelson B P, et al. Infrared absorption strength and hydrogen content of hydrogenated amorphous silicon. Physical Review B, 1992, 45: 13367-13377.

[21] Manfredotti C, Fizzotti F, Boero M, et al. Influence of hydrogen-bonding configurations on the physical properties of hydrogenated amorphous silicon. Physical Review B, 1994, 50: 18046-18053.

[22] Smets A H M, van de Sanden M C M. Relation of the Si-H stretching frequency to the nanostructural Si-H bulk environment. Physical Review B, 2007, 76: 073202.

[23] Lucovsky G, Yang J, Chao S S, et al. Oxygen-bonding environments in glow-discharge deposited amorphous silicon-hydrogen alloy films. Physical Review B, 1983, 28: 3225-3233.

[24] Ouwens J D, Schropp R E I. Hydrogen microstructure in hydrogenated amorphous silicon. Physical Review B, 1996, 54(24): 17759-17762.

[25] Maley N. Critical investigation of the infrared-transmission-data analysis of hydrogenated amorphous silicon alloys. Physical Review B, 1992, 46: 2078-2085.

[26] 胡跃辉, 陈光华, 吴越颖, 等. 氢化非晶硅薄膜红外透射谱与氢含量. 中国科学: 物理学 力学 天文学, 2004, 34(3): 279-289.

[27] Holovský J, de Wolf S, Jiříček P, et al. Attenuated total reflectance Fourier-transform infrared spectroscopic investigation of silicon heterojunction solar cells. Review of Scientific Instruments, 2015, 86: 073108.

[28] Fujiwara H, Kondo M, Matsuda A. Depth profiling of silicon-hydrogen bonding modes in amorphous and microcrystalline Si：H thin films by real-time infrared spectroscopy and spectroscopic ellipsometry. Journal of Applied Physics, 2002, 91: 4181-4190.

[29] Gielis J J H, van den Oever P J, Hoex B, et al. Real-time study of a-Si：H/c-Si heterointerface formation and epitaxial Si growth by spectroscopic ellipsometry, infrared spectroscopy, and second-harmonic generation. Physical Review B, 2008, 77: 205329.

[30] Beyer W, Hoheisel B. Photoconductivity and dark conductivity of hydrogenated amorphous silicon. Solid State Communications, 1983, 47(7): 573-576.

[31] Jang J, Lee C. Temperature dependent light induced conductivity changes in hydrogenated amorphous silicon. Journal of Applied Physics, 1983, 54(7): 3943-3950.

[32] Augelli V, Murri R. Dark conductivity in amorphous undoped silicon films. Journal of Non-Crystalline Solids, 1983, 57: 225-240.

[33] Mahapatra B, Sarkar S. Understanding of mobility limiting factors in solution grown Al doped ZnO thin film and its low temperature remedy. Heliyon, 2022, 8(10): e10961.

[34] Shimazoe K, Nishinaka H, Watanabe K, et al. Epitaxial growth of metastable c-plane rhombohedral indium tin oxide using mist chemical vapor deposition. Materials Science in Semiconductor Processing, 2022, 147: 106689.

[35] Xiao L H, Astakhov O, Finger F, et al. Determination of the defect density in thin film amorphous and microcrystalline silicon from ESR measurements: the influence of the sample preparation procedure. Journal of Non-Crystalline Solids, 2012, 358: 2078-2081.

[36] Mensing G, Gilligan J, Hari P, et al. Defect transition energies and the density of electronic states in hydrogenated amorphous silicon. Journal of Non-Crystalline Solids, 2002, 299-302: 621-625.

[37] Lips K, Kanschat P, Brehme S, et al. An ESR study of bandtail states in phosphorus doped microcrystalline silicon. Journal of Non-Crystalline Solids, 2002, 299-302: 350-354.

[38] Müller J, Finger F, Carius R, et al. Electron spin resonance investigation of electronic states in hydrogenated microcrystalline silicon. Physical Review B, 1999, 60: 11666-11677.

[39] Rappich J, Zhang X, Rosu D M, et al. Passivation of Si surfaces investigated by *in-situ* photoluminescence techniques. Solid

State Phenomena, 2010, 156-158: 363-368.

[40] Brüggemann R, Reynolds S. Modulated photoluminescence studies for lifetime determination in amorphous-silicon passivated crystalline-silicon wafers. Journal of Non-Crystalline Solids, 2006, 352: 1888-1891.

[41] Brunner R, Pinčík E, Kobayashi H, et al. On photoluminescence properties of a-Si：H-based structures. Applied Surface Science, 2010, 256: 5596-5601.

[42] Murayama K, Sano W, Ito T, et al. Excitation energy evolution of photoluminescence spectrum in amorphous hydrogenated silicon. Solid State Communications, 2008, 146: 315-319.

[43] Brüggemann R. Photoluminescence and electroluminescence from amorphous silicon/crystalline silicon heterostructures and solar cells//van Sark W G J H M, Korte L, Roca F. Physics and Technology of Amorphous-crystalline Heterostructure Silicon Solar Cells. Heidelberg: Springer-Verlag Berlin, 2012.

[44] Jackson W B, Amer N M, Boccara A C, et al. Photothermal deflection spectroscopy and detection. Applied Optics, 1981, 20(8): 1333-1344.

[45] Boccara A C, Fournier D, Badoz J. Thermo-optical spectroscopy: detection by the "mirage effect". Applied Physics Letters, 1980, 36(2): 130-132.

[46] 朱美芳. 光热偏转光谱及其应用. 物理, 1987, 3: 141-145.

[47] Jackson W B, Amer N M. Direct measurement of gap-state absorption in hydrogenated amorphous silicon by photothermal deflection spectroscopy. Physical Review B, 1982, 25(8): 5559-5562.

[48] Wang W, Feng Q, Jiang K, et al. Dependence of aluminum-doped zinc oxide work function on surface cleaning method as studied by ultraviolet and X-ray photoelectron spectroscopies. Applied Surface Science, 2011, 257: 3884-3887.

[49] Griep S, Ley L. Direct spectroscopic determination of the distribution of occupied gap states in a-Si：H. Journal of Non-Crystalline Solids, 1983, 59 & 60: 253-256.

[50] Schmidt M, Schoepke A, Korte L, et al. Density distribution of gap states in extremely thin a-Si：H layers on crystalline silicon wafers. Journal of Non-Crystalline Solids, 2004, 338–340: 211-214.

[51] Winer K, Ley L. Surface states and the exponential valence-band tail in a-Si：H. Physical Review B, 1987, 36(11): 6072-6078.

[52] Sebastiani M, di Gaspare L, Capellini G, et al. Low-energy yield spectroscopy as a novel technique for determining band offsets: application to the c-Si(100)/a-Si：H heterostructure. Physical Review Letters, 1995, 75(18): 3352-3355.

[53] Korte L, Schmidt M. Investigation of gap states in phosphorous-doped ultra-thin a-Si：H by near-UV photoelectron spectroscopy. Journal of Non-Crystalline Solids, 2008, 354: 2138-2143.

[54] Korte L, Laades A, Schmidt M. Electronic states in a-Si：H/c-Si heterostructures. Journal of Non-Crystalline Solids, 2006, 352: 1217-1220.

[55] Moddel G, Anderson D A, William P. Derivation of the low-energy optical-absorption spectra of a-Si：H from photoconductivity. Physical Review B, 1980, 22(4): 1918-1925.

[56] Vanecek M, Kocka J, Stuchlik J, et al. Density of the gap states in undoped and doped glow discharge a-Si：H. Solar Energy Materials, 1983, 8: 411-423.

[57] Korte L, Schmidt M. Doping type and thickness dependence of band offsets at the amorphous/crystalline silicon heterojunction. Journal of Applied Physics, 2011, 109: 063714.

[58] Van Cleef M W M, Rubinelli F A, Schropp R E I. Effects of band offsets on a-SiC：H/c-Si heterojunction solar cell performance. Materials Research Society Symposia Proceedings, 1998, 507: 125-130.

[59] Gudovskikh A S, Ibrahim S, Kleider J P, et al. Determination of band offsets in a-Si：H/c-Si heterojunctions from capacitance-voltage measurements: Capabilities and limits. Thin Solid Films, 2007, 515: 7481-7485.

[60] Varache R, Kleider J P, Favre W, et al. Band bending and determination of band offsets in amorphous/crystalline silicon heterostructures from planar conductance measurements. Journal of Applied Physics, 2012, 112: 123717.

[61] Kojima H, Iwamoto K, Fujita Y, et al. Accurate and rapid measurement of high-capacitance PV cells and modules using dark and light I-V characteristics with 10ms pulse//IEEE 42nd Photovoltaic Specialist Conference, New Orleans, 2015: 1896-1898.

[62] Edler A, Schlemmer M, Ranzmeyer J, et al. Understanding and overcoming the influence of capacitance effects on the measurement of high efficiency silicon solar cells. Energy Procedia, 2012, 27: 267-272.

[63] Pravettoni M, Poh D, Singh J P, et al. The effect of capacitance on high-efficiency photovoltaic modules: A review of testing methods and related uncertainties. Journal of Physics D: Applied Physics, 2021, 54: 193001.

[64] Virtuani A, Rigamonti G, Friesen G, et al. Fast and accurate methods for the performance testing of highly-efficient c-Si photovoltaic modules using a 10 ms single-pulse solar simulator and customized voltage profiles. Measurement Science & Technology, 2012, 23(11): 115604.

[65] Ramspeck K, Schenk S, Komp L, et al. Accurate efficiency measurements on very high efficiency silicon solar cells using pulsed light sources//Proceedings of 29th European Photovoltaic, Amsterdam, 2014: 1253-1256.

[66] Sinton R A, Wilterdink H W, Blum A L. Assessing transient measurement errors for high-efficiency silicon solar cells and modules. IEEE Journal of Photovoltaics, 2017, 7(6): 1-5.

[67] Vahlman H, Lipping J, Hyvärinen J, et al. Capacitive effects in high-efficiency solar cells during I-V curve measurement: Considerations on error of correction and extraction of minority carrier lifetime//Proceedings of 35th European Photovoltaic Solar Energy Conference and Exhibition, Brussels, 2018: 254-260.

[68] Green M A, Dunlop E D, Hohl-Ebinger J, et al. Solar cell efficiency tables (Version 55). Progress in Photovoltaics, 2020, 28: 3-15.

[69] Green M A, Dunlop E D, Hohl-Ebinger J, et al. Solar cell efficiency tables (Version 59). Progress in Photovoltaics, 2022, 30: 3-12.

[70] Richter A, Smirnov V, Lambertz A, et al. Versatility of doped nanocrystalline silicon oxide for applications in silicon thin-film and heterojunction solar cells. Solar Energy Materials and Solar Cells, 2018, 174: 196-201.

[71] Zhao Y F, Mazzarella L, Procel P, et al. Doped hydrogenated nanocrystalline silicon oxide layers for high-efficiency c-Si heterojunction solar cells. Progress in Photovoltaics, 2020, 28: 425-435.

[72] Köhler M, Pomaska M, Procel P, et al. A silicon carbide-based highly transparent passivating contact for crystalline silicon solar cells approaching efficiencies of 24%. Nature Energy, 2021, 6: 529-537.

[73] Miyajima S, Irikawa J, Yamada A, et al. Modeling and simulation of heterojunction crystalline silicon solar cells with a nanocrystalline cubic silicon carbide emitter. Journal of Applied Physics, 2011, 109: 054507.

[74] Karas J, Sinha A, Buddha V S P, et al. Damp heat induced degradation of silicon heterojunction solar cells with Cu-plated contacts. IEEE Journal of Photovoltaics, 2019, 10(1): 153-158.

[75] Czanderna A W, Pern F J. Encapsulation of PV modules using ethylene vinyl acetate copolymer as a pottant: A critical review. Solar Energy Materials and Solar Cells, 1996, 43(2): 101-108.

[76] International Electrotechnical Commission. IEC TS 63202-4 Photovoltaic cells-Part 4: measurement of light and elevated temperature induced degradation of crystalline silicon photovoltaic cells. Geneva, 2022.

[77] Madumelu C, Wright B, Soeriyadi A, et al. Investigation of light-induced degradation in N-Type silicon heterojunction solar cells during illuminated annealing at elevated temperatures. Solar Energy Materials and Solar Cells, 2020, 218: 110752.

[78] Chan C, Fung T H, Abbott M, et al. Modulation of carrier-induced defect kinetics in multi-crystalline silicon perc cells through dark annealing. Solar RRL, 2017, 1(2): 1600028.

[79] Sperber D, Furtwangler F, Herguth A, et al. Does LeTID occur in c-Si even without a firing step. AIP Conference Proceeding, 2019, 2147(1): 140011.

[80] de Wolf S, Ballif C, Kondo M. Kinetics of a-Si：H bulk defect and a-Si：H/c-Si interface-state reduction. Physical Review B, 2012, 85(11): 2-5.

[81] Kobayashi E, de Wolf S, Levrat J, et al. Increasing the efficiency of silicon heterojunction solar cells and modules by light soaking. Solar Energy Materials and Solar Cells, 2017, 173: 43-49.

[82] Liu W Z, Shi J H, Zhang L P, et al. Light-induced activation of boron doping in hydrogenated amorphous silicon for over 25% efficiency silicon solar cells. Nature Energy, 2022, 7: 427-437.

[83] Jentsch A, Eichhorn K J, Voit B. Influence of typical stabilizers on the aging behavior of EVA foils for photovoltaic applications during artificial UV-weathering. Polymer Testing, 2015, 44: 242-247.

[84] Jin J, Chen S, Zhang J. UV aging behaviour of ethylene-vinyl acetate copolymers (EVA) with different vinyl acetate contents. Polymer Degradation and Stability, 2010, 95 (5): 725-732.

[85] Gruenbaum P, Gan J, King R, et al. Stable passivations for high-efficiency silicon solar cells//IEEE Conference on Photovoltaic Specialists, Kissimmee, 1990: 317-322.

[86] Aberle A G, Hezel R. Progress in low-temperature surface passivation of silicon solar cells using remote-plasma silicon nitride. Progress in Photovoltaics, 1997, 5 (1): 29-50.

[87] Sinha A, Qian J, Moffitt S L, et al. UV-induced degradation of high-efficiency silicon PV modules with different cell architectures. Progress in Photovoltaics, 2022: 1-16.

[88] Miller D C, Kempe M D, Muller M T, et al. Durability of polymeric encapsulation materials in a PMMA/glass concentrator photovoltaic system. Progress in Photovoltaics, 2016, 24 (11): 1385-1409.

[89] López-Escalante M C, Caballero L J, Martín F, et al. Selective emitter technology global implantation through the use of low ultraviolet cut-off EVA. Solar Energy Materials and Solar Cells, 2017, 159: 467-474.

[90] Perthué A, Boutinaud P, Therias S, et al. Influence of down shifting particles on the photochemical behaviour of EVA copolymers. Polymer Degradation and Stability, 2016, 133: 144-151.

[91] Zhang Z, Ju J, Qin X, et al. Enhancing conversion efficiency of crystalline silicon photovoltaic modules through luminescent down-shifting by using Eu^{3+}-Zn^{2+} complexes. Materials Chemistry and Physics, 2022, 290: 126599.

[92] Wang P, Yan X, Wang H, et al. Study on improving the efficiency of crystalline silicon photovoltaic module with down-conversion chlorophyll film. Optical Materials, 2022, 132: 112821.

[93] Monzón-Hierro T, Sanchiz J, González-Pérez S, et al. A new cost-effective polymeric film containing an Eu (Ⅲ) complex acting as UV protector and down-converter for Si-based solar cells and modules. Solar Energy Materials and Solar Cells, 2015, 136: 187-192.

第9章

晶硅异质结太阳电池发展前景

晶硅太阳电池依然是光伏发电的主力，预计在未来相当长的一段时间内，这种状况不会改变。作为高效晶硅太阳电池的典型代表，晶硅异质结(SHJ 或 HJT)太阳电池技术发展已逐渐成熟，开始迈入规模化制造阶段。由前述各章的介绍可知，有诸多优势使 SHJ 太阳电池预期成为未来替代 PERC 电池的重要选择。

性能上，SHJ 太阳电池较完美地实现了高效晶硅电池理论上所需要的载流子选择性接触，确保了电池的高开路电压和高填充因子，通过引入宽带隙或高透过微晶、纳米晶硅基薄膜新材料，并优化制备 TCO 及金属接触电极，已基本形成了解决其短路电流短板的有效技术方案。电池由于高的双面率、高的稳定性和低的温度系数，会在户外应用中进一步带来相当高比例的发电增益。

技术上，SHJ 太阳电池结构简单，工序流程短，主要只包括制绒清洗、硅薄膜沉积、TCO 沉积和金属栅线电极制备四步工序。所有工序均为低温工序，工艺过程能耗低、工艺时间短。至目前，所有工序的具体工艺都已基本成熟，并使 SHJ 太阳电池无论在研发上还是在生产上都已成为目前效率领先的晶硅太阳电池。

成本上，SHJ 太阳电池规模化制造所需要的设备投资和原材料成本均已普遍下降，未来仍会继续降低。国内设备厂商数量增多，设备技术实力已赶超国外，SHJ 太阳电池制造的全部设备均已能够国内供货，龙头企业已可提供整线交钥匙规模化制造方案。在原材料方面，n 型大尺寸硅片技术也日趋成熟，薄片化技术可进一步摊薄成本；低温银浆正在实现国产化，多主栅、无主栅电极结构设计降低银耗量，更低成本的银包铜浆甚至铜电镀工艺也验证了提效降本的巨大潜力；TCO 电极无铟化以及与介质膜的叠层复合方案也已在电池端取得应用新进展。

规模上，越来越多的新进企业选择 SHJ 太阳电池路线，规模效应可促进设备和原料成本进一步降低，SHJ 太阳电池的性价比会越来越高。并且，SHJ 太阳电池尽管性能已足够优异，但依然存在很多技术改良和技术进步的新方向，可面向光伏发电市场实现电池性能的进一步提升，展现出广阔的发展前景。

9.1 晶硅异质结太阳电池技术的前沿发展方向

9.1.1 柔性晶硅异质结太阳电池

除了大型地面光伏电站外，分布式光伏、光伏建筑一体化等应用形式在提升光伏应用规模中起到越来越重要的作用，此外，在飞艇、无人机、单兵装备、可穿戴智能设备、便携式/移动能源等领域也孕育着对光伏柔性电源的巨大需求。传统认为各类薄膜太阳电池具有制备柔性光伏组件的优势，这是因为它们可以沉积在塑料、不锈钢箔等柔性衬底上，这也一直是太阳电池领域研究的热点。但这些电池目前普遍存在效率偏低和稳定性较差的瓶颈问题[1]。效率最高的 GaAs 薄膜太阳电池因其高昂的制造成本无法在地面市场中推广。

实际上，晶硅太阳电池同样具有开发柔性光伏组件的潜力。理论计算的晶硅太阳电池转换效率与硅衬底厚度之间的关系表明，电池理论转换效率随晶硅衬底厚度增加呈先上升后下降的趋势，具体体现为开路电压 V_{OC} 下降，短路电流密度 J_{SC} 上升，而填充因子 FF 变化较小。无论是 p 型还是 n 型晶硅衬底，均呈现出相似的规律，获得最高 29% 左右转换效率所需的厚度都在 100μm 左右[2]，将晶硅衬底厚度减小到 50μm 甚至更小时，转换效率下降的幅度并不明显[3]。

晶硅衬底减薄带来的明显好处是其可弯曲半径随厚度减小而逐渐降低，当厚度达到 30μm 左右时，晶硅衬底的可弯曲半径甚至能够低到 1cm 以下[4]。这足以满足很多实际应用中对柔性光伏电池的需求。同时晶硅太阳电池的高转换效率、高稳定性以及低制造成本也为提供高性能的柔性光伏器件提供了重要保障。

柔性晶硅太阳电池一直在研发之中。最初采用的结构基本都是基于高温扩散结或离子注入结制备而成的。1996 年，澳大利亚新南威尔士大学（UNSW）在 47μm 厚的薄硅衬底上制备的 4cm² PERL 结构电池效率达到了 21.5%[5]，2014 年，美国 Solexel 公司在 35μm 厚的硅膜上取得了 21.2% 的效率[6,7]。但除此以外，所制备的薄硅膜电池普遍面积小、效率低。扩散或离子注入后退火需要 800℃ 以上的高温过程，与薄晶硅衬底的兼容性较低，容易导致衬底破碎。

SHJ 太阳电池制备工艺步骤少，并全部在 200℃ 左右的低温下进行，与超薄晶硅衬底兼容，因此成为柔性晶硅太阳电池近期研究的重点。采用这一结构，2019 年日本产业技术综合研究所（AIST）在 46μm 厚的晶硅衬底上获得了 22% 的转换效率[8]；2020 年美国亚利桑那州立大学（ASU）在 40μm 厚的晶硅衬底上获得了 20.48% 的转换效率[9]，2021 年在厚度 56μm 的晶硅衬底上获得了 23.3% 的转换效率[10]；2023 年中国科学院上海微系统与信息技术研究所在 60μm 厚的 244.3cm² 的大面积商用硅片上获得了 24.5% 的转换效率[11]；2024 年江苏科技大学和隆基在 57μm 厚的 273.8cm² 的大面积商用硅片上获得的转换效率超过 26%[12]。

总体上，SHJ 太阳电池结构已成为目前制备柔性晶硅太阳电池的优选方案。有研究依据现有各类结构电池的发展水平对其在柔性晶硅电池组件上的应用潜力进行了预测，结果表明，SHJ 等先进结构可以贡献出最高的组件效率，并且与厚的晶硅衬底相比，在薄硅衬底上的电池性能并没有明显下降[13]。

晶硅衬底减薄除了赋予太阳电池柔性可弯曲的能力外，还带来了另外的好处，就是电池温度系数变小，在高温下应用的稳定性变好[14]，不同温度条件下，晶硅太阳电池理论效率随晶硅衬底厚度的减小均表现出先增大后减小的规律，即存在一个最优厚度可使电池获得最高转换效率。这个最优厚度与电池的体内和表面质量有关，电池表面复合速率越小，可选的最优厚度越小，电池的体寿命越长，可选的最优厚度越大。这个最优厚度还与电池的使用温度有关，温度越高，所优化的最佳厚度越小。电池的温度系数同样与电池的体内和表面质量有关，晶硅衬底厚度较小时，温度系数主要与表面复合速率有关，硅衬底厚度较大时，温度系数主要由体少子寿命决定，结果，当晶硅衬底厚度减小时，晶硅电池的温度系数逐渐减小，表现出更好的温度稳定性。目前，晶硅衬底的质量已获得了极大改善，体少子寿命大大提高，SHJ 太阳电池技术的进步已能获得相当好的表面钝化效果，表面复合速率很低。此种情况下，柔性 SHJ 太阳电池在高温下的应用潜力更大。

晶硅衬底减薄所导致的电池短路电流密度下降是薄晶硅太阳电池需要解决的主要问题。如图 9.1 所示，由于晶硅衬底的间接带隙特性，随厚度下降，晶硅衬底对长波光的吸收能力变得越来越弱[15]。因此，对柔性 SHJ 太阳电池，除了实现高性能表面钝化外，还需要围绕如何增大光学吸收来开发高效陷光结构。

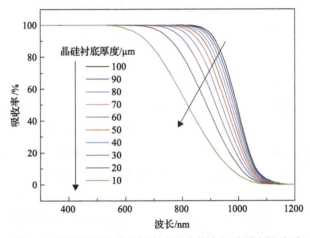

图 9.1　计算得到的晶硅衬底光吸收能力与其厚度的关系
计算所用折射率和消光系数数据取自文献[15]

已有的一些研究结果表明：微米尺度结构可以获得较好的陷光效果[16,17]；衍射光栅可以提高长波光在超薄电池内的有效光程[18-20]；纳米尺度结构能够带来优异的准全向光响应特性[21,22]；小尺度结构与后续电池制备工艺特别是丝网印刷制备银电极工艺更兼容，能减少银栅线外扩展宽、降低栅线遮光，同时减小接触电阻、改善电池填充因子[23,24]；随机分布无序性结构可以取得与周期性结构相近的陷光效果[25,26]；介质层/金属层复合可以大大增强长波光在电池背面的内反射率[27-29]。但是，晶硅衬底表面的陷光结构会对衬底/电池的机械性能带来显著影响，使内部产生局域应力[30,31]。所以，陷光结构开发需要结合力学方面的分析同步进行，以避免薄硅衬底破碎。通过引入上转换材料，将晶硅衬底吸收较弱的低能光子转换成吸收较强的高能光子，也是一种可能的陷光解决方案[32,33]。

针对光伏发电的柔性应用，仅有电池是远远不够的，高性能组件才是市场中真正需要的产品。为此，也需开发柔性 SHJ 太阳电池组件制备技术。

晶硅太阳电池做成组件首先要解决电池片之间的连接问题。常规串焊连接最成熟，但研究发现这种方式会在电池片中产生残余应力，并且应力会随晶硅衬底厚度的减小而增大[34]。叠瓦连接使相邻电池片有适当重叠，在重叠区域通过导电胶将一个电池的正面主栅和另一个电池的背面主栅连接起来，采用导电胶连接，组件的耐热冲击性[35]和柔韧性更好[36]，且湿热老化性能也完全能够满足 IEC 61215 安全标准[37]。由此，叠瓦连接可以作为柔性 SHJ 太阳电池组件的一种备选连接方式。进行其他新型连接方式的开发时也应以避免应力产生为前提。

电池片组串连接完成后即可进行组件封装。常规刚性晶硅太阳电池组件一般是将上玻璃盖板、电池、高分子背板通过 EVA 胶膜层压黏结在一起，高分子背板一般由聚对苯二甲酸乙二醇酯(PET)中间层和前后表面的含氟保护层如聚氟乙烯(PVF)组成，PET 具有良好的绝缘性，PVF 起到耐热、耐腐蚀和耐紫外的作用。柔性组件封装与之相比最需要的是将前盖板由刚性玻璃换成柔性高分子保护层，该保护层应该具有优异的透光性和户外耐久性，包括阻水性、耐光老化性、耐刮划性和自清洁性等。

综上所述，柔性 SHJ 太阳电池及其组件具有满足光伏发电柔性电源领域存在的对高效率低成本太阳电池需求的极大潜力，可以成为 SHJ 太阳电池升级发展的一个重要方向。

9.1.2 全背接触晶硅异质结太阳电池

SHJ 太阳电池中的硅基膜层和 TCO 膜层存在的光学寄生吸收效应限制了电池短路电流密度的提高，尽管通过一些改进工艺，如采用更宽带隙的硅氧、硅碳膜层，或采用吸收系数更小的微晶膜层可以将该效应弱化，但与基于扩散制备的电池如 PERC 和 TOPCon 电池相比，短路电流密度仍然偏低。前表面电极栅线制作得再细也仍然存在遮光问题。正如本书 1.3 节中所介绍的，解决这些问题的一种有效办法就是将电池的正负极全部置于电池的背面，这便是美国 Sunpower 公司较早开发的 IBC 太阳电池[38]。

如第 1 章中的图 1.12 所示，IBC 太阳电池的基本特征是将 PERT 电池的双面接触电极均按照叉指状结构制备在电池背面，一方面，电池的前表面没有了栅线遮光；另一方面，前表面的掺杂程度因无须考虑接触问题而可以掺得更浅，由此降低前表面掺杂层内的复合。两方面的贡献可使电池光电流获得提高。但是，由于背面的 n 和 p 掺杂层是靠扩散实现的，厚度较大，吸收明显，为了将两部分的光吸收利用起来，掺杂浓度不能过大，同时与金属接触的局域越小越好，因此设计为点接触，在金属接触区域之外的其他背表面制备钝化层。可见，IBC 太阳电池的制作过程比 PERT 太阳电池还要复杂。这限制了其在光伏行业内的规模化推广。

将 IBC 电池结构引入 SHJ 太阳电池中，就形成了 HBC 太阳电池[39]，具体结构见第 1 章中的图 1.13。HBC 太阳电池将异质 pn 结和高低结表面场全部放在太阳电池的背面，消除了传统 SHJ 太阳电池前表面栅线的遮光问题；同时也避免了硅基膜层和 TCO 薄层在电池前表面造成的相对较大的光学寄生吸收；甚至金属电极层可以直接制作在掺杂硅薄膜层上而不必使用 TCO；金属电极层可具有足够的宽度和厚度，因而也能够采用导电性相对低一些的廉价金属取代银；电池前表面仅需考虑钝化和减反射问题，因而可以采用更加宽带隙的绝缘介质层来实现，其光学寄生吸收可大大降低；同 IBC 结构相比，HBC

电池仍可采用叉指状正负电极结构，但由于掺杂层厚度极小，只需制成全区域接触即可，而无须采用局域接触孔结构，也无须考虑对掺杂层的钝化。因而，相比于 SHJ 太阳电池，HBC 太阳电池可以获得更高的转换效率；相比于 IBC 太阳电池，HBC 太阳电池的制作过程又会大大简化。

在 SHJ 太阳电池基础上进一步开发 HBC 太阳电池，重点要解决的是背面接触的图形化设计及其制备问题。HBC 太阳电池背面接触结构的图形化设计主要集中在理论研究[40-47]。通过分析背接触结构中发射极宽度、背表面场宽度和二者之间的间隙宽度对太阳电池光电转换性能的影响，发现发射极宽度增加，光生少子的收集效率提高，电池短路电流密度上升，但多子横向运动到背表面场的距离增加，电池串联电阻变大，导致填充因子下降。增加背表面场的宽度，则会增加少子传输到发射极而被收集的横向距离，复合概率变大，电池短路电流下降；所以，发射极和背表面场之间的比例需要折中考虑，这除了与少子扩散长度密切相关外，还与二者所导致的结区复合电流密度有关，显然，可能引起的复合率越大，其所能够选取的最佳比例就会越小。在 IBC 电池中，发射极和背表面场之间存在间隙是必要的，因为其上的发射极和背表面场都较厚，具有相对较大的横向导电性，二者接触会产生较严重的漏电。在 HBC 太阳电池中，发射极和背表面场都是高掺杂的硅薄膜层，厚度小，横向导电性差，即使二者相连，所能引起的漏电影响范围极小，因而，从理论上讲，为了保证载流子收集效率，基本上不用考虑在二者之间预留间隙。但是，在无论发射极还是背表面层引起的结区复合都比较大的情况下，预留间隙如能通过优异钝化使其表面复合率降低到比结区复合率低，则仍有提高电池转换效率的潜力，但间隙宽度的选取需要综合考虑载流子的复合和传输效率。

围绕如何实现 HBC 太阳电池正负背接触区的图形化问题，发展出的一些代表性方法主要包括光刻法[39,48-50]、掩模板法[51-53]、印刷法[54,55]、激光刻蚀法[56,57]等。

光刻法是通过光刻胶曝光制备掩膜实现图形转移的方法，其主要过程为：在样品表面涂覆光刻胶，通过光刻版对光刻胶进行图形化曝光，然后通过显影去除曝光的或未曝光的光刻胶，再利用刻蚀技术将图形转移到样品表面上，之后将光刻胶去除。下面是一个采用光刻法制备 HBC 太阳电池的例子[39]，在电池背面先沉积 a-Si：H(i/p) 层，利用光刻和 HNO₃/HF 混合酸腐蚀对 a-Si：H(i/p) 层进行图形化，清洗后沉积 a-Si：H(i/n) 层，利用光刻剂和碱溶液腐蚀对 a-Si：H(i/n) 层进行图形化，之后利用蒸发制备金属电极，再通过光刻实现金属电极的图形化。

掩模板法指利用外加的掩模板对非镀膜区域进行遮挡的方法，该方法的好处是只在需要的位置镀膜，但是需要掩模板的安装与对准，反复使用时也要增加掩模板清洗步骤。下面是一个采用掩模板制备 HBC 电池的例子[51]，通过叠加使用主模板和阻挡模板，可以将 a-Si：H(n) 和 a-Si：H(p) 层分开沉积；并提出了两种具体方案，方案 1 最后形成的 p 接触区与 TCO/Ag 之间实现的是隧穿连接，该方案在镀膜后无须任何刻蚀工艺即可实现 HBC 电池背接触区的隔离制备；方案 2 在沉积 a-Si：H(n) 层之前需要一步对 a-Si：H(p) 层的刻蚀步骤，最终获得正负接触区均为常规接触结构。这样的掩模板法操作简便，但当电池面积增大时，掩模板容易变形，不宜固定，导致图形化精度变差，特别是隔离正负接触区所采用的主模板，特征宽度窄、长度大，变形概率高。为此，对前述的方案 1

进行改进，只保留阻挡模板进行一次掩模，正负接触区的隔离靠喷墨打印热熔胶并结合湿化学腐蚀的方式实现[53]。

印刷法是在样品上制备图形化掩膜的低成本方法，具体可以采用丝网印刷法或喷墨打印法直接印制出图形化的掩膜，再结合各种刻蚀工艺将图形转移到样品上，之后去除掩膜。该方法相比于光刻法无需光刻的曝光、显影步骤；相比于模板法无需外置的掩模板，不用考虑模板的安装和对准。因而，印刷法制备 HBC 太阳电池的成本相对较低，适合大面积电池制备，但精度不如光刻法，操作简便性不如模板法。

激光刻蚀法是对光刻法的简化，通过激光刻蚀在掩膜层上加工出所需要的图形，即将曝光和显影步骤合二为一，然后再将图形转移到样品上。相比于印刷法，激光刻蚀法的图形化精度更高，并能保持与之相近的加工处理能力，也适合大面积电池制备。如果采用激光直接刻蚀功能活性层，甚至可以不使用任何掩膜，工艺步骤大大简化。因而，激光刻蚀法已成为关注度较高的方法[56,57]。下面是一个基于激光刻蚀进行 HBC 太阳电池制备的例子[56]，在电池背面沉积 p^+/i a-Si：H 叠层后，沉积由 SiO_x 和 SiN_x 组成的介质掩膜层以及 a-Si：H 牺牲层，采用 355nm 激光刻蚀表面的 a-Si：H 进行图形化，随后在 $HF/HCl/H_2O$ 溶液中刻蚀去掉介质掩膜层，在进一步干刻去掉 p^+/i a-Si：H 层后沉积 n^+/i a-Si：H 叠层，然后再用 $HF/HCl/H_2O$ 剥离掉剩下的介质掩膜层，由此获得正负电极背接触结构。

随着制备技术的不断进步，研发中的 HBC 太阳电池转换效率也获得了很大提升。日本 Panasonic 公司于 2014 年 4 月在 143.8cm² 面积上获得了 25.6% 的转换效率[58]。2017 年，日本 Kaneka 公司 HBC 太阳电池转换效率达到 26.7%[59]。2024 年，隆基将大面积 HBC 太阳电池转换效率提高至 27.3%[60]。

HBC 太阳电池作为转换效率最高的晶硅太阳电池，是 SHJ 太阳电池转换效率进一步提高的技术升级方案，开发实用的低成本产业化路线是 HBC 太阳电池研发的重要方向。

9.1.3 新材料体系晶硅异质结太阳电池

如 1.3.2 节所述，钝化载流子选择性接触结构被认为是提升太阳电池转换效率的优选结构[61-64]。SHJ 太阳电池是该结构在高效晶硅电池上的典型应用[65]，但也存在一些短板需要克服，如寄生吸收较大，虽然制备工艺步骤少，但技术门槛和制造成本仍然偏高等。为此，除了 TOPCon 晶硅太阳电池作为一种新的钝化载流子选择性接触结构被提出外[66-68]，基于新材料体系的无主动掺杂异质结晶硅太阳电池也成为研究热点[69-71]。

无主动掺杂异质结晶硅太阳电池采用功函数较高的载流子选择性接触层取出晶硅衬底中的空穴，采用功函数较低的载流子选择性接触层取出晶硅衬底中的电子。取出晶硅衬底中的少子的载流子选择性接触层构成太阳电池的发射极，取出晶硅衬底中的多子的载流子选择性接触层构成太阳电池的高低结表面场。与 SHJ 太阳电池相同，在载流子选择性接触层和晶硅衬底之间一般也插入界面钝化层来消除异质结界面上的缺陷。这样的载流子选择性接触层可以是有机材料层[72-74]，但研究更多的是无机材料层，如无主动掺杂的氧化物[75-80]、氮化物[81,82]、氟化物[83,84]、硫化物[85,86]等。用来取出空穴的功函数较高的空穴选择性接触材料常用的是过渡金属氧化物，如 MoO_x、WO_x、VO_x、NiO_x

等[77-80]，用来取出电子的功函数较低的电子选择性接触材料常用的是 TiO_x、LiF_x、MgO_x 等[87-89]。

采用 MoO_x 作为空穴选择性接触层、LiF_x 作为电子选择性接触层，在这些接触层和晶硅衬底之间插入超薄 a-Si：H(i) 作为界面钝化层；该结构电池在正负极两面采用了完全不同的无主动掺杂材料，因而被命名为无主动掺杂非对称异质接触(dopant-free asymmetric heterocontacts, DASH)结构晶硅太阳电池[90]。同 SHJ 太阳电池相似，DASH 结构与 IBC 结构相结合可以进一步开发 DASH-IBC 电池，也可以采用两步掩模板法制备[91]。

基于高低功函数材料构建的无主动掺杂钝化载流子选择性传输结构晶硅太阳电池具有如下优势，在电池迎光面具有较宽的带隙，因而有利于减少寄生吸收，大多数材料可通过蒸发和磁控溅射等相对低成本的制备方法获得，避免使用有毒、易燃、易爆的高纯特气，安全性更高。但作为近年来才开始大量关注的新方向，最佳材料体系仍在筛选之中，也未形成完全确定的太阳电池结构，相比于传统的 SHJ 和 HBC 太阳电池，无主动掺杂晶硅异质结太阳电池的转换效率还有较大差距。此外，该结构电池仍存在一定的不稳定性，如在 MoO_x/a-Si：H(i)/c-Si 接触结构中，界面处存在的氧、氢扩散会导致界面特性变差，Mo^{6+} 向 Mo^{5+} 转变会引起 MoO_x 费米能级附近缺陷态密度增加，导致电池性能衰减[92,93]。所有这些问题，需要作进一步的深入研究来进行解决。

9.2　高效晶硅异质结叠层太阳电池

基于单个 pn 结的单结太阳电池的转换效率受 S-Q 理论极限限制[94]，这个理论极限与太阳电池的吸收层带隙大小有关。针对单结晶硅太阳电池，更细致的理论计算表明，在 AM1.5 太阳光谱辐照下，其极限效率为 29.43%[95]。随着 SHJ 太阳电池制备技术的进步，其转换效率进一步提高的空间越来越小，而制备的难度越来越大。如何突破 S-Q 理论极限的限制，实现更高转换效率已成为光伏领域的研究重点。发展多结叠层太阳电池就是一种有效的解决途径。

如图 9.2 所示，在传统的具有单个 pn 结的太阳电池中，主要存在如下能量损失机理[96]：①透过损失，②热弛豫损失，③结区损失，④接触损失，⑤复合损失。随着单结太阳电池制备工艺技术的进步，后三个损失过程已尽可能降低，但前两个损失是常规单结结构无法避免的，这也是存在 S-Q 极限的根本原因。因此，突破 S-Q 极限，就需要将透过损失的能量和热弛豫损失的能量利用起来。透过损失是由光子能量小于吸收层带隙而无法被吸收引起的，因而可以通过引入更窄带隙的吸收层来利用。热弛豫损失是由于光子能量大于吸收层带隙，被吸收后很快从高能激发态弛豫到能带边释放热量而造成的，因而可以通过引入更宽带隙的吸收层来利用。由此，产生了多结太阳电池的概念。

多结太阳电池通过对太阳光谱进行分光，使采用不同带隙吸收层的太阳电池只吸收与自己带隙匹配度最高的光谱范围内的光子，由此减小透过损失和热弛豫损失。如图 9.3 所示[97]，一种方式是采用光学分光系统，如合适的反射/透射镜，将不同波段范围内的光分别照射到不同带隙吸收层的太阳电池上；另一种方式是直接开发多结叠层太阳电池，

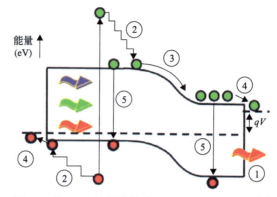

图 9.2　基于 pn 结的单结太阳电池能量损失机理[96]

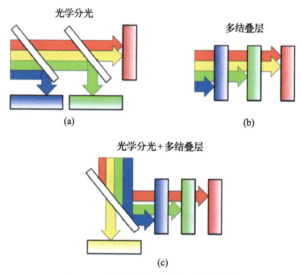

图 9.3　太阳光谱分光设计方案[97]

分光效果和光电转换靠太阳电池自身同时实现。光学分光的难度主要在于合适性能的光学分光系统的开发，对太阳电池的制备要求甚至比开发单结电池时还低，但因光学系统的加入，整体系统的集成度、紧凑度不够，不便于应用，也增加了维护方面的成本。多结叠层太阳电池因没有光学系统，与单结太阳电池相比，使用要求相同或相近，易于进行应用推广，但多结电池自身制备难度大大增加。因而，也可以将光学分光和多结叠层太阳电池结合起来，实现二者的优势互补。

多结叠层太阳电池仍是大多数光伏研究的首选。具体到多结电池之间如何连接，以双结叠层为例，主要有如图 9.4 所示的几种连接方式，图 9.4(a) 为两端叠层连接，在子电池之间通过隧穿结实现子电池之间的串联，在与外电路连接时，仍与单结太阳电池相同，只有两个连接端子。这是一种单片集成式的紧凑连接方式，从外观看，多结叠层电池与单结电池没有差异，对后端应用基本没有额外的要求，因而是关注度最高的连接方式。但这种连接需要各子电池间必须满足电流匹配要求，即在工作时，各子电池需要产生相同的光电流，否则，叠层电池的总体光电流将由子电池中所产生的最小光电流决定，从而导致叠层电池性能下降。所以,如何实现各子电池间的最佳电流匹配和高性能隧穿结连接是这种两端叠层太阳电池需要解决的关键问题。图 9.4(b)为三端叠层连接,常用模式为两个子电池共用一个连接端子,对于另外一个连接端子两个子电池各用各的,这样总体电池就具有了三个连接端子。这种连接方式中,两个子电池处于并联状态或者独立工作,在电学上相互影响较小,但难点是中间共用端子的引出问题,尤其是在太阳电池面积增大时。一种改善的方式是底电池采用全背接触结构,这样两个子电池共用的端子也置于整体电池的背面,制备难度降低。图 9.4(c)为四端叠层连接,该连接方式中,子电池电学性能完全独立,只是为了满足分光谱的需要而彼此上下叠加,二者之间通过绝缘的机械连接成为一体。显然地,对后两种连接方式而言,叠层太阳电池的结数越多,所需要的连接端子数量就会越多,而两端连接方式适用于任何结数的叠层电池,是重点研究的对象。即便如此,子电池结数越多,整体制备难度也会越来越大,因而,对叠层太阳电池的研究还主要集中在双结叠层和三结叠层上,四结及以上叠层电池相对少见。

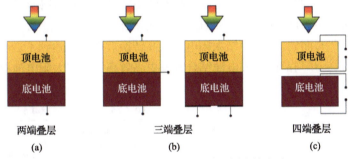

图 9.4 叠层太阳电池的三种不同连接方式

晶硅太阳电池作为具有优异性价比的成熟太阳电池,如果能够用于叠层太阳电池的开发,将使叠层太阳电池的开发无论是难度上还是成本上都会大大降低。有研究给出了理论计算得到的采用两端连接方式时,双结叠层太阳电池转换效率与子电池吸收层带隙之间的关系[98],发现顶电池和底电池吸收层的最佳匹配带隙分别为 1.62eV 和 0.91eV,此时理论转换效率可以达到 42.8%。当采用晶硅太阳电池作为底电池时,其吸收层带隙为 1.1eV,此时需要的顶电池吸收层的匹配带隙为 1.72eV,理论转换效率能达到 42.4%,这与最高效率相比没有太大差异。进一步地,如果采用晶硅太阳电池作为底电池开发三结叠层太阳电池,分析结果表明顶电池优化带隙为 2.01eV,中间电池优化带隙为 1.5eV,此时转换效率理论上可达到 50%以上[98]。

由上可以确认,在双结或三结叠层太阳电池中,采用晶硅太阳电池作底电池都是非常合适的,均拥有使转换效率突破单结电池 S-Q 极限的极大潜力,研究的关键是开发与之相匹配的宽带隙吸收层材料体系和电池器件,有多种类型的带隙可调的半导体材料均具有开发满足性能需求的吸收层的潜力,这包括二元、三元、四元甚至更多元的无机化合物材料、有机聚合物材料、有机无机杂化材料等[99]。目前,已取得显著进展的主要包括钙钛矿/晶硅叠层太阳电池和Ⅲ-Ⅴ族化合物/晶硅叠层太阳电池,SHJ 太阳电池作为高效晶硅太阳电池的典型代表,其低温制备的特点也会在叠层太阳电池开发中带来一些附加优势，因而成为叠层太阳电池开发中晶硅底电池的重要选择。

9.2.1 钙钛矿/晶硅异质结叠层太阳电池

用来制备太阳电池的具有 ABX_3 钙钛矿结构的材料具有如下组分构成[100]，如图 9.5(a) 所示，A 为一价阳离子或基团，主要有 Rb^+、Cs^+、$CH_3NH_3^+(MA^+)$、$HC(NH_2)_2^+(FA^+)$ 等；B 为二价金属离子，如 Pb^{2+}、Sn^{2+}、Ge^{2+} 等；X 为 Cl^-、Br^-、I^- 等卤素离子。6 个卤素 X^- 离子通过配位键形成八面体，B^{2+} 金属离子位于八面体的体心，A^+ 离子或基团处于八面体顶对顶排布形成的间隙中。通过改变 ABX_3 的组分构成，可以实现对材料带隙的调节。针对以晶硅太阳电池为底电池的双结叠层电池，顶电池吸收层带隙优选 1.72eV，此时可以采用的钙钛矿结构材料具有很大的组分调节空间；针对三结叠层电池，中间电池可以选用带隙 1.5eV 左右的 $Pb_{1-x}Sn_xI_3$ 材料体系，顶电池可以选用的带隙在 2.0eV 左右的材料同样具有很广泛的组分调节空间。ABX_3 钙钛矿结构材料一般是通过溶液法或蒸发法制备的多晶薄膜材料，具有较大的光吸收系数，随着制备技术的不断进步，其材料质量和光电性能获得了很大提高。2009 年，首次采用 $CH_3NH_3PbI_3$ 作为敏化剂的太阳电池在 $0.24cm^2$ 面积上转换效率只有 3.8%[101]，而到目前，单结太阳电池最高转换效率已经达到了 26.7%(约 $0.05cm^2$ 面积)[102]，这为进一步与晶硅太阳电池结合开发更高效率的叠层太阳电池提供了基础。

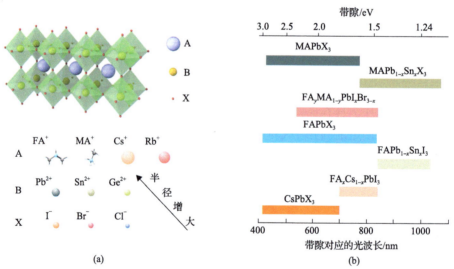

图 9.5 钙钛矿结构材料的晶体结构与带隙调控[100]

(a)晶体构成；(b)组分调控对带隙的调节作用

如图 9.6 所示，最初的钙钛矿/晶硅两端叠层太阳电池采用了单面制绒的高温扩散制备的晶硅底电池，制备宽带隙钙钛矿电池的硅衬底正表面为平面，同时，钙钛矿电池采用了早期的制备在 TiO_2 介孔电子传输层上的 n-i-p 结构，钙钛矿吸收层为常规的 $CH_3NH_3PbI_3$，两个子电池之间的隧穿连接通过重掺杂的 n^{++} Si 层实现，其是通过 PECVD 制备的，并经过在一定高温下的退火处理进行了杂质激活，该钙钛矿/晶硅两端叠层太阳电池当时转换效率只有 13.7%，但开启了钙钛矿/晶硅两端叠层电池的研究进程[103]。

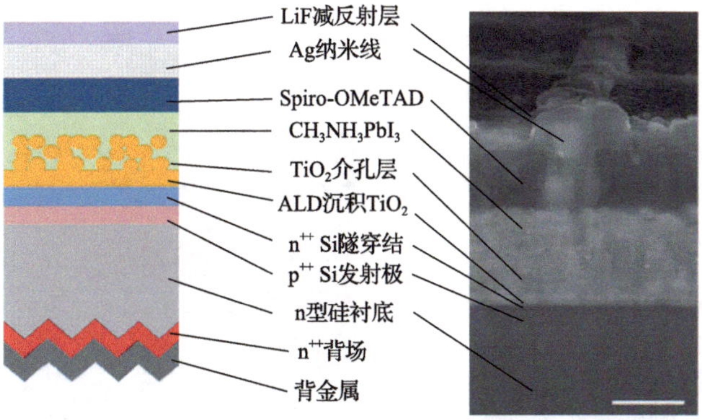

LiF减反射层
Ag纳米线
Spiro-OMeTAD
CH₃NH₃PbI₃
TiO₂介孔层
ALD沉积TiO₂
n⁺⁺ Si隧穿结
p⁺⁺ Si发射极
n型硅衬底
n⁺⁺背场
背金属

图 9.6　初期的钙钛矿/晶硅两端叠层太阳电池结构示例[103]

随后，低温工艺制备的 SHJ 太阳电池被引入作为底电池，如图 9.7 所示，用原子层沉积（ALD）低温制备的 SnO_2 薄膜作电子传输层取代 TiO_2 介孔电子传输层，并采用 ITO 实现子电池间的隧穿连接，钙钛矿吸收层组分也优化为 $FA_yMA_{1-y}PbI_xBr_{3-x}$，叠层电池转换效率达到了 18.1%[104]。进一步研究采用低温制备的 PEIE/PCBM 有机电子传输层，并采用 IZO 实现子电池间的隧穿连接，电池转换效率达到 21.2%[105]。如图 9.8（a）所示，采用更稳定的 $Cs_{0.17}FA_{0.83}Pb(Br_{0.17}I_{0.83})_3$ 钙钛矿吸收层，在 SHJ 晶硅底电池上制备 p-i-n 结构的钙钛矿顶电池，采用 NiO 作顶电池的空穴传输层，通过 ITO 实现子电池间的隧穿连接，采用 LiF/PCBM/SnO₂/ZTO/ITO 多层复合结构作顶电池的电子传输层，并在其上制备 LiF 减反射层，电池转换效率达到 23.6%[106]。如图 9.8（b）所示，采用含 Br 更高的 $Cs_{0.05}(FA_{0.77}MA_{0.23})_{0.95}Pb(I_{0.77}Br_{0.23})_3$ 作吸收层，Me-4PACz 自组装单分子层（self-assembled monolayer, SAM）作空穴传输层，抑制宽带隙钙钛矿材料的相分离，并提高空穴取出效率，电池转换效率提高到 29.1%[107]。

上述研究都是将钙钛矿太阳电池制备在晶硅太阳电池的平整表面上的，原因是沉积

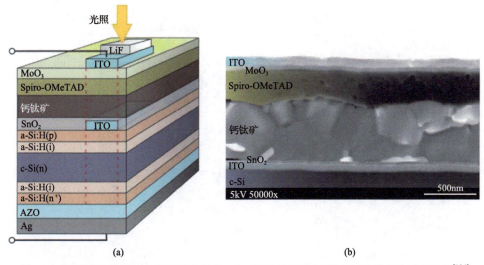

光照

(a)　　　　　　　　　(b)

图 9.7　采用晶硅异质结电池作底电池的 n-i-p 钙钛矿/晶硅两端叠层太阳电池结构示例[104]

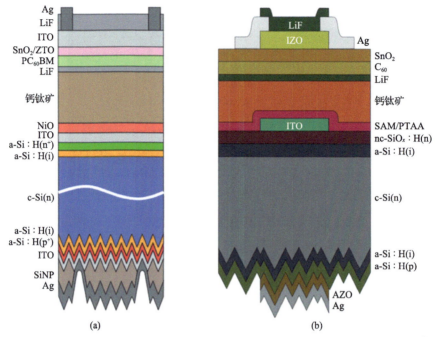

图 9.8 采用晶硅异质结电池作底电池的 p-i-n 钙钛矿/晶硅两端叠层太阳电池结构示例[106,107]

表面的粗糙度会影响钙钛矿材料的成膜质量。然而，绒面结构是增强陷光效果，提高电池短路电流密度所必需的。所以，采用前表面制绒的晶硅太阳电池来进行钙钛矿/晶硅两端叠层太阳电池的开发也一直在进行中。

图 9.9 给出了两个在制绒 SHJ 太阳电池表面制备 p-i-n 钙钛矿顶电池的例子，一个采

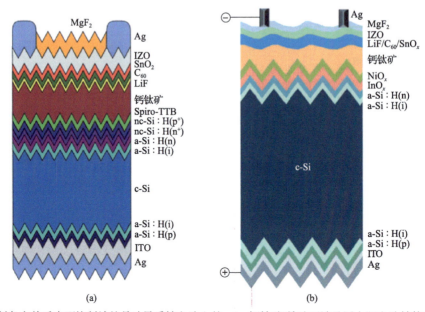

图 9.9 制备在前后表面均制绒的晶硅异质结电池上的 p-i-n 钙钛矿/晶硅两端叠层太阳电池结构示例[108,109]

用有机 Spiro-TTB 作空穴传输层，采用 nc-Si：H(p^+/n^+) 代替 ITO 实现子电池间的隧穿连接，电池转换效率达到 25.2%[108]；一个采用无机 NiO$_x$ 作空穴传输层，采用 InO$_x$ 实现子电池间的隧穿连接，电池转换效率达到 25.7%[109]。与图 9.9(b) 相同的结构被制备在带纳米结构绒面的 SHJ 太阳电池上，在约 1cm² 面积上实现了 29.8% 的转换效率[110]。隆基采用制绒表面的 SHJ 太阳电池制备的钙钛矿/晶硅两端叠层太阳电池在约 1cm² 面积上的转换效率达到了 34.6%[102]，近期更是提高到了 34.6%。

总体上，钙钛矿/晶硅两端叠层太阳电池已取得令人瞩目的进步，需要往更大面积、更高稳定性和更高转换效率的方向进一步发展。

9.2.2　Ⅲ-Ⅴ族化合物/晶硅异质结叠层太阳电池

Ⅲ-Ⅴ族化合物是由元素周期表中的ⅢA 族元素(Al、Ga、In)和ⅤA 族元素(N、P、As、Sb)形成的化合物。这些化合物基本均为直接带隙半导体材料，具有较大的光学吸收系数。如图 9.10 所示，Ⅲ-Ⅴ族化合物可选组分元素数量多、含量可调，使其带隙可以在很宽的范围内进行调节[98]。这些特点使Ⅲ-Ⅴ族化合物材料成为开发多结叠层太阳电池的非常合适的材料。实际上，基于Ⅲ-Ⅴ族化合物材料体系的太阳电池是目前转换效率最高的一类太阳电池，InGaP/GaAs/InGaAs 三结两端叠层太阳电池的转换效率已经达到了 37.9%(~1cm² 面积)，GaInP/GaAs 双结两端叠层太阳电池的转换效率也达到了 32.8%(约 1cm² 面积)[110]。但Ⅲ-Ⅴ族化合物制备太阳电池利用的是在昂贵的 GaAs 或 Ge 衬底上通过外延生长得到的单晶薄膜，高昂的成本限制了这类太阳电池在地面光伏市场中的应用。

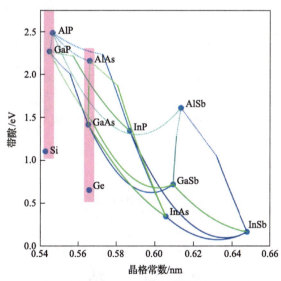

图 9.10　Ⅲ-Ⅴ族化合物组分变化对晶格常数和带隙的影响[98]

开发Ⅲ-Ⅴ族化合物/晶硅叠层太阳电池可以用廉价的晶硅电池作衬底，同时保持Ⅲ-Ⅴ族化合物太阳电池所具有的高性能，因而成为光伏界关注的一个重要发展方向。Ⅲ-Ⅴ族化合物太阳电池与晶硅太阳电池进行两端叠层结构开发可以采用的方式主要有三种：键合[111,112]、直接外延[113]和机械叠层[114]。键合的基本过程是先在昂贵的 GaAs 衬底上外延制备Ⅲ-Ⅴ族化合物单结或多结电池，然后将外延层键合到晶硅电池上，再把外延所用的GaAs衬底移除重新利用。键合的关键是Ⅲ-Ⅴ族化合物电池和晶硅电池相互键合的表面都必须有极高的洁净度和极小的粗糙度（如0.2nm以下）[112]，在压力作用下，两个键合表面靠氢键或范德华力相结合。直接外延则是在晶硅表面上通过外延晶格匹配的或晶格渐变的梯度过渡层，然后逐层外延出整个的Ⅲ-Ⅴ族化合物太阳电池，外延一般通过在高温下的分子束外延（MBE）或金属有机化学气相沉积（MOCVD）工艺实现[110]。键合和外延的技术特点决定了这两种叠层方式只能在高温工艺制备的晶硅太阳电池上实现。适合SHJ太阳电池采用的方式是机械叠层。

图9.11给出了通过机械叠层将Ⅲ-Ⅴ族化合物太阳电池和SHJ太阳电池叠加时可以采用的连接方式[114,115]，当采用图9.11（a）中所示四端连接时，将Ⅲ-Ⅴ族化合物太阳电池与SHJ太阳电池采用高透过的黏结剂分别置于一块高透过的玻璃板的两个表面上，Ⅲ-Ⅴ电池作为顶电池吸收太阳光谱中的中短波，SHJ太阳电池作为底电池吸收从顶电池和玻璃板中透射过来的长波，顶电池和底电池之间是电绝缘的。采用这种结构设置，GaInP/GaAs//Si三结四端叠层太阳电池的转换效率达到了35.9%[114]。当采用图9.11（b）中所示的两端连接时，在Ⅲ-Ⅴ族化合物太阳电池和晶硅太阳电池之间采用Pd纳米颗粒作为导电剂添加到黏结剂中，或者可以在黏结剂中原位生成导电纳米颗粒，从而实现子电池之间的电连接[115]。

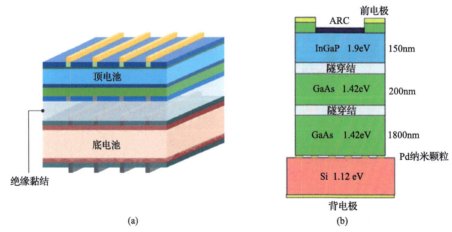

图9.11　通过机械叠层方式制备Ⅲ-Ⅴ族化合物/晶硅叠层电池
(a)四端连接[114]；(b)两端连接[115]

9.3　总　　结

SHJ太阳电池存在很多前景广阔的技术升级方向，其中有代表性的包括：柔性SHJ太阳电池、HBC太阳电池、钙钛矿/晶硅异质结叠层太阳电池和Ⅲ-Ⅴ族化合物/晶硅异质结叠层太阳电池。

采用薄硅衬底开发高效太阳电池不但可以满足光伏市场中对柔性光伏电源的巨大需

求，而且是降低晶硅太阳电池制造成本的有效途径。SHJ 太阳电池的技术特点决定了其在薄硅衬底上也能获得优异性能。整个制程在 200℃左右的低温下进行，可避免薄硅衬底内部产生热应力，大大降低薄硅衬底碎片率；非晶硅薄膜的优异钝化性能有效降低了硅衬底表面的复合速率，在硅衬底厚度下降、表面状态对电池性能的影响增强的情况下，仍能确保电池获得高开路电压。

将正负电极全部置于太阳电池的背面开发 HBC 太阳电池，可以有效减小硅基薄膜层和 TCO 薄膜层的寄生吸收，克服常规双面电极 SHJ 太阳电池短路电流密度低的短板，是进一步提高电池转换效率的有效途径。此外，HBC 太阳电池因迎光面没有金属栅线遮挡而具有更好的外观。与常规基于高温工艺制备的 IBC 太阳电池相比，HBC 太阳电池无须制备背接触区的局域接触结构和表面钝化层，因而制备工艺流程更简单。

针对如何低成本实现突破单结太阳电池 S-Q 效率极限的叠层太阳电池，SHJ 太阳电池可与典型的高性能薄膜太阳电池相结合进行多结叠层电池开发。以 SHJ 太阳电池作为叠层电池的底电池，通过组分调节，有多种类型的带隙可调的半导体材料均具有开发满足性能需求的宽带隙吸收层的潜力，其中钙钛矿结构材料和Ⅲ-Ⅴ族化合物材料研究进展较快。钙钛矿太阳电池具有成本低、效率高的优点，并且同样在低温条件下制备，制备过程对 SHJ 底电池性能没有影响。因而钙钛矿/晶硅异质结太阳电池已被业界认为是叠层太阳电池发展的优选方向，但仍需解决大面积电池的均匀性和稳定性问题。Ⅲ-Ⅴ族化合物太阳电池具有高转换效率的巨大优势，但价格昂贵。与 SHJ 太阳电池结合进行叠层结构开发，构建既能实现电池高转换效率又能降低电池制造成本并维持其足够稳定性的有效途径将是未来研发的重点。

总体上，SHJ 太阳电池作为高效晶硅太阳电池的典型代表，无论研发效率还是生产效率都处于行业领先，目前已开始进入规模化量产阶段，随着制造成本的逐渐降低，其市场竞争力将会获得很大提升。在常规双面电极太阳电池结构的基础上，SHJ 太阳电池的上述技术升级方向，可以进一步强化其竞争优势。

参 考 文 献

[1] Almora O, Baran D, Bazan G C, et al. Device performance of emerging photovoltaic materials (Version 1). Advanced Energy Materials, 2020, 10: 2002774.

[2] Kowalczewski P, Andreani L C. Towards the efficiency limits of silicon solar cells: How thin is too thin. Solar Energy Materials and Solar Cells, 2015, 143: 260-268.

[3] Kerr M J, Campbell P, Cuevas A. Lifetime and efficiency limits of crystalline silicon solar cells//Proceedings of 29th IEEE Photovoltaic Specialists Conference, New Orleans, 2002: 438-441.

[4] Thomsen E, Muric-Nesic J, Everett V, et al. Materials and manufacturing processes for high-efficiency flexible photovoltaic modules//Proceedings of 35th IEEE Photovoltaic Specialists Conference, Honolulu, 2010: 2877-2882.

[5] Wang A, Zhao J, Wenham S R, et al. 21.5% Efficient thin silicon solar cell. Progress in Photovoltaics, 1996, 4: 55-58.

[6] Kapur P, Moslehi M, Deshpande A, et al. A manufacturable, non-plated, non-Ag metallization based 20.44% efficient, 243 cm^2 area, back contacted solar cell on 40 μm thick mono-crystalline silicon//28th Eur. Photovolt. Solar. Energy Conference and Exhibition, Munich, 2014: 2228-2231.

[7] Green M A, Dunlop E D, Hohl-Ebinger J, et al. Solar cell efficiency tables (Version 59). Progress in Photovoltaics, 2022, 30: 3-12.

[8] Sai H, Oku T, Sato Y, et al. Potential of very thin and high-efficiency silicon heterojunction solar cells. Progress in Photovoltaics, 2019, 27: 1061-1070.

[9] Balaji P, Dauksher W J, Bowden S G, et al. Improving surface passivation on very thin substrates for high efficiency silicon heterojunction solar cells. Solar Energy Materials and Solar Cells, 2020, 216: 110715.

[10] Sai H, Umishio H, Matsui T. Very thin (56 μm) silicon heterojunction solar cells with an efficiency of 23.3% and an open-circuit voltage of 754 mV. Solar RRL, 2021, 5: 2100634.

[11] Liu W Z, Liu Y J, Yang Z Q, et al. Flexible solar cells based on foldable silicon wafers with blunted edges. Nature, 2023, 617: 717-723.

[12] Li Y, Ru X N, Yang M, et al. Flexible silicon solar cells with high power-to-weight ratios. Nature, 2024, 626: 105-110.

[13] Liu Z, Sofia S E, Laine H S, et al. Revisiting thin silicon for photovoltaics: A technoeconomic perspective. Energy & Environmental Science, 2020, 13: 12-23.

[14] Sai H, Sato Y, Oku T, et al. Very thin crystalline silicon cells: a way to improve the photovoltaic performance at elevated temperatures. Progress in Photovoltaics, 2021, 29 (10): 1093-1104.

[15] Schinke C, Peest P C, Schmidt J, et al. Uncertainty analysis for the coefficient of band-to-band absorption of crystalline silicon. AIP Advances, 2015, 5: 67168.

[16] Bhattacharya S, Baydoun I, Lin M, et al. Towards 30% power conversion efficiency in thin-silicon photonic-crystal solar cells. Physical Review Applied, 2019, 11: 014005.

[17] Eyderman S, John S, Deinega A. Solar light trapping in slanted conical-pore photonic crystals: beyond statistical ray trapping. Journal of Applied Physics, 2013, 113: 154315.

[18] Bermel P, Luo C, Zeng L, et al. Improving thin-film crystalline silicon solar cell efficiencies with photonic crystals. Optics Express, 2007, 15: 16986-17000.

[19] Feng N N, Michel J, Zeng L R, et al. Design of highly efficient light-trapping structures for thin-film crystalline silicon solar cells. IEEE Transactions on Electron Devices, 2007, 54: 1926-1933.

[20] Lee Y C, Huang C F, Chang J Y, et al. Enhanced light trapping based on guided mode resonance effect for thin-film silicon solar cells with two filling-factor gratings. Optics Express, 2008, 16: 7969-7975.

[21] Zhong S, Wang W, Zhuang Y, et al. All-solution-processed random Si nanopyramids for excellent light trapping in ultrathin solar cells. Advanced Functional Materials, 2016, 26: 4768-4777.

[22] Li Y, Zhong S, Zhuang Y, et al. Quasi-omnidirectional ultrathin silicon solar cells realized by industrially compatible processes. Advanced Electronic Materials, 2019, 5: 1800858.

[23] Ju M, Mallem K, Dutta S, et al. Influence of small size pyramid texturing on contact shading loss and performance analysis of Ag-screen printed mono crystalline silicon solar cells. Materials Science in Semiconductor Processing, 2018, 85: 68-75.

[24] Khanna A, Basu P K, Filipovic A, et al. Influence of random pyramid surface texture on silver screen-printed contact formation for monocrystalline silicon wafer solar cells. Solar Energy Materials and Solar Cells, 2015, 132: 589-596.

[25] Branham M S, Hsu W, Yerci S, et al. Empirical comparison of random and periodic surface light-trapping structures for ultrathin silicon photovoltaics. Advanced Optical Materials, 2016, 4: 858-863.

[26] Herman A, Mayer A, Deparis O, et al. A fair comparison between ultrathin crystalline-silicon solar cells with either periodic or correlated disorder inverted pyramid textures. Optics Express, 2015, 23: A657.

[27] Dikshit A K, Mandal N C, Bose S, et al. Optimization of back ITO layer as the sandwiched reflector for exploiting longer wavelength lights in thin and flexible (30 μm) single junction c-Si solar cells. Solar Energy, 2019, 193: 293-302.

[28] Hilali M, Saha S, Onyegam E, et al. Light trapping in ultrathin 25 μm exfoliated Si solar cells. Applied Optics, 2014, 53: 6140-6147.

[29] Holman Z C, Descoeudres A, de Wolf S, et al. Record infrared internal quantum efficiency in silicon heterojunction solar cells with dielectric/metal rear reflectors. IEEE Journal of Photovoltaics, 2013, 3: 1243-1249.

[30] Woo J, Kim Y, Kim S, et al. Critical bending radius of thin single-crystalline silicon with dome and pyramid surface texturing.

Scripta Materialia, 2017, 140: 1-4.

[31] Tang Q, Shen H, Yao H, et al. Investigation of optical and mechanical performance of inverted pyramid based ultrathin flexible c-Si solar cell for potential application on curved surface. Applied Surface Science, 2020, 504: 144588.

[32] Fischer S, Favilla E, Tonelli M, et al. Record efficient upconverter solar cell devices with optimized bifacial silicon solar cells and monocrystalline BaY_2F_8: 30% Er^{3+} upconverter. Solar Energy Materials and Solar Cells, 2015, 136: 127-134.

[33] Goldschmidt J C, Fischer S. Upconversion for photovoltaics—a review of materials, devices and concepts for performance enhancement. Advanced Optical Materials, 2015, 3: 510-535.

[34] Tippabhotla S K, Radchenko I, Song W, et al. Effect of interconnect plasticity on soldering induced residual stress in thin crystalline silicon solar cells//18th IEEE Electronics Packaging Technology Conference, Singapore, 2016: 734-737.

[35] Theunissen L, Willems B, Burke J, et al. Electrically conductive adhesives as cell interconnection material in shingled module technology. AIP Conference Proceedings, 1998, 1999: 080003.

[36] Nagarkar K. Reliability of compliant electrically conductive adhesives for flexible PV modules//15th IEEE Intersociety Conference on Thermal and Thermomechanical Phenomena in Electronic Systems (ITherm), Las Vegas, 2016: 898-905.

[37] Bauermann L P, Fokuhl E, Stecklum S, et al. Qualification of conductive adhesives for photovoltaic application: Accelerated ageing tests. Energy Procedia, 2017, 124: 554-559.

[38] Mulligan W P, Rose D H, Cudzinovic M J, et al. Manufacture of solar cells with 21% efficiency//Proceedings of 19th European Photovoltaic Solar Energy Conference, Paris, 2004: 387-390.

[39] Nakamura J, Asano N, Hieda T, et al. Development of heterojunction back contact Si solar cells. IEEE Journal of Photovoltaics, 2014, 4(6): 1491-1495.

[40] Belarbi M, Beghdad M, Mekemeche A. Simulation and optimization of n-type interdigitated back contact silicon heterojunction (IBC-SiHJ) solar cell structure using Silvaco Tcad Atlas. Solar Energy, 2016, 127: 206-215.

[41] Chen Y Y, Korte L, Leendertz C, et al. Simulation of contact schemes for silicon heterostructure rear contact solar cells. Energy Procedia, 2013, 38: 677-683.

[42] de Vecchia S, Desruesa T, Souchea F. Point contact technology for silicon heterojunction solar cells. Energy Procedia, 2012, 27: 549-554.

[43] Zhang L, Ahmed N, Thompson C, et al. Study of passivation in the gap region between contacts of interdigitated-back-contact silicon heterojunction solar cells: Simulation and voltage-modulated laser-beam-induced-current. IEEE Journal of Photovoltaics, 2018, 8(2): 404-412.

[44] Lu M, Das U, Bowden S, et al. Optimization of interdigitated back contact silicon heterojunction solar cells: tailoring hetero-interface band structures while maintaining surface passivation. Progress in Photovoltaics, 2011, 19: 326-338.

[45] Diouf D, Kleider J P, Desrues T, et al. 2D simulations of interdigitated back contact heterojunction solar cells based on n-type crystalline silicon. Physica Status Solidi C, 2010, 7: 1033-1036.

[46] Noge H, Saito K, Sato A, et al. Two-dimensional simulation of interdigitated back contact silicon heterojunction solar cells having overlapped p/i and n/i a-Si：H layers. Japanese Journal of Applied Physics, 2015, 54: 08KD17.

[47] Choi J H, Lee J C, Kim S K, et al. Industrial development of silicon hetero-junction back contact solar cells//Proceedings of 38th IEEE Photovoltaic Specialists Conference, Austin, 2012: 1023-1025.

[48] Shu B, Das U, Appel J, et al. Alternative approaches for low temperature front surface passivation of interdigitated back contact silicon heterojunction solar cell//Proceedings of 35th IEEE Photovoltaic Specialists Conference, Honolulu, 2010: 3223-3228.

[49] Zhang L, Shu B, Birkmire R, et al. Impact of back surface patterning process on FF in IBC-SHJ//Proceedings of 38th IEEE Photovoltaic Specialists Conference, Austin, 2012: 1177-1181.

[50] Granata S N, Aleman M, Bearda T, et al. Heterojunction interdigitated back-contact solar cells fabricated on wafer bonded to glass. IEEE Journal of Photovoltaics, 2014, 4(3): 807-813.

[51] Herasimenka S Y, Tracy C J, Dauksher W J, et al. A simplified process flow for silicon heterojunction interdigitated back contact solar cells: using shadow masks and tunnel junctions//Proceedings of 40th IEEE Photovoltaic Specialist Conference,

Denver, 2014: 2486-2490.

[52] Tucci M, Serenelli L, Salza E, et al. Back contacted a-Si：H/c-Si heterostructure solar cells. Journal of Non-Crystalline Solids, 2008, 354: 2386-2391.

[53] Tomasi A, Paviet-Salomon B, Jeangros Q, et al. Simple processing of back-contacted silicon heterojunction solar cells using selective-area crystalline growth. Nature Energy, 2017, 2 (5)：17062.

[54] Thibaut D, Sylvain D V, Florent S, et al. Development of interdigitated back contact silicon heterojunction (IBC Si-HJ) solar cells. Energy Procedia, 2011, 8: 294-300.

[55] Takagishi H, Noge H, Saito K, et al. Fabrication of interdigitated back-contact silicon heterojunction solar cells on a 53-μm-thick crystalline silicon substrate by using the optimized inkjet printing method for etching mask formation. Japanese Journal of Applied Physics, 2017, 56 (4)：040308.

[56] Xu M, Bearda T, Filipič M, et al. Simple emitter patterning of silicon heterojunction interdigitated back-contact solar cells using damage-free laser ablation. Solar Energy Materials and Solar Cells, 2018, 186: 78-83.

[57] Harrison S, Nos O, D'Alonzo G, et al. Back contact heterojunction solar cells patterned by laser ablation. Energy Procedia, 2016, 92: 730-737.

[58] Masuko K, Shigematsu M, Hashiguchi T, et al. Achievement of more than 25% conversion efficiency with crystalline silicon heterojunction solar cell. IEEE Journal of Photovoltaics, 2014, 4 (6)：1433-1435.

[59] Yoshikawa K, Yoshida W, Irie T, et al. Exceeding conversion efficiency of 26% by heterojunction interdigitated back contact solar cell with thin film Si technology. Solar Energy Materials and Solar Cells, 2017, 173: 37-42.

[60] Green M A, Dunlop E D, Yoshita M, et al. Solar cell efficiency tables (Version 64). Progress in Photovoltaics, 2024, 32: 425-441.

[61] Yan D, Cuevas A, Stuckelberger J, et al. Silicon solar cells with passivating contacts: classification and performance. Progress in Photovoltaics, 2022:1-17.

[62] Sharma R K, Boccard M, Holovský J. New metric for carrier selective contacts for silicon heterojunction solar cells. Solar Energy, 2022, 244: 168-174.

[63] Ghosh D K, Bose S, Das G, et al. Fundamentals, present status and future perspective of TOPCon solar cells: a comprehensive review. Surfaces and Interfaces, 2022, 30: 101917.

[64] Yablonovitch E, Gmitter T. A study of n$^+$-SIPOS:p-Si heterojunction emitters. IEEE Electron Device Letters, 1985, 6: 597-599.

[65] Taguchi M, Tanaka M, Matsuyama T, et al. Improvement of the conversion efficiency of polycrystalline silicon thin film solar cell//Proceedings of Technical Digest of the 5th International Photovoltaic Science and Engineering Conference, Kyoto, 1990: 689-692.

[66] Feldmann F, Bivour M, Reichel C, et al. Passivated rear contacts for high-efficiency n-type Si solar cells providing high interface passivation quality and excellent transport characteristics. Solar Energy Materials and Solar Cells, 2014, 120: 270-274.

[67] Kafle B, Goraya B S, Mack S, et al. TOPCon—Technology options for cost efficient industrial manufacturing. Solar Energy Materials and Solar Cells, 2021, 227: 111100.

[68] Glunz S W, Steinhauser B, Polzin J, et al. Silicon-based passivating contacts: the TOPCon route. Progress in Photovoltaics, 2021: 1-19.

[69] Acharyya S, Sadhukhan S, Panda T, et al. Dopant-free materials for carrier-selective passivating contact solar cells: A review. Surfaces and Interfaces, 2022, 28: 101687.

[70] Chee K W A, Ghosh B K, Saad I, et al. Recent advancements in carrier-selective contacts for high-efficiency crystalline silicon solar cells: industrially evolving approach. Nano Energy, 2022, 95: 106899.

[71] Yang X B, Weber K, Hameiri Z, et al. Industrially feasible, dopant-free, carrier-selective contacts for high-efficiency silicon solar cells. Progress in Photovoltaics, 2017, 25: 896-904.

[72] Zielke D, Niehaves C, Lövenich W, et al. Organic-silicon solar cells exceeding 20% efficiency. Energy Procedia, 2015, 77:

331-339.

[73] Zou Z Y, Liu W Q, Wang D, et al. Electron-selective quinhydrone passivated back contact for high-efficiency silicon/organic heterojunction solar cells. Solar Energy Materials and Solar Cells, 2018, 185: 218-225.

[74] He L N, Jiang C Y, Wang H, et al. High efficiency planar Si/organic heterojunction hybrid solar cells. Applied Physics Letters, 2012, 100: 073503.

[75] Smit S, Garcia-Alonso D, Bordihn S, et al. Metal-oxide-based hole-selective tunneling contacts for crystalline silicon solar cells. Solar Energy Materials and Solar Cells, 2014, 120: 376-382.

[76] Gerling L G, Mahato S, Morales-Vilches A, et al. Transition metal oxides as hole-selective contacts in silicon heterojunctions solar cells. Solar Energy Materials and Solar Cells, 2016, 145: 109-115.

[77] Dréon J, Jeangros Q, Cattin J, et al. 23.5%-Efficient silicon heterojunction silicon solar cell using molybdenum oxide as hole-selective contact. Nano Energy, 2020, 70: 104495.

[78] Mews M, Lemaire A, Korte L. Sputtered tungsten oxide as hole contact for silicon heterojunction solar cells. IEEE Journal of Photovoltaics, 2017, 7: 1209-1215.

[79] Masmitjà G, Gerling L G, Ortega P, et al. V_2O_x-based hole-selective contacts for c-Si interdigitated back-contacted solar cells. Journal of Materials Chemistry A, 2017, 5: 9182-9189.

[80] Yang X L, Guo J X, Zhang Y, et al. Hole-selective NiO:Cu contact for NiO/Si heterojunction solar cells. Journal of Alloys and Compounds, 2018, 747: 563-570.

[81] Shiratori Y, Miyajima S. Characterization of sputtered nanocrystalline gallium nitride for electron selective contact of crystalline silicon solar cell. Thin Solid Films, 2022, 763: 139582.

[82] Yang X B, Liu W Z, de Bastiani M, et al. dual-function electron-conductive, hole-blocking titanium nitride contacts for efficient silicon solar cells. Joule, 2019, 3 (5): 1314-1327.

[83] Khokhar M Q, Hussain S Q, Chowdhury S, et al. Simulated study and surface passivation of lithium fluoride-based electron contact for high-efficiency silicon heterojunction solar cells. ECS Journal of Solid State Science and Technology, 2022, 11: 015001.

[84] Nayak M, Singh K, Mudgal S, et al. Carrier-selective contact based silicon solar cells processed at room temperature using industrially feasible Cz wafers. Physica Status Solidi A, 2019, 216: 1900208.

[85] Meng L X, Yao Z R, Cai L, et al. Indium sulfide-based electron-selective contact and dopant-free heterojunction silicon solar cells. Solar Energy, 2020, 211: 759-766.

[86] Sun Z, Yi C, Hameiri Z, et al. Investigation of the selectivity-mechanism of copper (Ⅰ) sulfide (Cu₂S) as a dopant-free carrier selective contact for silicon solar cells. Applied Surface Science, 2021, 555: 149727.

[87] Matsui T, Bivour M, Ndione P F, et al. Origin of the tunable carrier selectivity of atomic-layer-deposited TiO_x nanolayers in crystalline silicon solar cells. Solar Energy Materials and Solar Cells, 2020, 209: 110461.

[88] Wan Y, Samundsett C, Bullock J, et al. Magnesium fluoride electron-selective contacts for crystalline silicon solar cells. ACS Applied Materials & Interfaces, 2016, 8: 14671-14677.

[89] Chistiakova G, Macco B, Korte L. Low-temperature atomic layer deposited magnesium oxide as a passivating electron contact for c-Si-based solar cells. IEEE Journal of Photovoltaics, 2020, 10: 398-406.

[90] Bullock J, Hettick M, Geissbühler J, et al. Efficient silicon solar cells with dopant-free asymmetric heterocontacts. Nature Energy, 2016, 1: 15031.

[91] Wu W, Lin W, Zhong S, et al. 22% Efficient dopant-free interdigitated back contact silicon solar cells//AIP Conference Proceedings, 2018, 1999: 040025.

[92] Kamioka T, Hayashi Y, Isogai Y, et al. Effects of annealing temperature on work function of MoO_x at MoO_x/SiO_2 interface and process-induced damage in indium tin Oxide/MoO_x/SiO_2/Si stack. Japanese Journal of Applied Physics, 2018, 57: 076501.

[93] Zhang T, Lee C Y, Gong B, et al. Thermal stability analysis of WO_x and MoO_x as hole-selective contacts for Si solar cells using *in situ* XPS//AIP Conference Proceedings, 2018, 1999: 040027.

[94] Shockley W, Queisser H J. Detailed balance limit of efficiency of p-n junction solar cells. Journal of Applied Physics, 1961, 32: 510-519.

[95] Richter A, Hermle M, Glunz S W. Reassessment of the limiting efficiency for crystalline silicon solar cells. IEEE Journal of Photovoltaics, 2013, 3: 1184-1191.

[96] Conibeer G. Third-generation photovoltaics. Materials Today, 2007, 10(11): 42-50.

[97] Green M A, Keevers M J, Thomas I, et al. 40% Efficient sunlight to electricity conversion. Progress in Photovoltaics, 2015, 23: 685-691.

[98] Yamaguchi M, Lee K H, Araki K, et al. A review of recent progress in heterogeneous silicon tandem solar cells. Journal of Physics D: Applied Physics, 2018, 51: 133002.

[99] Alberi K, Berry J J, Cordell J J, et al. A roadmap for tandem photovoltaics. Joule, 2024, 8: 658-692.

[100] Anaya M, Lozano G, Calvo M E, et al. ABX$_3$ perovskites for tandem solar cells. Joule, 2017, 1: 769-793.

[101] Kojima A, Teshima K, Shirai Y, et al. Organometal halide perovskites as visible-light sensitizers for photovoltaic cells. Journal of the American Chemical Society, 2009, 131: 6050-6051.

[102] Green M A, Dunlop E D, Yoshita M, et al. Solar cell efficiency tables (Version 65). Progress in Photovoltaics, 2025, 33: 3-15.

[103] Mailoa J P, Bailie C D, Johlin E C, et al. A 2-terminal perovskite/silicon multijunction solar cell enabled by a silicon tunnel junction. Applied Physics Letters, 2015, 106: 121105.

[104] Albrecht S, Saliba M, Correa-Baena J P, et al. Monolithic perovskite/silicon-heterojunction tandem solar cells processed at low temperature. Energy & Environmental Science, 2016, 9: 81-88.

[105] Werner J, Weng C H, Walter A, et al. Efficient monolithic perovskite/silicon tandem solar cell with cell area >1 cm^2. Journal of Physical Chemistry Letters, 2016, 7: 161-166.

[106] Bush K A, Palmstrom A F, Yu Z J, et al. 23.6%-Efficient monolithic perovskite/silicon tandem solar cells with improved stability. Nature Energy, 2017, 2: 17009.

[107] Al-Ashouri A, Köhnen E, Li B, et al. Monolithic perovskite/silicon tandem solar cell with >29% efficiency by enhanced hole extraction. Science, 2020, 370: 1300-1309.

[108] SahliF, Werner J, Kamino B A, et al. Fully textured monolithic perovskite/silicon tandem solar cells with 25.2% power conversion efficiency. Nature Materials, 2018, 17: 820-826.

[109] Hou Y, Aydin E, de Bastiani M, et al. Efficient tandem solar cells with solution-processed perovskite on textured crystalline silicon. Science, 2020, 367: 1135-1140.

[110] Green M A, Dunlop E D, Hohl-Ebinger J, et al. Solar cell efficiency tables (Version 60). Progress in Photovoltaics, 2022, 30: 687-701.

[111] Schygulla P, Müller R, Lackner D, et al. Two-terminal Ⅲ-Ⅴ/Si triple-junction solar cell with power conversion efficiency of 35.9% at AM1.5g. Progress in Photovoltaics, 2022, 30(8): 869-879.

[112] Cariou R, Benick J, Beutel P, et al. Monolithic two-terminal Ⅲ-Ⅴ//Si triple-junction solar cells with 30.2% efficiency under 1-sun AM1.5g. IEEE Journal of Photovoltaics, 2017, 7(1): 367-373.

[113] Feifel M, Lackner D, Ohlmann J, et al. Direct growth of a GaInP/GaAs/Si triple-junction solar cell with 22.3% AM1.5g efficiency. Solar RRL, 2019, 3: 1900313.

[114] Essig S, Allebé C, Remo T, et al. Raising the one-sun conversion efficiency of Ⅲ-Ⅴ/Si solar cells to 32.8% for two junctions and 35.9% for three junctions. Nature Energy, 2017, 2: 17144.

[115] Mizuno H, Makita K, Tayagaki T, et al. High-efficiency Ⅲ-Ⅴ//Si tandem solar cells enabled by the Pd nanoparticle array-mediated "smart stack" approach. Applied Physics Express, 2017, 10: 072301.